普通高等教育“十二五”工程训练系列规划教材

工程训练——数控机床编程与操作篇

主　编　张祝新

副主编　金绍江　邹振宇

参　编　王桂龙　吴　波　刘　旦　伊延吉　王　英

主　审　韩立强

机 械 工 业 出 版 社

本书是根据教育部高等学校机械基础课程教学指导分委员会编制的“高等学校机械基础系列课程现状调查分析报告暨机械基础系列课程教学基本要求”，以突出培养应用创新型工程技术人才为目标，结合工程训练教学改革经验和实际而编写的。

本书主要内容包括数控机床概述、数控加工编程基础、数控车床编程与操作、数控铣床及加工中心编程与操作、数控电火花线切割加工技术、数控自动编程及其应用等。

本书既可作为高等院校数控技术、模具设计与制造技术、机电一体化技术、机械制造及自动化等相关专业的数控机床编程与实训教学用书，也可作为相关工程技术人员更新知识、提高职业技能和学习数控知识的参考用书。

图书在版编目（CIP）数据

工程训练——数控机床编程与操作篇/张祝新主编. —北京：机械工业出版社，2013.2（2025.1 重印）
普通高等教育“十二五”工程训练系列规划教材
ISBN 978-7-111-41055-3

Ⅰ.①工… Ⅱ.①张… Ⅲ.①机械制造工艺－高等学校－教材②数控机床－程序设计－高等学校－教材③数控机床－操作－高等学校－教材 Ⅳ.①TH16②TG659

中国版本图书馆 CIP 数据核字（2013）第 020120 号

机械工业出版社（北京市百万庄大街 22 号 邮政编码 100037）
策划编辑：丁昕祯 责任编辑：丁昕祯 武 晋
版式设计：霍永明 责任校对：程俊巧
封面设计：张 静 责任印制：单爱军
北京虎彩文化传播有限公司印刷
2025 年 1 月第 1 版 · 第 7 次印刷
184mm×260mm · 9.75 印张 · 239 千字
标准书号：ISBN 978-7-111-41055-3
定价：35.00 元

电话服务 网络服务
客服电话：010-88361066 机 工 官 网：www.cmpbook.com
010-88379833 机 工 官 博：weibo.com/cmp1952
010-68326294 金 书 网：www.golden-book.com
封底无防伪标均为盗版 机工教育服务网：www.cmpedu.com

前　　言

本书是根据教育部高等学校机械基础课程教学指导分委员会编制的“高等学校机械基础系列课程现状调查分析报告暨机械基础系列课程教学基本要求”编写的，以培养工程应用型人才为目标，注重理论与实践相结合，突出技能操作训练。本书内容包括：数控机床概述、数控加工编程基础、数控车床编程与操作、数控铣床及加工中心编程与操作、数控电火花线切割加工技术、数控自动编程及其应用。

本书由张祝新教授统稿并担任主编，长春工程学院金绍江、吉林建筑工程学院邹振宇任副主编，其他参加编写人员有王桂龙、吴波、刘旦、伊延吉、王英。其中，张祝新编写第1.1节～第1.3节；邹振宇编写第1.4节～第1.6节；金绍江编写第2章、第4.1节和第4.2节；王英编写第3.1节，刘旦编写第3.2、3.3节和第6.2.2节；吴波编写第4.3节、第6.1节、第6.2.1、6.2.3、6.2.4节；伊延吉编写第5.1、5.2节，王桂龙编写第5.3、5.4节。

本书由韩立强教授担任主审，他对本书的编写提出了很多宝贵意见，在此表示感谢。

本书是工程训练中心教师多年从事数控机床教学和实训的经验总结，集中体现了注重实际应用能力培养的教学特点。

本书在编写过程中参考和引用了相关教材、手册、学术杂志等文献资料上的有关内容，借鉴了许多同行专家的教学、科研成果，在此一并表示诚挚的谢意。

本书内容全面，详略得当，通俗易懂，实用性强，既可作为高等院校数控技术、模具设计与制造技术、机电一体化技术、机械制造及自动化等相关专业的数控编程与实训教学用书，也可作为有关工程技术人员更新知识、提高职业技能、学习数控知识的参考用书。

目　　录

第1章　数控机床概述

1.1　数控的基本概念

数控是数字控制（Numerical Control，NC）的简称，是用数字化信号对控制对象加以控制的一种方法，是自动控制技术的一种。数字控制具备对数字化信息进行逻辑运算、数学运算的能力，特别是还可用软件来改变信息处理的方式或过程，使机械设备大大简化并具有很大的柔性。因此，数字控制已被广泛用于机械运动的轨迹和开关量等方面的控制，如机床和机器人的控制等。

数控技术就是利用数字信息对机构的运动轨迹、速度和精度等进行控制的技术。

数控机床（Numerical Control Machine Tools）是一种安装了数字控制系统的机床。该系统能利用数字控制技术，准确地按照事先编制好的程序，自动加工出所需工件。其实质是将加工过程所需的各种操作（如主轴变速、松夹工件、进刀与退刀、开机与停机、选择刀具、供给切削液等）、步骤以及刀具与工件之间的相对位移量都用数字化的代码表示为程序，并将程序输入计算机，计算机对输入的程序进行处理与运算，发出各种指令来控制机床自动加工出所需要工件。

1.2　数控机床的产生与发展

1.2.1　数控机床的产生与发展过程

工业化生产始于蒸汽机时代（约18世纪），早期的工业生产大多为家庭作坊式的单机的生产方式，生产效率低，产品质量差。随着科学技术和社会生产力的不断发展，对机械产品的质量、性能、成本和生产率提出了越来越高的要求，解决这一问题的重要措施之一就是机械加工工艺过程的自动化，而早期的加工工艺过程自动化是采用一些刚性生产线，使用专用机床、组合机床、自动机床来实现高效率和加工质量的一致性，但这种生产方式，当生产产品或工艺发生变化时很难调整或者调整的周期较长，特别对单件、小批量生产不能适应，满足不了生产的个性化要求，而实际情况是单件、小批量生产占机械加工的80%左右，所以一种满足产品更新换代快、生产率高、成本低的自动化生产设备应运而生。

1946年在美国诞生了世界上第一台电子计算机，为人类进入信息社会奠定了基础。1948年，美国帕森斯（Parsons）公司在研制加工直升机叶片轮廓检验用样板的机床时，首先提出了应用电子计算机控制机床来加工样板曲线的设想。后来该公司受美国军方的委托，与美国麻省理工学院（MIT）伺服机构实验室合作，于1952年研制出世界上第一台三坐标联动立式数控铣床。

随着电子技术、计算机技术、网络技术、精密机械技术等方面的发展，数控机床飞速发展。60 多年来，数控机床主要经历了以下三个阶段的发展历程。

1. 数控技术发展的 NC 阶段

早期计算机的运算速度低，这对当时的科学计算和数据处理影响还不大，但不能适应机床实时控制与计算的要求，人们不得不采用数字逻辑电路制成一台专用计算机作为数控系统，称为硬件连接数控（Hard-Wired NC），简称为数控。这个阶段经历了电子管、晶体管和中小规模集成电路三个时期。

2. 数控技术发展的 CNC 阶段

1971 年，美国 Intel 公司在世界上第一次将计算机的两个核心部件——运算器和控制器，采用大规模集成电路技术集成在一块芯片上，称为微处理器（Micro-Processor），又称为中央处理单元（CPU）。1974 年，微处理器被美国、日本等国用于数控系统。由于集成电路的集成度和可靠性很高，且价格低廉，使数控系统的性能得以大幅度提升，可靠性也有了很大提高。在以后 20 多年的发展中，拥有微处理器系统的数控机床得到飞速发展和广泛应用。因为微处理器是计算机的核心部件，后来人们称为计算机数控（Computer Numerical Control, CNC）。

3. 数控技术发展的 ONC 阶段

从 20 世纪 90 年代开始，个人计算机得到广泛普及与应用，性能也大幅度提升，并能满足数控系统核心部件的要求。于是，在美国首先出现了在个人计算机平台上开发的数控系统，其特点是利用个人计算机的 Windows 操作平台，支持第三方硬件板卡厂商和应用软件开发公司，使在个人计算机上可运行的 CAD/CAM 等软件都能在数控系统中运行。与早期数控装置相比，基于个人计算机平台的数控系统不仅使控制轴的数目大大增多，而且其功能也远远超出了控制刀具运动轨迹和机床的范畴，同时能够完成自动编程、自动监测、故障诊断与通信等功能，能与标准计算机相互兼容，能在最短的时间内应用计算机发展的最新成果。基于此阶段数控系统具有明显的开放性特点，称其为开放性数控（Open Numerical Control, ONC）。

1.2.2 我国数控机床的发展

我国于 1958 年研制出首台数控机床，1975 年研制出第一台加工中心。概括起来我国数控机床的发展大体经历了以下三个阶段。

1. 起步阶段（1958 ~ 1979 年）

1958 年，清华大学和北京第一机床厂合作研制出我国第一台数控机床。由于我国基础理论研究滞后，相关工业基础薄弱，特别是电子技术落后，配套件不过关，虽然我国起步不晚，但发展不快。20 世纪 60 ~ 70 年代，我国与发达国家的差距开始拉大。70 年代，国家组织数控机床技术攻关，取得一定成效，相继推出一些数控机床品种，同时数控加工中心在北京、上海也陆续研制成功。但从整体来看，不能形成产业化，我国数控机床产业尚处于起步阶段。

2. 引进技术与开发阶段（1980 ~ 1990 年）

我国数控机床的真正发展起源于 20 世纪 80 年代，先后从日本、美国等国家引进了一些先进的数控系统、直流伺服电动机及主轴电动机等技术，开始走引进与开发相结合的道路，并进行了产业化生产。20 世纪 80 年代中后期，我国经济型数控机床已形成一定的生产能力，品种累计达 80 多种，有力地推动了我国数控机床产业的稳定发展。

3. 产业化及高速发展阶段（1990 年至今）

20 世纪 90 年代初期，我国进入经济转型期，由过去的计划经济向市场经济转变，这使得刚刚形成一定生产能力的数控机床产业受到很大冲击，许多机床厂纷纷转产或停产。

1995 年开始，我国制定了“九五”规划，国家从宏观上采取措施：一方面加强国防工业和民用工业的投资力度，扩大内需；另一方面加强对进口机床的审批，使我国的数控机床产业得以迅速发展，许多技术复杂、功能齐全的大型及重型数控机床相继研制出来，如北京机床研究所研制的 JCS-FMS-1.2 型柔性制造系统。

“十五”（2001～2005 年）期间，我国的数控机床产业更是迅猛发展，无论是数控机床的产值还是产量都成倍增长。2000 年我国的数控金属切割机床产量仅为 1.4 万台，而 2004 年已达到 5 万余台，其中大型机床为 7 千余台。期间，许多国外著名机床厂商在我国投资建厂。2001 年，日本川崎马扎克（MAZAK）在宁夏银川投资建设宁夏小巨人机床有限公司，生产数控车床、立式加工中心和车铣复合中心等；2003 年，德国著名机床制造商德马吉在上海投资建厂，生产数控车床和立式加工中心；2004 年，沈阳机床集团走出国门，收购了德国西思机床公司，实现海外建厂，意义非常重大。

“十一五”（2006～2010 年）期间，随着一系列数控关键技术的突破和自主生产能力的形成，我国开始突破关键部件或系统外国制造的重围，进入世界高速和高精数控机床生产国的行列。从产量和产值来看，2010 年我国数控机床产量达到 23.6 万台，同比增长 62.2%；工业总产值达 5536.8 亿元，同比增长 40.6%，数控机床产量和产值均列世界第一。从技术发展水平来看，我国国产机床数控化率由“十五”末的 35.5% 提高到“十一五”末的 51.9%。在数控系统方面，已经开发出多轴多通道、总线式高档数控装置产品。武汉华中数控股份有限公司、沈阳高精数控技术有限公司等单位已完成 50 多套开放式全数字高档数控装置的生产。国产数控机床产品覆盖超重型机床、高精度机床、特种加工机床、锻压机床、前沿高技术机床等领域。

展望“十二五”，我国数控机床的发展将努力解决主机大而不强、数控系统和功能部件发展滞后、高档数控机床关键技术差距大、产品质量稳定性不高、行业整体经济效益差等问题，并将培育企业核心竞争力、自主创新、量化融合以及品牌建设等方面的建设提升到战略高度。力争通过 10～15 年的时间，实现由机床工具生产大国向机床工具生产强国转变，实现国产中高档数控机床在国内市场占有主导地位等一系列中长期目标。

1.2.3　数控技术的发展趋势

随着科技的发展，数控机床不断采用计算机、控制理论等领域的最新技术成果，其性能日益完善，应用领域不断扩大。当前世界数控技术呈现以下的发展趋势。

1. 高速、高效、高精度

（1）高速　随着汽车、国防、航空等工业的高速发展以及铝合金等新材料的应用，对数控机床加工的高速化要求越来越高。高速可充分发挥现代刀具材料的性能，不但可大幅度提高加工效率、降低加工成本，而且还可提高零件的表面加工质量和精度。高速机床主要有以下几个方面优点。①主轴转速高，高速机床主要采用电主轴（内装式主轴电动机），主轴最高转速可达 200 000r/min。②进给速度快，在分辨力为 0.01μm 时，最大进给速度可达到

240m/min，且可获得复杂型面的精确加工。③换刀速度快，目前国外先进加工中心的换刀时间普遍在1s左右，有些甚至可达0.5s。

（2）高效　现代数控机床普遍采用实时处理的高性能CPU、高速自动换刀装置、新型刀库和换刀机械手，并采用各种形式的交换工作台，使装卸工件的时间大大缩短，这些技术特点都将会使加工效率大大提高。

（3）高精度　从精密加工发展到超精密加工，是世界各工业强国致力发展的方向。其精度从微米级到亚微米级，乃至纳米级，如超精密车铣、超精密磨削、超精密特种加工。

2. 高可靠性

高可靠性是指数控系统的可靠性要高于被控设备的可靠性一个数量级以上。高可靠性是高效率的前提保障，当前国外数控系统平均无故障时间（MTBF）在$7 \times 10^4 \sim 10 \times 10^4$h以上，数控机床的平均无故障时间（MTBF）普遍在3000h以上。

3. 模块化、智能化、柔性化

（1）模块化　为适应数控机床多品种、小批量、高性价比的特点，数控机床的结构要求功能部件模块化，以便更好地适应市场需求，节约资源，降低成本。

（2）智能化　数控技术自动化主要体现在故障智能诊断、人机会话自动编程、自动适应控制等方面。①智能诊断：数控系统出现故障以后，控制系统能够进行自动诊断并自动采取故障排除措施，以适应长时间无人环境的要求。②人机会话自动编程：建立切削用量专家系统和示教系统，从而达到提高编程效率和降低对编程人员技术水平的要求。③自适应控制（Adaptive Control，AC）：系统可对机床主轴扭矩、切削力、切削温度、刀具磨损等参数值进行自动测量，并由CPU进行比较运算后发出修改主轴转速和进给量大小的信号，确保机床处于最佳切削量状态，从而在保证质量的条件下使加工成本最低或生产效率最高。

（3）柔性化　柔性化技术是制造业适应动态市场需求及产品迅速更新的主要手段。数控技术柔性化发展的趋势是从点（数控单机）、线（柔性制造单元 Flexible Manufacturing Cell，FMC）向面（柔性制系统 Flexible Manufacturing System，FMS）、体（计算机集成制造系统 Computer Integrated Manufacturing System，CIMS）的方向发展，并广泛使用机器人、物料自动存储检索系统。

4. 复合、环保

（1）复合　就是一次装夹、多工序加工，可以大幅度地提高设备利用率。数控加工中心（Machining Center，MC）便是一种能实现多工序加工的数控机床。

（2）环保　就是机床设计、制造、使用过程中要求绿色节能，如高速无切削液切削技术的应用。

5. 开放性

为适应数控机床进线、联网、个性化、柔性化及数控技术迅速发展的要求，设计生产开放式数控系统的数控机床已成为今后市场需求的主要趋势。

6. 为新一代数控加工工艺提供装备

为适应制造业自动化发展的需要，向FMC、FMS和CIMS提供基础设备，要求数字控制制造系统不仅能完成通常的加工功能，而且还要具备自动测量、自动上下料、自动换刀、自动误差补偿、自动诊断、联网通信等功能。新一代数控加工设备的出现与技术水平的提高，促使数控机床性能向高精度、高速度、高柔性方向发展，使现代加工技术水平不断提高。

1.3 数控机床的工作原理、组成及涉及的基础技术

1.3.1 数控机床的工作原理

数控机床利用数字化信号来实现对加工工艺过程的自动控制，是一种高度自动化的机床。数控机床加工零件时，首先要将加工零件的几何信息和工艺信息按照机床数控系统的指令要求编制成数控加工程序，然后将程序输入数控系统中，经过数控系统的处理、运算、伺服放大等来控制机床的主轴转动、进给移动、更换刀具、工件的松开与夹紧、润滑及冷却泵的开与关等动作，使刀具与工件及其他辅助装置严格按照加工程序规定的顺序、轨迹和参数进行工作，从而完成零件轮廓的加工。

1.3.2 数控机床的组成

数控机床通常由输入装置、计算机数控装置、伺服系统、检测及反馈装置、辅助装置、机床本体等组成。

1. 输入装置

输入装置的作用就是将数控程序载体上的数控代码传递并存入到数控系统内。根据控制介质的不同，输入装置可以是光盘驱动器、磁带机或磁盘驱动器等。简短的数控加工程序也可通过机床面板上的键盘直接输入数控系统。输入到机床上的代码信息经过数控系统识别与译码之后，转换为相应的电脉冲信号传送至数控装置的内存储器，这些指令与数据将作为数控装置控制机床运动的原始数据。

2. 计算机数控装置（CNC）

计算机数控装置是数控机床的中心环节，主要包括处理器（CPU）、存储器、局部总线、外围逻辑电路和输入输出控制等。

计算机数控装置的功能是接收从输入装置送来的脉冲信号，并对这些信号进行运算处理，输出各种控制功能指令，控制伺服系统和辅助功能系统有序地运行。

3. 伺服系统

伺服系统是数控装置和机床本体的联系环节，它的作用是把来自数控装置微弱的指令信息解调、转换、放大后驱动伺服电动机，带动机床的移动部件准确地移动。它的伺服精度和动态响应特性是影响机床加工精度的重要因素之一。伺服系统包括驱动装置、执行部件两大部分。伺服电动机是伺服系统的执行元件，驱动控制系统是伺服电动机的动力源。常用伺服电动机有功率步进电动机，直流伺服电动机，交流伺服电动机等。伺服系统与脉冲编码器的组合构成了较理想的半闭环伺服系统，已经被广泛采用。

4. 检测及反馈装置

检测及反馈装置是为了提高数控系统的加工精度，它的作用是将机床导轨、主轴的位移量和移动速度等参数检测出来，并反馈到数控装置中，数控装置根据反馈回来的信息进行比较判断并发出相应的指令，纠正传动链产生的误差，从而提高机床加工精度。数控机床常用的检测元件有编码器、感应同步器、光栅、磁尺等。

5. 辅助装置

辅助装置是把计算机送来的辅助控制指令（M、S、T）等经机床接口转换成强电信号，用来控制主轴电动机的转动、停止和变速，冷却系统的开和关及自动换刀等辅助功能动作的完成。

6. 机床本体

机床本体是指机械结构实体。它将数控机床的其他部分有机地联系在一起，主要由主运动部件、进给运动部件、支承部件及辅助装置等组成。与普通机床相比，数控机床的外部造型、整体布局，传动系统、支承系统、排屑系统与刀具系统的部件结构等方面都已发生了很大的变化。在数控机床的设计时，对精度、静刚度、动刚度和热刚度等方面提出了更高的要求，而传动链则要求尽可能简单，目的是为了满足数控加工的要求和充分发挥数控机床的特点。

1.3.3 数控机床涉及的基础技术

数控机床综合了当今世界许多最新的技术成果，这些技术成果主要包括：精密机械、计算机及信息处理、自动控制及伺服驱动、精密检测及传感和网络通信等技术。其核心是由微电子技术向精密机械技术渗透所形成的机电一体化技术。

1. 精密机械技术

精密机械技术是数控机床的基础，包括精密机械设计和精密机械加工两个方面。机械结构在数控机床中占很大比例，因此要不断发展各种新的设计计算方法和新型机械结构，采用新材料和新工艺，使新一代数控机床的主机具有高精度、高速度、高可靠性、体积小、重量轻、维修方便、价格低廉等特点。

2. 计算机及信息处理技术

计算机技术主要包括计算机软件技术、计算机硬件技术、数据库技术和网络通信技术等。

信息处理技术主要包括信息的存取、运算、判断、决策和交换等。计算机作为信息处理的工具，两者之间有着极为密切的关系。数控系统中计算机指挥和管理整个系统安全有序地运行。信息处理的高速和正确将直接影响整个系统的工作质量和效率。

3. 自动控制及伺服驱动技术

自动控制及伺服驱动技术对数控机床的功能、动态特性和控制品质具有重要影响。例如在伺服速度环控制中采用前馈控制，使传统的位置环偏差控制的滞后现象得到很大改善，并增加了系统的稳定性。目前数控机床的伺服系统中，交流伺服电动机驱动已逐步取代了其他的伺服驱动，与之配套的是电力电子技术，提供了瞬时输出很大的峰值电流和完善的保护功能。

4. 精密检测及传感技术

精密检测及传感技术是闭环和半闭环控制系统中的关键技术。精密检测的关键器件是传感器，数控系统要求传感器能迅速、精确地获取信息，并在复杂环境下可靠地工作。目前精密检测及传感技术与计算机技术相比相对落后，因此精密检测及传感技术是当前很多科研部门的重点攻关项目。

5. 网络和通信技术

随着计算机网络和通信技术的广泛应用，正在对数控机床和以数控机床为基础的柔性制造单元（FMC）、柔性制造系统（FMS）乃至计算机集成制造系统（CIMS）产生重大而深远的影响。网络和通信技术还可以实现信息资源共享、图样的无纸化管理及产品的异地加工等。

1.4 数控机床的分类方法

随着数控技术的发展，数控机床的种类和规格越来越多，对当前数控机床如何分类，国家尚无统一标准。为了便于理解和分析，根据数控机床的功能和组成，按以下四种分类方法分类。

1.4.1 按工艺用途分类

按工艺用途分类，数控机床可分为数控钻床、数控车床、数控铣床（加工中心）、数控磨床、数控雕刻机床等金属切削类机床，如图 1-1 所示。

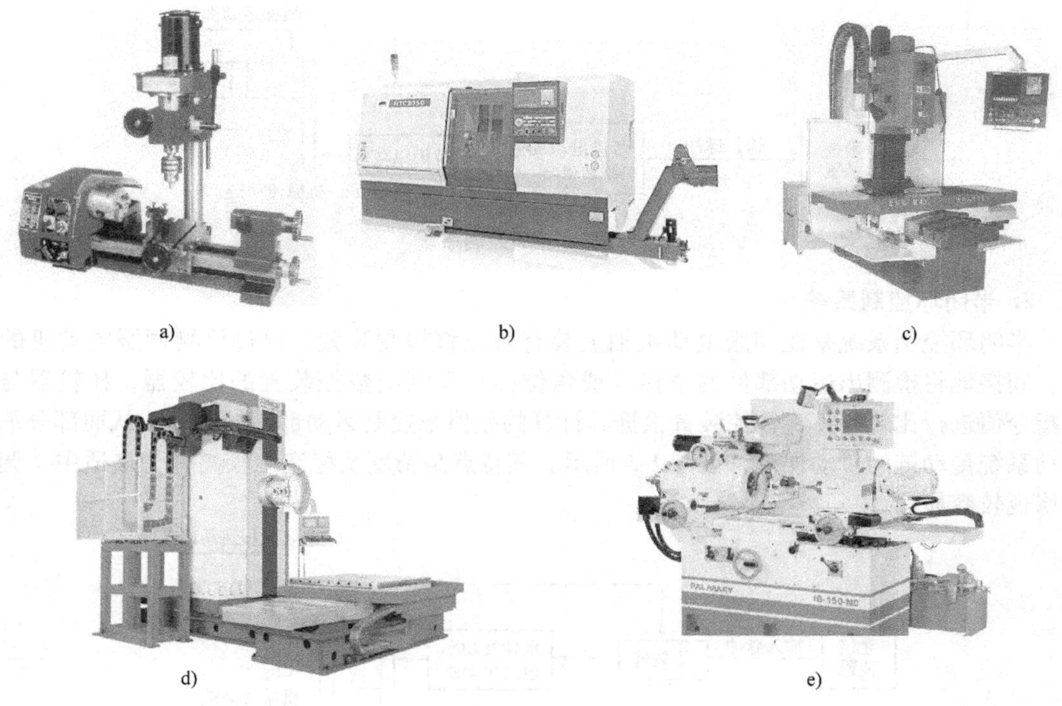

图 1-1　常用数控机床

a）数控钻床　b）数控车床　c）数控铣床　d）加工中心　e）数控磨床

1.4.2 按控制运动轨迹分类

按控制运动轨迹分类，常将数控机床分为点位控制数控机床、轮廓控制数控机床。

1. 点位控制（Position Control）数控机床

点位控制数控机床的特点是机床的运动部件只能够实现从一个位置到另一个位置的精确定位，在运动和定位过程中不进行任何加工工序。最典型的点位控制数控机床有数控钻床、数控坐标镗床、数控点焊机和数控弯管机等。

2. 轮廓控制（Contour Control）数控机床

轮廓控制数控机床能够对两个或两个以上的坐标轴同时进行控制，它不仅能够控制机床移动部件的起点与终点坐标值，而且能够控制整个加工过程中每一个点的速度与位移量，既要控制加工轨迹，又要加工出符合要求的轮廓。数控车床、数控铣床、数控磨床和各类数控线切割机床是典型的轮廓控制数控机床。

1.4.3　按系统控制方式分类

数控机床按照被控量有无检测反馈装置可分为开环控制系统、半闭环控制系统和闭环控制系统三种。

1. 开环控制系统

开环控制系统是指不带位置反馈装置的系统，如图 1-2 所示。其特点是精度较低，但反应迅速，调整方便，工作比较稳定，维修方便，成本低。

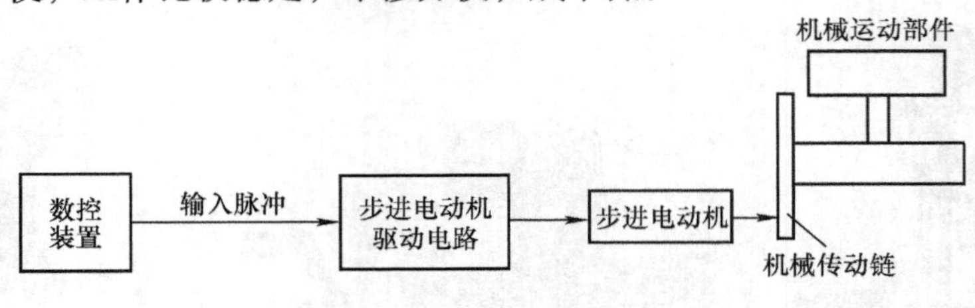

图 1-2　开环控制系统

2. 半闭环控制系统

半闭环控制系统是在伺服电动机轴上装有角位移检测装置，通过检测伺服电动机的转角，间接地将检测出运动部件的位移（或角位移）反馈给数控装置的比较器，比较器与输入指令值进行比较计算，数控装置根据其计算的差值来控制运动部件的移动，从而部分消除传动系统传动链的传动误差，如图 1-3 所示。其特点是精度及稳定性较高，价格适中，调试维修也较容易。

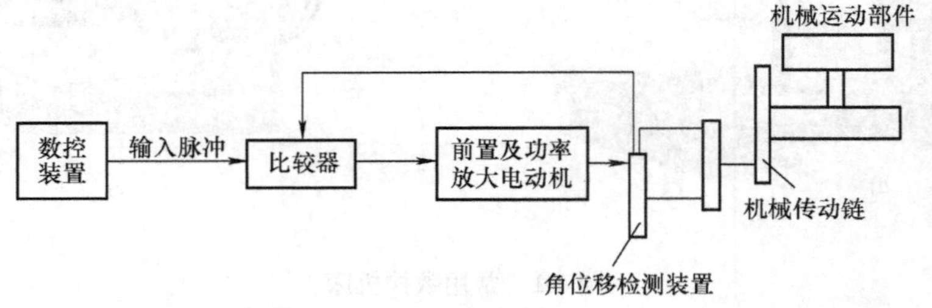

图 1-3　半闭环控制系统

3. 闭环控制系统

闭环控制系统是在机床最终的运动部件的相应位置直接安装直线式或回转式检测装置，

将直接测量到的位移或角位移反馈到数控装置的比较器中与输入指令位移量进行比较，用差值控制运动部件，使运动部件严格按实际需要的位移量运动，如图 1-4 所示。闭环控制系统的运动精度主要取决于检测装置的精度，而与机械传动链的误差无关，因此其特点是加工精度很高，但调试维修比较复杂，成本较高。

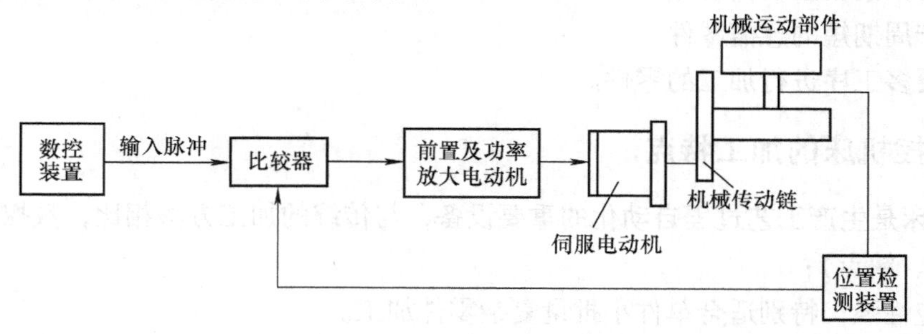

图 1-4　闭环控制系统

1.4.4　按数控系统的功能水平分类

按机床数控系统功能水平的不同，在我国通常分为低档、中档和高档数控机床。常用功能水平评定指标见表 1-1。

表 1-1　高、中、低档数控系统功能水平评定指标

功能水平	低　　档	中　　档	高　　档
分辨率/μm	10	1	0.1
进给速度/(m/min)	<15	15 ~ 24	>24
联动轴数	2 ~ 3	2 ~ 4	5 轴或 5 轴以上
伺服类型	步进电动机，开环控制	直、交流伺服电动机，半闭环控制	直、交流伺服电动机，闭环控制
通信能力	无	RS232 或 DNC	RS232、DNC、MAP
主 CPU	8 位	16 位或 32 位	32 位及以上
显示功能	数码管或简单显示器	图形显示器及人机对话功能	三维图显、图形编程、自诊断

1.5　数控机床的应用范围及特点

1.5.1　数控机床的应用范围

数控机床具有普通机床所不具备的许多优点。随着数控技术的不断发展和提高，数控机床的应用范围也在不断扩大。尽管如此，由于经济、价格、技术等方面原因，目前数控机床还不能完全代替普通机床。数控机床比较适宜加工以下类型的零件：

1）单件及批量小而又多次重复生产的零件。

2）几何形状复杂、加工精度要求较高的零件。

3）价格昂贵的零件。

4）需要频繁改型设计的零件。

5）生产周期短的急需零件。

6）需要多工序进行加工的零件。

1.5.2 数控机床的加工特点

数控机床是生产工艺过程自动化的重要设备，与传统的加工方法相比，数控加工具有以下特点（优、缺点）：

1）适应性强，特别适合单件小批量复杂零件加工。

2）零件加工精度高，产品质量稳定。

3）自动化程度高，劳动条件好。

4）生产准备周期短。

5）加工生产率高，经济效益好。

6）易于建立计算机通信网络，有利于实现生产管理现代化。

7）设备投资大，使用费用高。

8）生产准备工作复杂，对操作者的技能水平和管理人员的素质要求较高。

9）设备维护修理困难，修理成本高。

1.6 数控机床安全操作规程及日常维护

1.6.1 数控机床安全操作规程

1. 一般注意事项

1）操作人员必须穿戴好工作服、工作帽与安全鞋。不得穿戴有危险性的服饰。

2）机床周围环境要经常清理，保持整洁。

3）机床和控制面板保持清洁，不得取下防护罩而开动机床。经常清洁过滤器、风道及冷却风扇等通风散热处。

4）经常检查主轴箱与伺服单元各部位紧固螺钉及紧固件是否松动；检查系统内外电缆及接插件要完好，不得松动；各限位开关与挡块等不得松动或移位。

2. 机床起动时的注意事项

1）熟悉机床紧急停机的方法与机床的操作顺序。

2）安装好刀具与工件后，要对各坐标数据和夹紧状况进行复查，以防止碰撞事故。

3）确认运转程序与刀具加工顺序一致。

4）检查润滑油箱、齿轮箱内油量情况。

5）检查尾座、刀架和工作台等应该停放在合理位置。

在完成上述各项检查，并确定准确无误后，方可起动机床。

3. 调整程序时的注意事项

1）检查所选刀具，确保使用刀具与程序刀具一致。

2）不得进行超过机床加工能力的作业。

3）进行刀具调整和内部清理要在机床停机状态下进行。

4）确认刀具在换刀过程中不与其他部位发生碰撞。

5）用过的刀具或工具不得放在机床工作台上，尤其不能放在导轨上。

6）调整好程序后，必需再次检查。确认无误后，方可实施加工。

4. 机床运转中的注意事项

1）机床起动后，在自动连续运转前，必须先监视其运转状态的平稳性、有无异常。对试加工样件更要注意，右（左）手控制修调开关，以控制机床运行速率，发现问题及时按下程序停止按钮，以确保加工安全，绝不允许随意离开岗位。

2）确认切削液输出畅通，流量充足，浇注位置正确。

3）机床运转时，不得进入机床进行测量、调整、清理及擦拭等工作，这些操作必须停机进行。

4）手不得靠近旋转的刀具或工件。

5. 一旦出现故障时的注意事项

发生故障时，除非故障危及人身安全需要紧急断电外，不要立即关断整机电源，而是按下急停按钮，系统在不断电的情况下，保留故障现场，从而保留 CNC 自诊断的内容以供分析。注意记录显视器上显示的故障出现时的工作方式、运转状况、坐标位置、程序段、报警信息以及各种误差检查结果等。

1.6.2 数控机床的日常维护

1）按机床和系统使用说明书的要求正确、合理地使用设备。并按要求进行日常维护工作，有些部位需要每天清理，有些部件需要定时加油和定期更换。

2）防止数控装置过热。应经常检查数控装置上各冷却系统的工作是否正常。视车间环境状况，每半年或一个季度检查清扫一次。

3）定时监视数控系统的电网电压。数控系统允许的电网电压范围一般在额定值的85%~110%。如果超出此范围，会造成重要电子部件损坏。因此，要经常注意电网电压的波动。

4）定期检查和更换直流电动机电刷。数控车床、数控铣床、加工中心等，应每年检查一次。

5）防止灰尘进入数控装置内。除了进行必要的检修外，应尽量减少开电气柜门的次数。对电火花加工数控设备，更应注意防止外部金属粉尘进入数控柜内部。

6）存储器用电池应定期检查和更换。数控装置中部分 COMS 存储器中的数据在断电时靠电池供电保持，当电池电压下降至一定值时就会造成数据丢失。因此，当出现电池电压报警时，应及时更换电池。更换电池时一般要在数控系统通电状态下进行，这样才不会造成数据丢失。

7）数控系统长期不用时的维护。当数控机床长期闲置不用时，也应定期对数控系统进行维护保养。应经常给数控系统通电，并让机床各转动、移动部件空运行一定时间。在空气湿度很大的雨季应该天天通电，利用电器元件本身发出的热量驱走数控柜内的潮气，保证电子部件的性能稳定可靠。

8）数控系统及机床的维护保养还应按机床自身的特殊要求进行。

思 考 题

1. 现代数控机床的发展趋势是什么?
2. 数控机床是由哪几部分组成的?其加工原理是什么?
3. 现代数控主要涉及哪些基础技术?
4. 按数控系统控制方式分类，数控机床分哪几类?它们之间的主要区别是什么?
5. 与普通机床相比，数控机床的加工特点有哪些?
6. 数控机床的主要应用范围是什么?
7. 数控机床的日常维护有哪些主要内容?

第 2 章　数控加工编程基础

2.1　数控编程概述

2.1.1　数控编程的基本概念

数控机床是按照事先编制好的数控程序自动加工的高效自动化设备，数控程序除了能保证加工出符合图样要求的零件外，还应当充分发挥、利用机床的各种功能，使数控机床能安全、可靠、高效地工作，为此下面介绍几个有关数控编程的基本概念。

1. 数控编程

将加工零件的工艺过程、工艺参数、刀具位移量及其他辅助功能（换刀、冷却、夹紧）等按数控机床指定的程序格式和代码指令编写出零件加工程序单的过程称为数控编程。

2. 指令代码

国际标准化组织（ISO）在数控技术方面制定了一系列相应的国际标准，许多国家根据本国的实际情况制定了各自的国家标准，这些标准是数控加工编程的基本原则。数控加工中常用的标准有数控机床坐标轴和运动方向的规定，数控编程的程序段格式，数控编程的功能指令代码等。

国际上通用的代码标准有两种：美国电子工业协会（EIA）和国际标准化组织（ISO）。不论何种数控机床的加工，都是将代表各种不同功能的指令代码输入数控装置，经过计算机转换与处理后，来控制机床的各种运动。因此，编程人员应熟知有关指令代码的基本知识。

3. 刀位点

数控加工中为了编程和加工方便，通常选择刀具上的一个特殊点作为编程和加工的基准点，这个刀具上用以代表刀具位置的特殊点称为刀位点。

数控加工中，数控加工程序控制刀具运动轨迹实际上是控制刀位点的运动轨迹。通常对于各种立铣刀，一般选取刀具轴线与刀具底端的交点为刀位点；对于车刀，一般选取刀尖为刀位点；对于钻头，则选取钻头尖（横刃的顶尖）为刀位点。数控加工前对刀时，应使对刀点与刀位点重合。

4. 对刀和对刀点

对刀就是工件在机床上装夹完毕后，用来确定程序原点在机床坐标系中位置的操作方法。数控加工中通过对刀操作将编程坐标系与机床坐标系建立一一对应的位置关系。工件上或机床内用于完成对刀操作的点称为对刀点。

2.1.2　数控编程的步骤

数控编程的基本步骤如图 2-1 所示。

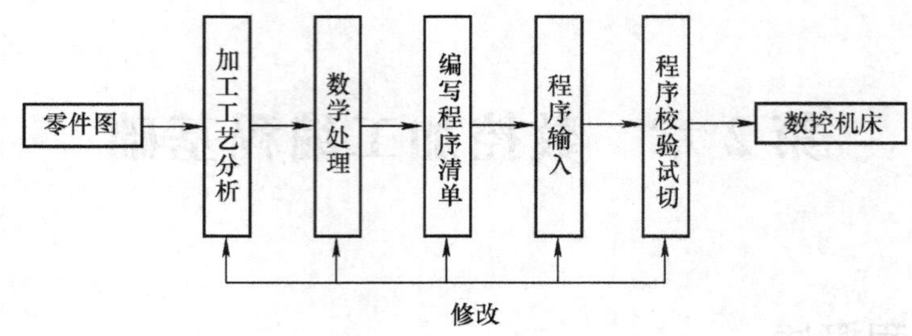

图 2-1　数控编程步骤

1. 加工工艺分析

编程人员首先要根据零件图，对零件的材料、形状、尺寸、精度、表面粗糙度和热处理要求等进行加工工艺分析。合理地选择加工方案，确定加工顺序、加工路线、装夹方式、刀具及切削参数选择等。

2. 数学处理

根据零件图的几何尺寸，确定工艺路线及设定坐标系，计算几何元素的起点、终点、圆弧的圆心、两几何元素的交点或切点的坐标值，得到刀位数据；对于复杂图形，可利用计算机辅助计算特征点（基点）的坐标。

3. 编写程序清单

根据计算出的运动轨迹坐标值（刀位点数据）和已确定的加工顺序、刀具号、切削参数以及辅助动作等，按照数控系统规定的指令及程序段格式，逐段编写加工程序单。根据需要还可用括号方式附上必要的工艺说明。

4. 程序输入

把编写好的程序输入到数控系统中。具体输入方法有三种。第一种是在数控机床操作面板上进行手动编辑输入（EDIT 方式）；第二种是利用数据传输（DNC）功能，在线传输；第三种是利用专用的传输软件或磁介质，把加工程序输入数控系统。

5. 程序校验和首件试切

加工程序输入数控系统后，必须检查计算和编写程序清单过程中是否有错误之处，一般可通过机床空运行和图形模拟来完成程序检查。但这两种检验只能检查刀具运动轨迹是否正确，但检查不出对刀误差、加工精度误差和某些轨迹的计算误差。因此，程序检查无误后还必须进行首件试切，发现有误差时，分析误差产生原因，找出问题所在，加以修正，直到加工出合格产品。

2.1.3　数控编程的方法

数控编程方法主要有手工编程和自动编程两种。

手工编程也称为人工编程。数控程序的全部内容是由人工按数控系统所规定的指令格式编写的。手工编程适合形状简单、计算量小的零件，编程速度快，对其他条件要求少，及时、经济、方便。

自动编程也称为计算机编程。对于形状复杂的一些零件，手工编程计算量大，出错率高，有些甚至无法完成，必须用自动编程的方法来编制程序。目前常用的自动编程方法大多是借助 CAD/CAM 软件（如 Pro/E、CATIA、DELCAM 等），除拟订工艺方案和一些工艺参数依靠人工完成外，其他都由计算机自动完成，经计算机处理后自动生成满足机床加工要求的数控程序。

2.1.4 数控程序的结构

数控程序是按照数控系统规定的结构、语法和指令格式规则编写的一组计算机数控指令集。在程序中根据机床的实际运动顺序书写这些指令。一个完整的加工程序由程序名、程序内容和程序结束三部分构成，而程序内容通常由若干程序段构成，每个程序段表示一种或几种机床操作。以下是一个完整的数控加工程序（FANUC 0i 系统），该程序以程序名 O1234 开始，以 M30 或 M02 结束。

```
O1234;                                  程序名
G90  G54  G80  G40;    程序段 1  ┐
S1000  M03;            程序段 2  │
G00  Z100;             程序段 3  │
G00  X50  Y0;          程序段 4  │
     Z5;               程序段 5  ├ 程序内容
G01  Z-2  F50;         程序段 6  │
G03  I-50  F100;       程序段 7  │
G00  Z100;             程序段 8  ┘
M30  (M02);                             程序结束
```

1. 程序名

数控编程时，必须先指定一个程序名，并放在整个程序的开始。为了区别存储器中的不同程序，要对程序进行命名编号，程序名由程序名地址 O 和程序编号组成，如：

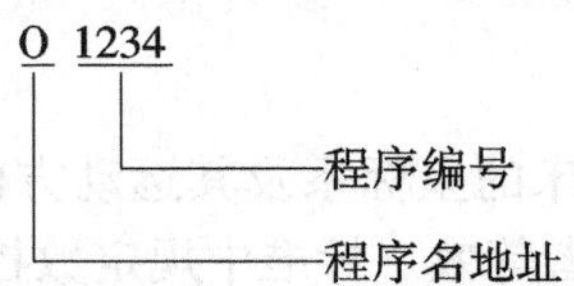

不同的数控系统，程序名地址的表示有些差异，如华中数控系统用%，FANUC 系统中用英文字母“O”。编程时一定要参考相应系统的编程说明书，否则程序可能无法执行。

2. 程序内容

程序内容是一个程序的核心，由许多程序段组成。程序段的格式有多种表示方法，但目前应用最多的是地址符可变程序段格式。所谓地址符可变程序段格式就是在一个程序段内字的数目和字的长度（位数）都是可变的。程序段格式与基本组成如下：

N __	G __	X __　Y __　Z __	M __	S __	T __	F __	;
顺序号	准备功能	尺寸字	辅助功能	主轴功能	刀具功能	进给功能	行结束

3. 程序结束

程序结束用指令 M30 或 M02 表示。执行该指令后，表示程序内所有指令均已完成，机床数控系统复位。

2.1.5　主程序和子程序

数控程序也分为主程序和子程序。在一个加工程序中，如果有几个一连串的程序段完全相同（如一个零件中有几处的几何形状相同，或顺次加工几个相同的工件），为缩短程序，可将这些重复的程序段单独抽出，按规定的程序格式编成子程序，并事先存储在程序存储器中。子程序以外的程序段为主程序。主程序在执行过程中，如需执行子程序，即可用相应的数控指令调用，并可多次重复调用（一般最多可调用999次），从而可大大简化编程工作。

子程序的程序结束用M99指令，其他方面子程序和主程序格式上没有太大区别，但子程序只能被特定的主程序调用，自己不能被单独执行。主程序和子程序的调用关系如下：

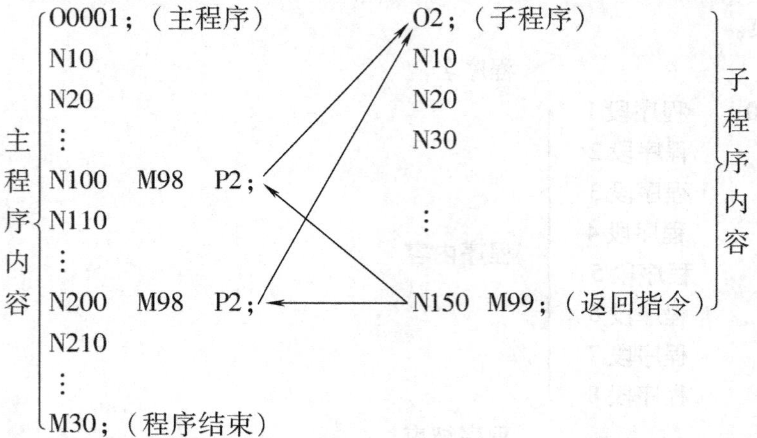

上述调用关系中，N100和N200程序段中的“M98　P2;”的作用是调用程序名为O2的子程序。

2.2　数控机床的坐标系

国际标准ISO 841中对数控机床的坐标系及其运动方向有统一的规定，我国标准GB/T 19660—2005也有类似的规定，两者等效。标准中规定数控机床的坐标系及其运动方向，是为了准确地描述各类机床的运动，使所编程序具有互换性，增强通用性。

2.2.1　数控机床坐标系建立原则

ISO 841标准中对数控机床坐标系规定如下。

1. 刀具相对于静止的工件运动的原则

由于数控机床的具体结构和加工范围不同，加工过程中有的机床是刀具运动，零件固定，如各类龙门机床；有的是刀具和零件都运动，如各类小型数控机床。为了编程方便，标准中规定，确定坐标系时，一律看成刀具相对于静止的工件运动。

2. 右手笛卡儿坐标系

标准机床坐标系是一个右手笛卡儿坐标系，用右手螺旋法则判定，如图2-2所示。右手的拇指、食指、中指相互垂直，并分别代表X、Y、Z轴，每个手指的指向分别代表各轴的正方向，绕X、Y、Z旋转的轴分别称为A、B、C轴。

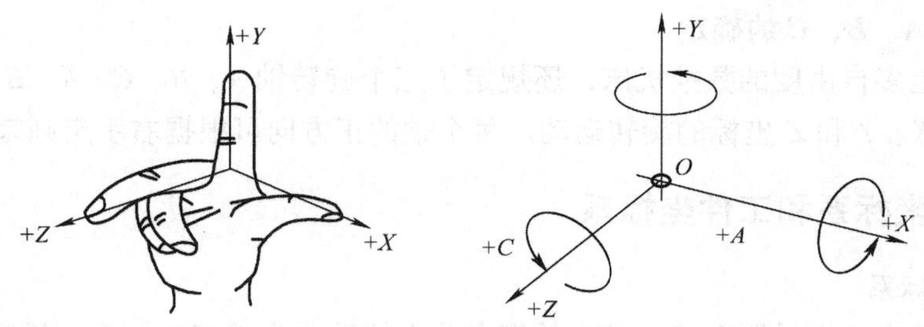

图 2-2　右手笛卡儿坐标系

3. 运动正方向的规定

标准中规定刀具远离工件的方向为坐标轴正方向。

2.2.2　数控机床坐标轴的判定

机床坐标轴的判定方法和步骤（图 2-3）：

1. *Z* 轴的确定

1）一般产生切削力的主轴轴线或与主轴平行的轴定为 *Z* 轴。

2）机床有多个主轴时，与工件装夹平面垂直轴为主要主轴，平行于该轴的轴为 *Z* 轴。

3）无主轴时，垂直于工件装夹平面的方向为 *Z* 轴。

2. *X* 轴的确定

1）工件旋转的机床，如车床、磨床，在水平面内垂直于工件旋转轴线（*Z* 轴）的方向为 *X* 方向，刀具远离旋转中心的方向为正方向。

2）刀具旋转的机床，如铣床、磨床、钻床，*X* 轴一般平行于零件的装夹平面。

3）*Z* 轴垂直布置的立式机床，操作者在工作位置面向机床方向看（由主轴向立柱看），操作者的右侧为 *X* 轴的正方向。

4）*Z* 轴水平布置的卧式机床，操作者在工作位置（立柱旁）面向工作台，操作者的右侧为 *X* 轴的正方向。

3. *Y* 轴的确定

Y 轴垂直于 *X* 轴及 *Z* 轴，根据 *X* 轴、*Z* 轴的方向，按照右手笛卡儿坐标系确定 *Y* 轴的正方向。

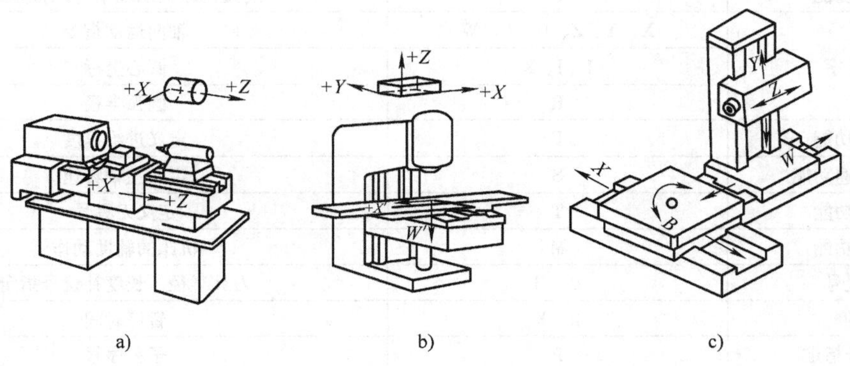

图 2-3　机床坐标系

a）数控车床　b）数控立式铣床　c）数控卧式铣床

4. 旋转轴 *A*、*B*、*C* 的确定

对三轴以上多自由度的数控机床，还规定了三个旋转轴 *A*、*B*、*C*。*A*、*B* 和 *C* 分别表示其轴线平行于 *X*、*Y* 和 *Z* 坐标的旋转运动。每个轴的正方向可根据右手定则来判断。

2.2.3 机床坐标系和工件坐标系

1. 机床坐标系

以机床原点为坐标系原点建立起来的笛卡儿坐标系称为机床坐标系。机床原点是机床厂商设置在机床上的一个物理位置，一般不允许用户更改，该点也称为机床零点，是机床厂制造和调整机床的基础。机床坐标系的作用是使机床与控制系统同步，建立机床运动坐标的起始点。通过机床坐标系的建立，可确定机床各运动件之间的相互位置关系，获得机床运动所需的相关数据。

2. 工件坐标系

工件坐标系是编程人员在编程时，为了编程方便和编程不受机床坐标系的制约而建立的坐标系。工件坐标系原点一般设在零件工艺基准或设计基准上，工件坐标系坐标轴的确定要与机床坐标系坐标轴的方向一致，都遵循右手定则。编程时刀具运动轨迹的坐标点是按工件轮廓在工件坐标系中的坐标确定的。数控加工时，一般通过对刀操作将工件坐标系与机床坐标系建立相互对应关系。

2.3 常用编程功能指令代码

数控编程功能指令也称功能字，是数控程序的重要组成单元，各功能字是用来描述机床具体动作或某种工作状态的。常用功能字的含义见表 2-1。在数控编程中一般不区分英文字母的大小写。这些字母中表示坐标值的功能字称为尺寸字，其他的功能字称为非尺寸字。

表 2-1 地址字中英文字母的含义

功　能	地 址 符	意　义
程序名（号）	O	程序编号 O1 ~9999
顺序段序号	N	程序的顺序号
准备功能	G	定义机床运动或某种准备方式
尺寸字	X、Y、Z、U、V、W	轴向运动指令
	I、J、K	圆心坐标
	R	圆弧半径
进给功能	F	定义进给速度
主轴转速功能	S	定义主轴转速
刀具功能	T	定义刀具号
辅助功能	M	机床的辅助动作
偏置号	D、H	刀具半径、长度补偿号指定
暂停	P、X	暂停时间
程序号指定	P	子程序号
重复次数	L	子程序重复次数
参数	P、Q、R	固定循环参数

2.3.1　准备功能 G 指令

准备功能 G 指令是使机床准备好某种运动方式的指令，也是数控系统主要的功能字。G 指令由地址 G 及其后的两位数字组成，从 G00 ~ G99 共 100 种，如快速定位指令 G00，直线插补指令 G01，圆弧插补指令 G02、G03，刀具补偿指令 G41、G42，固定循环指令 G71、G73 等。但是随着数控机床功能的增加，有些数控系统功能字中的后续数字已经使用三位数。各种 G 指令功能的详细介绍见后续相关章节。

2.3.2　辅助功能 M 指令

辅助功能指令也称 M 指令，它是指令机床做一些辅助动作的代码，如主轴的转与停，切削液的开与关，子程序的调用与返回等，其特点是靠继电器的通断电来实现控制过程。M 指令由地址 M 及后面的两位数字组成。FANUC 0i 系统常用 M 指令的功能如下：

（1）程序暂停指令 M00　执行 M00 后，机床的进给、切削等运动停止，但系统保留当前信息，机床处于暂停状态，重新启动程序后，数控系统将继续执行后面的程序段。该指令主要用于加工中的一些中间检测、清理或插入必要的手工动作时使用。

（2）程序结束指令 M02、M30　执行 M02 或 M30 后，程序运行结束，机床停止运行，并且 CNC 复位。M02 与 M30 的区别在于，M02 程序结束后，光标留在程序尾部，M30 程序结束后光标返回到程序头。

（3）M03 主轴正转　此指令起动主轴正转。

（4）M04 主轴反转　此指令起动主轴反转。

（5）M05 主轴停止　此指令使主轴停止转动。

（6）M06 换刀　用于加工中心换刀。

（7）M08 切削液开　此指令打开切削液开关。

（8）M09 切削液关　此指令关掉切削液开关。

（9）M98 子程序调用　此指令用于调用子程序。

（10）M99 子程序结束　此指令用于结束子程序，并返回到主程序。

2.3.3　刀具功能 T 指令

刀具功能 T 指令主要用于数控编程中的换刀操作，其格式在 FANUC 0i 系统中，用 T 后跟四位数字组成，如 T0204，前两位数代表刀具号，02 为第 2 号刀，后两位数代表刀补号，04 为调用 4 号刀补值。在数控车床和加工中心等机床上一般都有刀塔和刀库装置，因此 T 指令在数控车床和加工中心的编程中应用较多，而数控铣床没有刀库，需手工换刀，所以刀具功能 T 指令在数控铣床中使用较少。

2.3.4　主轴功能 S 指令

主轴功能 S 指令主要用于指定主轴的旋转速度，单位为 r/min。例如 S800 表示主轴程序转速为 800r/min，机床主轴实际转速可以借助机床控制面板上的主轴倍率开关进行修调，加工中 S 指令常和 M03、M04 等辅助功能指令配合使用。

2.3.5 进给功能 F 指令

进给功能 F 指令用于指定切削加工的进给速度。它由字母 F 后跟若干位数组成。进给方式可分为每分钟进给（mm/min）和每转进给（mm/r）两种。数控车床系统一般开机默认每转进给（mm/r），而数控铣床和加工中心系统默认每分钟进给（mm/min），如车床编程时 F0.2 表示主轴旋转一周刀具进给 0.2mm，铣床或加工中心编程时 F200 表示刀具每分钟进给 200mm。当然，也可以根据需要，以指令方式在数控铣床或加工中心上指定进给方式为 mm/r（如 G95），在数控车床上指定进给方式为 mm/min（如 G98）。

思 考 题

1. 数控编程的一般步骤有哪些?
2. 数控机床坐标系及其坐标轴方向是如何定义的?
3. 数控机床坐标系和工件坐标系有哪些异同点?
4. FANUC 系统数控编程指令有哪几类? 其各自的作用是什么?
5. 进给功能 F 指令的常用单位有哪些? 其在数控车床、铣床上的应用有何不同?

第3章 数控车床编程与操作

3.1 数控车床简介

3.1.1 数控车床的分类

数控车床属于金属切削类数控机床，经过几十年的发展，目前其结构和功能各异，型号种类繁多，为便于分析和研究，常按照以下几种方式对数控车床进行分类。

1. 按车床主轴的配置形式分类

（1）立式数控车床　该类车床主轴垂直于水平面布置，如图3-1所示。通常配有单动卡盘或多爪卡盘，用来装夹径向尺寸较大而轴向尺寸相对较小的大型复杂零件，如火车轮毂，大型轴流泵的叶轮，集装箱桥吊滑轮等。

（2）卧式数控车床　该类车床主轴平行于水平面布置，如图3-2所示。通常配有自定心卡盘，用来装夹轴向尺寸较长或小型盘类零件。其导轨配置方式有水平导轨与倾斜导轨两种。倾斜导轨结构床身刚性较好，不易变形，并易于排出切屑。相对而言，卧式数控车床因结构形式多，加工功能丰富而应用广泛。

图3-1　立式数控车床

图3-2　卧式数控车床

2. 按数控系统的功能水平分类

（1）经济型数控车床　又称简易型数控车床，一般采用步进电动机驱动的开环伺服系统，以卧式车床的机械结构为基础，经改进设计或改造而成。这类机床组成结构简单，成本较低，操作与维修方便，但加工精度较低，自动化程度和功能水平都比较差。

（2）全功能型数控车床　这类机床一般配有网络通信接口、自动上料、排屑等功能，采用闭环或半闭环控制的伺服系统。其刚性、加工精度、效率相对较高。

（3）车削加工中心　是一种集车削、镗削、铣削和钻削于一体的数控车床，配置刀库、换刀装置、分度装置、铣削动力头等。其自动化程度高，能满足形状复杂的零件加工，功能强大，加工精度好，效率高，但价格及维护成本较高。

3. 按加工零件的基本类型分类

（1）盘类数控车床　该类车床未设置尾座，适合车削大型盘类（含短轴类）零件。

（2）轴类数控车床　这类车床配有普通尾座或数控尾座，适合车削较长的轴类零件及直径较小的盘、套类零件。

3.1.2　数控车床的加工对象

1. 精度要求高的回转体零件

由于数控车床刚性好，制造和对刀精度高，以及能方便和精确地进行人工补偿和自动补偿，所以能加工尺寸精度要求较高的零件。使用切削性能好的刀具，在有些场合可以以车代磨，如轴承内环的加工、回转类模具内外表面的加工等。此外，数控车床加工零件时，一般情况是一次装夹就可以完成零件的全部加工，所以很容易保证零件的几何精度，加工精度高。

2. 表面粗糙度要求高的回转体零件

数控车床具有恒线速度切削功能，能加工出表面粗糙度值小而均匀的零件。在材质、精车余量和刀具已选定的情况下，表面粗糙度取决于进给量和切削速度。在普通车床上车削锥面和端面时，由于转速恒定不变，致使车削后的表面粗糙度不一致，只有某一直径处的表面粗糙度值最小。使用数控车床的恒线速度切削功能，就可选用最佳线速度来切削锥面和端面，使车削后的表面粗糙度值既小又一致。

3. 轮廓形状特别复杂或难以控制尺寸的回转体零件

借助数控系统的直线和圆弧插补功能及 CAD/CAM 软件，数控车床可以加工由任意直线和平面曲线构成的形状复杂的回转体零件。

4. 带特殊螺纹的回转体零件

普通车床所能车削的螺纹相当有限，它只能车等导程的直、锥面米制、寸制螺纹，而且加工的导程范围较窄。数控车床不但能车削任何等导程的直、锥面螺纹和端面螺纹，而且能车削变（增/减）导程及要求等导程与变导程之间平滑过渡的螺纹，还可以车高精度的模数螺旋零件（如圆柱、圆弧蜗杆）和端面（盘形）螺旋零件等。

3.2　FANUC 0i 系统数控车床常用编程指令

3.2.1　数控车床的编程特点

1. 直径编程

数控车床多数采用直径编程方式。这是由于回转体零件径向尺寸的标注与测量通常为直径值。在采用直径编程方式时，可以直接依据图样上标注的尺寸进行编程，进而节省编程时间，并且便于工件的检测。

2. 混合坐标编程

数控车床可以使用绝对值编程、增量值编程或二者混合编程。其中绝对坐标编程（X、Z）是指令轮廓终点相对于坐标原点绝对坐标值的编程方式；增量坐标编程（U、W）是指令轮廓终点相对于轮廓起点坐标增量的编程方式。

如图 3-3 所示，若使刀具从 A 点移动至 B 点。使用绝对坐标编程时，以坐标原点为参照，直接输入 B 点坐标，即“X0，Z10”；使用增量坐标编程时，以轮廓起点也就是 A 点为参照，即“U0　W－10”；若使用混合坐标编程时，可写成“X0，W－10”或“U0　Z10”。

3.2.2　数控车床坐标系的特点

数控车床为两轴机床，其坐标轴由 X 轴与 Z 轴组成，如图 3-4 所示。在数控车床中，规定沿主轴方向为 Z 轴。并且根据刀具相对于静止的工件运动的原则，刀具远离工件的方向为 Z 轴的正方向。由右手定则可知 X 轴垂直于 Z 轴，其方向可以水平向内或向外。通常情况下，对于后刀架车床，规定 X 轴方向向内。对于前刀架车床，规定 X 轴方向向外。

数控车床的机床原点为主轴旋转轴线与卡盘后端面的交点。该点是车床出厂时已经设定好的一个固定点，一般不允许人为改动。

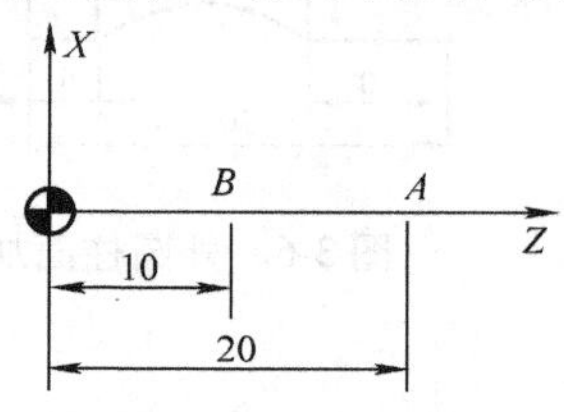

图 3-3　从 B 点移至 A 点

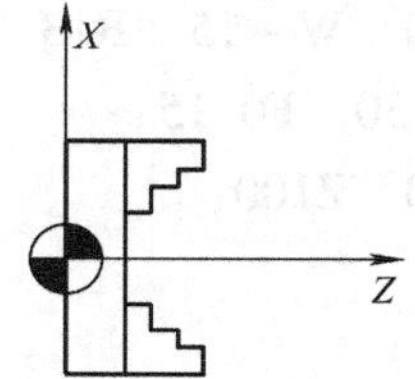

图 3-4　数控车床坐标系

3.2.3　基本编程指令

1. 快速点定位指令 G00

指令格式：G00　X（U）__　Z（W）__；

式中　X（U）、Z（W）——目标点坐标。

功能：G00 指令刀具在无切削状态下快速运动到目标点。快速移动最大速度由系统预先指定，也可由操作面板上的倍率开关控制。G00 可编写成 G0，G0 与 G00 等效。

例 3-1　如图 3-5 所示，要求编写刀具快速从 A 点移动到 B 点程序段。已知 A 点坐标（X30，Z20），B 点坐标（X20，Z2）。

绝对坐标编程：G00　X20　Z2；

增量坐标编程：G00　U－10　W－18；

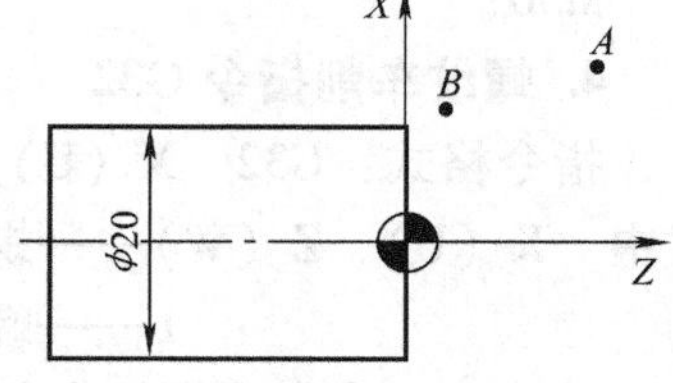

图 3-5　快速点定位

2. 直线插补指令 G01

指令格式：G01 X（U）__　Z（W）__　F__；

式中　X（U）、Z（W）——目标点坐标；

F——进给速度。

功能：该指令使刀具在两坐标点间按规定进给速度作直线切削运动。如果在 G01 程序段之前未出现过 F 指令，则本程序段必须加入 F 指令，否则机床不运动。通常当车削加工的运动方向与 X 轴平行时（如车削端面，沟槽等），只需单独指定 X（或 U）坐标；在车外圆、内孔等与 Z 轴平行的加工时，只需单独指定 Z（或 W）值。

3. 圆弧插补指令 G02、G03

指令格式：G02　X（U）__　Z（W）__　R__　F__；

G03　X（U）__　Z（W）__　R__　F__；

式中　X（U）、Z（W）——目标点坐标；

F——进给速度；

R——圆弧半径。

功能：G02 为顺时针圆弧插补，G03 为逆时针圆弧插补。判断圆弧顺、逆的依据为：沿不在坐标平面的坐标轴（Y 轴），由正方向向负方向看，顺时针方向为 G02，逆时针方向为 G03。

例 3-2　如图 3-6 所示，要求编写工件轮廓上外圆柱面精加工程序段。

```
O3002;
M03  S800;
T0101;
G00  X20  Z2;
G01  Z-5  F0.15;
G02  X20  W-15  R13  F0.1;
G01  Z-30  F0.15;
G0  X100  Z100;
M05;
M30;
```

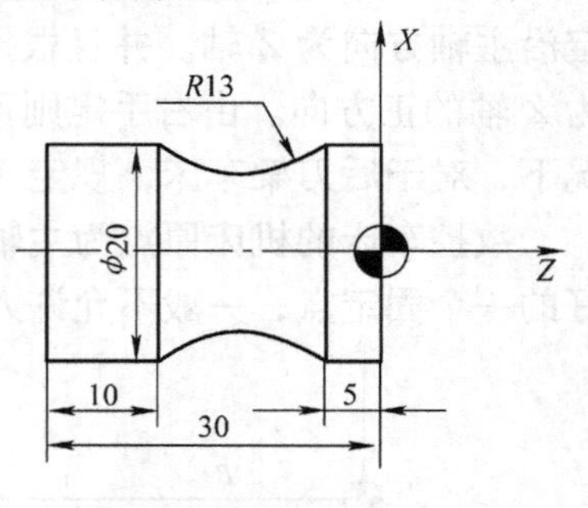

图 3-6　外圆柱面加工一

例 3-3　如图 3-7 所示，要求编写工件轮廓上外圆柱面精加工程序段。

```
O3003;
M03  S800;
T0101;
G00  X20  Z2;
G01  Z-5  F0.15;
G03  X20  W-15  R13  F0.1;
G01  Z-30  F0.15;
G0  X100  Z100;
M05;
M30;
```

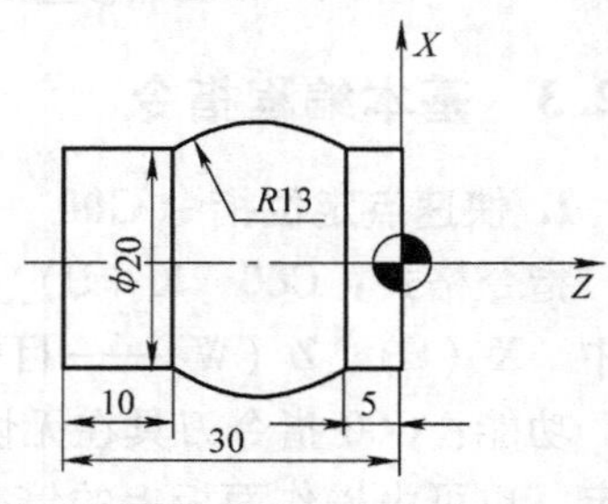

图 3-7　外圆柱面加工二

4. 螺纹车削指令 G32

指令格式：G32　X（U）__　Z（W）__　F__；

式中　X（U）、Z（W）——螺纹终点坐标；

F——螺纹的导程。

功能：该指令为螺纹车削指令，使用时要配合退刀指令。对于单线螺纹，导程等于螺距；对于多线螺纹，导程等于 n 倍螺距。

例 3-4　如图 3-8 所示，要求编写工件轮廓上螺纹部分加工程序段，螺纹切削的进给次数与背吃刀量的关系见表 3-1。

```
O3003;
M03  S400;
T0101;
G00  X10  Z2;
```

```
G32  X9.4  Z-15  F1;
G00  X11;
     Z2;
G32  X9  Z-15  F1;
G00  X11;
     Z2;
G32  X8.7  Z-15  F1;
G00  X100;
     Z100;
M05;
M30;
```

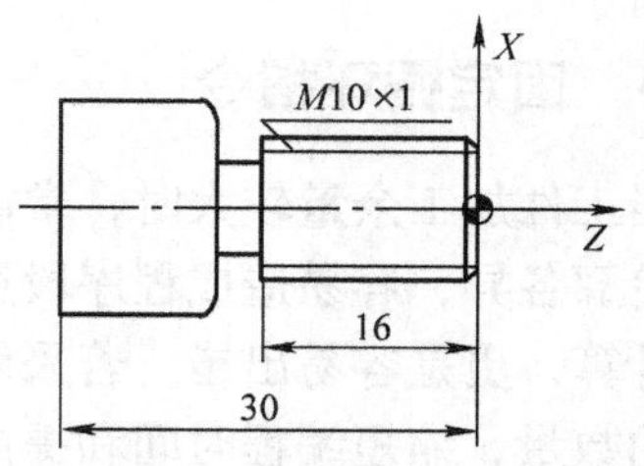

图 3-8　螺纹加工

表 3-1　螺纹切削的进给次数与背吃刀量参数

进给次数 \ 螺距/mm	1.0
1 次	0.6
2 次	0.4
3 次	0.3

5. 主轴速度控制指令（G96、G50、G97）

（1）恒线速度车削指令 G96

指令格式：G96　S__；

式中　S——切削速度，单位为 m/min。

功能：该指令设置主轴恒线速度功能。

（2）限制主轴最高转速指令 G50

指令格式：G50　S__；

式中　S——限定的主轴最高转速，单位为 r/min。

功能：在使用恒线速度控制指令车削端面、锥面和圆弧时，可确保工件各轮廓表面粗糙度一致。由公式 $n=1000v_c/\pi D$ 可知，当工件直径尺寸逐渐减小时，主轴转速逐渐增大。当工件半径趋近为零时，主轴转速趋近无限大。因此，为防止车床发生飞车现象，在设置恒线速度 G96 控制后，必须用 G50 指令限制允许的主轴最高转速，以免发生危险。

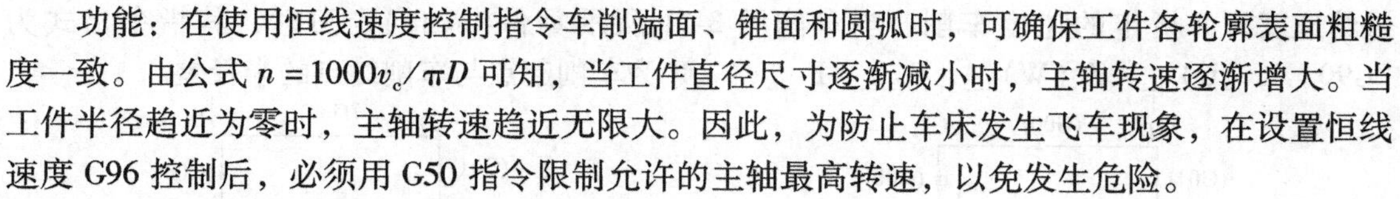

（3）取消恒线速度车削指令 G97

指令格式：G97　S__；

式中　S——主轴转速，单位为 r/min，即主轴按 S 指定的速度运转。

功能：该指令用于取消 G96 恒线速度车削功能。

例 3-5　如图 3-9 所示，要求编写工件轮廓上端面精加工程序段。

```
O3005;
M03  S800;
G96  S180;      （恒线速度车削 vc=180m/min）
G50  S2000;     （限制主轴最高转速 2000r/min）
T0101;
G00  X12  Z2;
G01  Z-5  F0.15;
G01  X20  Z-20  F0.15;
G01  Z-30  F0.15;
G0  X100  Z100;
G97  S800;      （取消恒线速度车削）
```

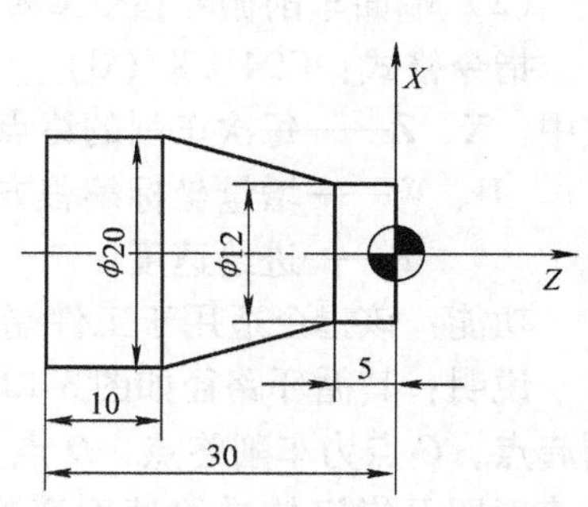

图 3-9　工件轮廓上端面加工

M05;

M30;

3.2.4 固定循环指令

当工件加工余量较大时，常需对其进行多次车削。使用基本编程指令手工编程时，由于工件轮廓各异，容易造成程序段过于冗长，对于形状复杂工件而言，每次的刀具路径点坐标难于计算，更是容易出错。若采用数控系统内置的循环指令编写加工程序，则可大大减少程序段的数量，缩短编程时间和提高数控机床工作效率。

根据刀具切削加工的循环路径不同，循环指令可分为单一固定循环指令和复合循环指令。

1. 单一固定循环指令

（1）圆柱面车削循环指令 G90

指令格式：G90　X（U）__　Z（W）__　F__;

式中　X、Z——每次车削的终点坐标；

U、W——增量坐标编程方式；

F——进给速度。

功能：该指令适用于工件内外圆柱面的轴向车削。

说明：其循环路径如图 3-10 所示，由 4 个步骤组成。图中 *A* 点为循环起点，*B* 点为车削起点，*C* 点为车削终点，*D* 点为退刀点。其中，*AB*、*DA* 段按快速移动；*BC*、*CD* 段按进给速度即 F 指定的速度车削。当车削图 3-11 所示零件沿轴向走刀时，其指令格式为“G90　X（U）__　Z（W）__　R__　F__;”，R 为车削起点与车削终点的半径差。

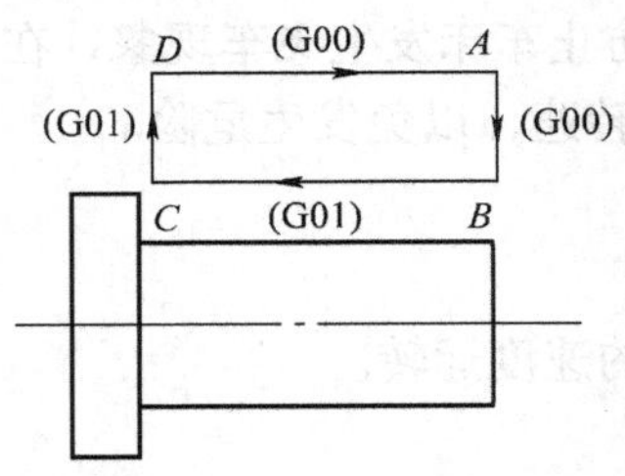

图 3-10　圆柱面车削循环路径示例 1

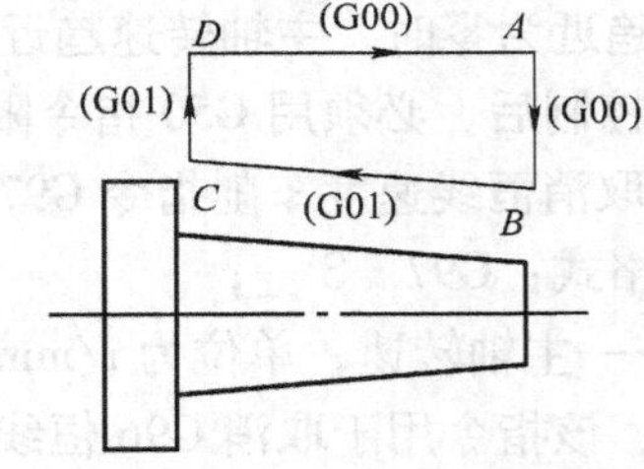

图 3-11　圆柱面车削循环路径示例 2

（2）端面车削循环指令 G94

指令格式：G94　X（U）__　Z（W）__　F__;

式中　X、Z——每次车削的终点坐标；

U、W——增量坐标编程方式；

F——进给速度。

功能：该指令适用于工件端面的径向车削。

说明：其循环路径如图 3-12 所示，由 4 个步骤组成。图中 *A* 点为循环起点，*B* 点为车削起点，*C* 点为车削终点，*D* 点为退刀点。其中，*AB*、*DA* 段按快速移动；*BC*、*CD* 段按进给速度即 F 指定的进给速度车削。当车削图 3-13 所示零件沿径向走刀时，其指令格式为“G94　X（U）__　Z（W）__　R__　F__;”，R 为车削起点与车削终点的 *Z* 坐标差。

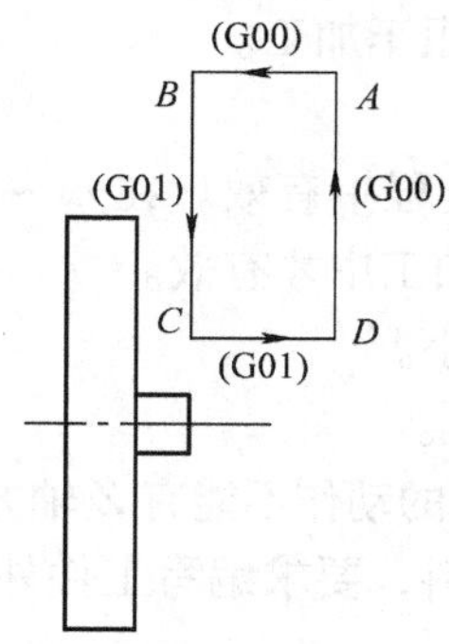

图 3-12　端面车削循环路径示例 1

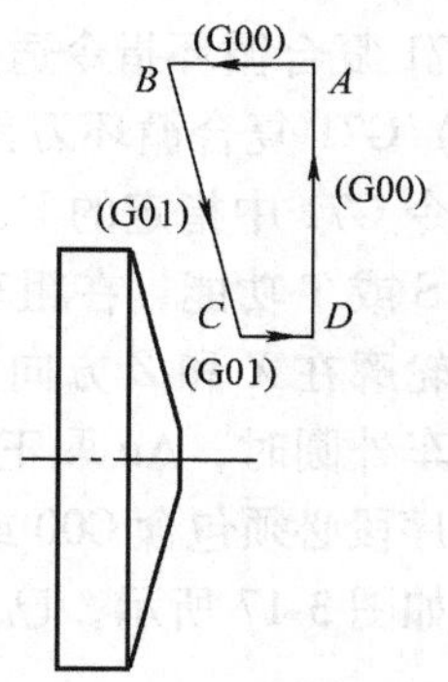

图 3-13　端面车削循环路径示例 2

（3）螺纹车削循环指令 G92

指令格式：G92　X（U）__　Z（W）__　F __；

式中　X（U）、Z（W）——螺纹终点坐标；

F——螺纹的导程。

功能：该指令为螺纹车削循环指令。

说明：其循环路径如图 3-14 所示，由 4 个步骤组成。图中 *A* 点为循环起点，*B* 点为车削起点，*C* 点为车削终点，*E* 点为退刀点。其中，*AB*、*DE*、*EA* 段按快速移动；*BC* 段按 F 指定的导程车削螺纹，*CD* 段为螺纹退刀量，由系统参数决定。当车削图 3-15 所示锥螺纹时，其指令格式为“G92　X（U）__　Z（W）__　R __　F __　;”，R 为螺纹车削起点与终点的半径差。

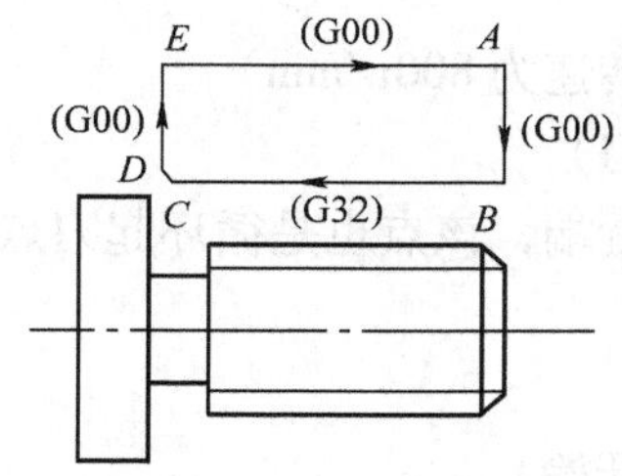

图 3-14　螺纹车削循环路径示例 1

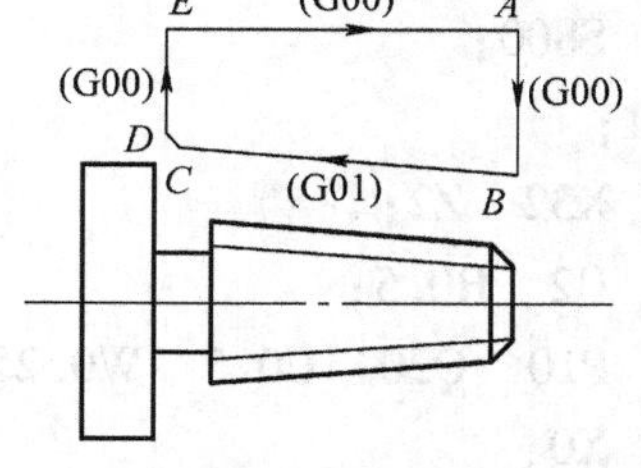

图 3-15　螺纹车削循环路径示例 2

2. 复合循环指令

（1）外（内）径粗车复合循环指令 G71

指令格式：G71　U（Δ*d*）　R（*e*）；

G71　P（*ns*）　Q（*nf*）　U（Δ*u*）　W（Δ*w*）　F__　S__；

式中　Δ*d*——粗车加工每次背吃刀量；

e——每次车削的退刀量；

ns——循环加工路径的起始程序号；

nf——循环加工路径的结束程序号；

Δ*u*——*X* 向预留的精车余量（直径值）；

Δ*w*——*Z* 向预留的精车余量。

功能：G71 复合循环指令适用于工件内外圆柱面的轴向粗车加工。

说明：1）G71 复合循环刀具路径如图 3-16 所示。

2）在指令 G71 中指定的 F、S 或 T 功能，在粗车循环过程中有效。在 *ns* ~ *nf* 程序段之间的任何 F、S 或 T 功能，在粗车循环过程中被忽略，在精加工中才有效。

3）零件轮廓在 *X* 和 *Z* 方向坐标值必须是单调增加或减小。

4）当粗车外圆时，Δu 取正值；粗车内孔时，Δu 取负值。

5）*ns* 程序段必须包含 G00 或 G01 指令，且图 3-16 中 *AA'* 的动作不能有 *Z* 轴方向的移动。

例 3-6 如图 3-17 所示，已知毛坯为 ϕ32mm × 70mm 棒料，要求编写工件外轮廓粗加工程序段。

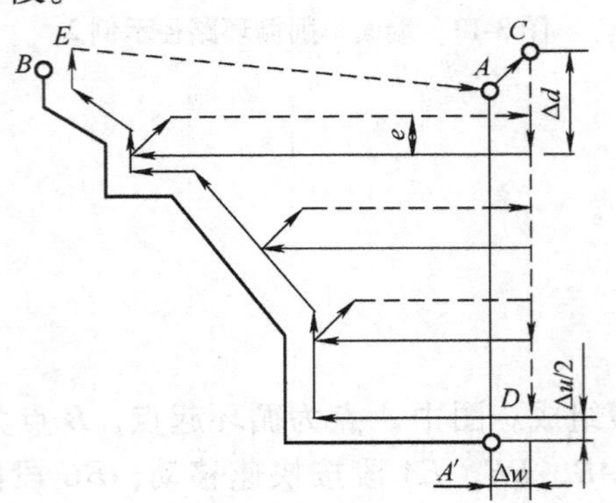

图 3-16 G71 刀具路径

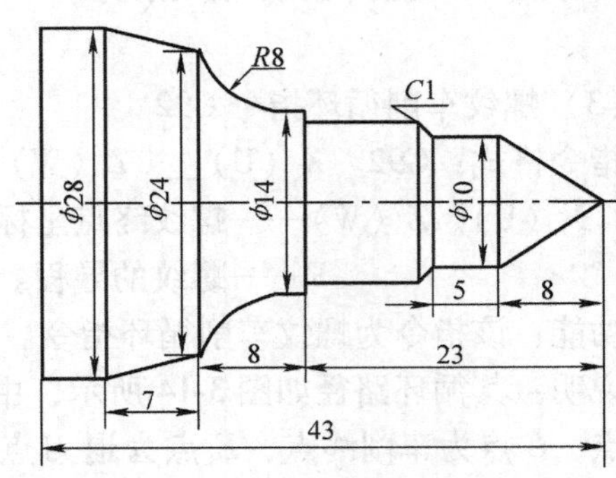

图 3-17 零件图

```
    O3006;
    M03  S800;                          (主轴正转，转速为 800r/min)
    T0101;                              (调用 1 号车刀)
    G00  X32  Z2;                       (快移至工件近端，该点也是循环起刀点)
    G71  U2  R0.5;                      (粗车循环)
    G71  P10  Q20  U0.5  W0.25  F0.2;
N10 G00  X0;                            (程序段调用开始)
    G01  Z0  F0.1;
         X10  Z-8;
         W-5
         X12  W-1;
         Z-23;
         X14;
    G02  X24  W-8  R8  F0.08;
    G01  X28  W-7  F0.1;
N20      Z-43;                          (程序段调用结束)
    G0  X100  Z100;                     (退刀)
    M05;                                (主轴停止)
    M30;                                (程序结束)
```

（2）端面粗车复合循环指令 G72

指令格式：G72　W（Δd）　R（e）；

G72　P（ns）　Q（nf）　U（Δu）　W（Δw）　F__　S__；

式中　Δd、e、ns、nf、Δu、Δw——含义与 G71 相同。

功能：G72 复合循环指令适用于工件轮廓的径向粗车加工。

说明：1）G72 复合循环刀具路径如图 3-18 所示。

2）G72 指令与 G71 区别于调用循环时，ns 程序段后不能有 X 值。即图 3-18 中 AA'的动作不能有 X 轴方向的移动。

例 3-7　如图 3-19 所示，已知毛坯为 ϕ36mm × 50mm 棒料，要求编写工件外轮廓粗加工程序段。

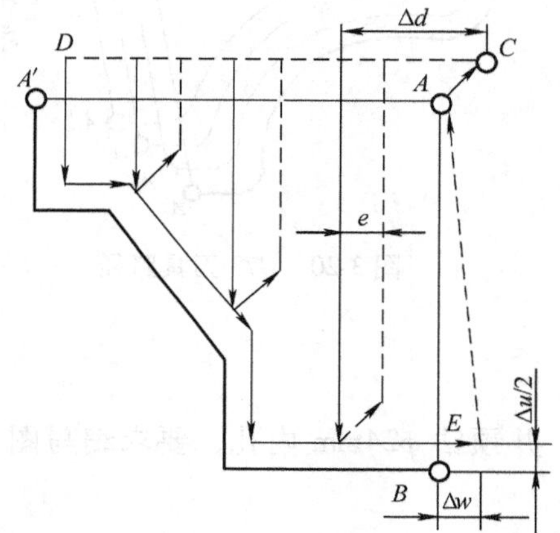

图 3-18　G72 刀具路径

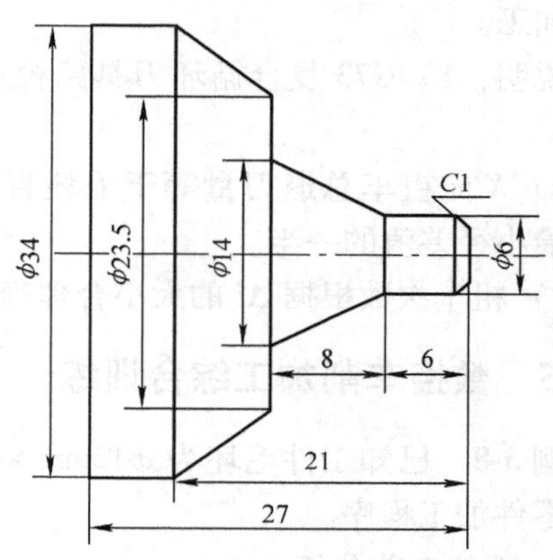

图 3-19　零件图

```
    O3007;
    M03   S800;                 (主轴正转，转速为 800r/min)
    T0101;                      (调用 1 号车刀)
    G00   X38   Z2;             (粗车循环起刀点)
    G72   U2   R0.5;            (粗车循环)
    G72   P10   Q20   U0.2   W0.1   F0.2;
N10 G00   Z-27;                 (程序段调用开始)
    G01   X34   F0.1;
          Z-21;
          X23.5   Z-14;
          X14;
          X6   Z-6;
          Z-1;
          X5   Z0;
N20       X-1;                  (程序段调用结束)
    G0   X100   Z100;           (退刀)
```

M05;　　　　　　　　　　　　（主轴停止）

M30;　　　　　　　　　　　　（程序结束）

（3）闭环车削复合循环指令 G73

指令格式：G73　U（Δi）　W（Δk）　R（d）;

G73　P（ns）　Q（nf）　U（Δu）　W（Δw）　F_　S_;

式中　Δi——X 向粗车总退刀量；

Δk——Z 向粗车总退刀量；

d——粗车次数；

ns、nf、Δu、Δw——含义与 G71 相同。

功能：G73 复合循环指令适用于工件轮廓的仿形粗加工。

说明：1）G73 复合循环刀具路径如图 3-20 所示。

2）X 向粗车总退刀量等于毛坯直径与图样上工件最小径差值的一半。

3）粗车次数根据 Δi 的大小合理确定。

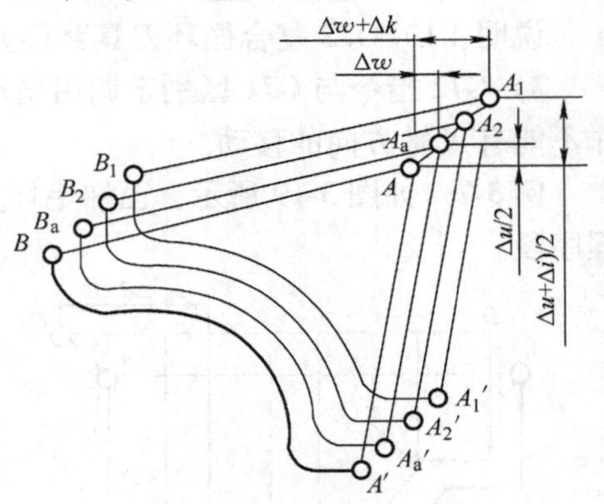

图 3-20　G73 刀具路径

3.2.5　数控车削加工综合训练

例 3-8　已知工件毛坯为 ϕ42mm × 32mm 铝棒，并预钻 ϕ24mm 内孔，要求编写图 3-21 所示零件加工程序。

1. 零件工艺分析

图 3-21 所示零件为套类零件，零件壁厚为 2mm，其右侧外圆处有 $M30 \times 1$ 的螺纹。

零件毛坯材质为铝合金，属于易切削材料，适合高速切削加工（v_c：140～240m/min），切削时应选用正前角车刀并加切削液。

根据零件几何特点，需要采用二次装夹完成车削加工。对于薄壁零件，为避免装夹后造成零件变形，不能直接用自定心卡盘进行定位与夹紧，而要使用专用夹具。夹具如图 3-22 所示为内螺纹夹具，其内螺纹有效长度要大于工件外螺纹长度。

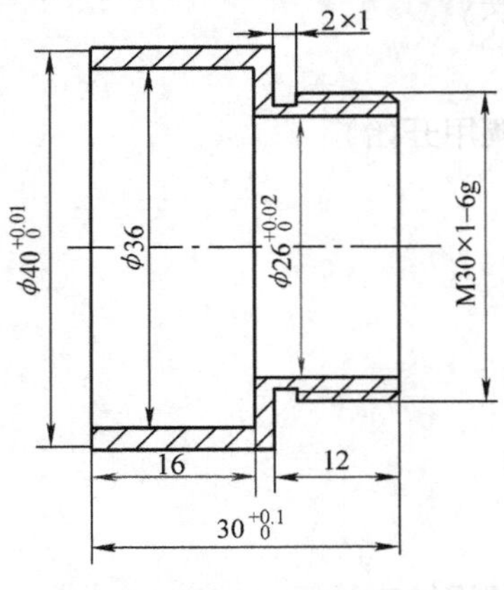

图 3-21　外圆内孔零件

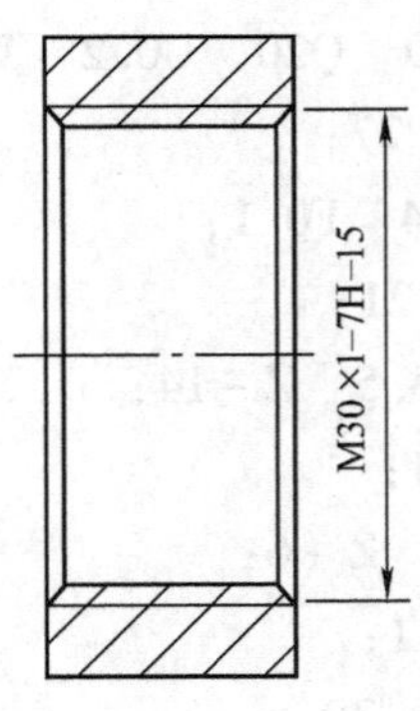

图 3-22　内螺纹夹具

2. 确定加工工艺路线

第一道工序使用自定心卡盘对毛坯进行定位与夹紧，车削零件上外螺纹部分。第二道工序使用专用夹具装夹工件。先加工 $\phi40^{+0.01}_{0}$ mm 处外圆，最后车削内孔部分，车削工艺参数见表 3-2。

表 3-2　车削工艺参数

工步号	工 步 内 容	刀具规格	主轴转速/(r/min)	进给量/(mm/r)	备注
1	车削端面、槽、外螺纹	93°外圆车刀	1500	0.25	粗车
			2000	0.12	精车
		2mm 切槽车刀	800	0.06	—
		外螺纹车刀	800	1	
2	车削端面、外圆、内孔	93°外圆车刀	1500	0.25	粗车
			2000	0.12	精车
		93°内孔车刀	1500	0.25	粗车
			2000	0.12	精车

3. 数值计算及编程

1）编程原点取在工件右端面，基点坐标直接计算即可获得。

2）编写程序清单。

第一道工序：

```
O3211;
M03   S2000;                        （主轴正转，转速为2000r/min）
T0101;                              （调用外圆车刀）
G00   X43   Z2;
G94   X22   Z0   F0.12;             （精车端面）
M03   S1500;                        （降低转速）
G90   X38   Z-11.9   F0.25;         （粗车外圆）
      X34;
      X30;
G00   X28;
M03   S2000                         （提高转速）
G01   Z0   F0.12;                   （精车外圆）
      X29.8   Z-1;
      Z-12;
      X40;
G00   X100   Z100;
M03   S800;                         （降低转速）
T0202;                              （调用切槽车刀）
G00   X41   Z-12;
G01   X28   F0.06;
      X32   F0.2;
G00   X100   Z100;
```

```
T0303;                          (调用螺纹车刀)
G00   X32   Z2;
G92   X29.4   Z-11   F1;        (车外螺纹)
      X29;
      X28.8;
      X28.7;
G00   X100   Z100;
M05;                            (主轴停止)
M30;                            (程序结束)
第二道工序:
O3212;
M03   S1500;                    (主轴正转，转速为2000r/min)
T0101;                          (调用外圆车刀)
G00   X43   Z2;
G94   X22   Z0   F0.12;         (精车端面)
G90   X40   Z-18   F0.12;       (精车外圆)
G00   X100   Z100;
T0404;                          (调用内孔车刀)
M03   S2000;                    (降低转速)
G00   X24   Z2;
G90   X25.9   Z-34   F0.25;     (粗车内孔)
      X30   Z-15.9;
      X34;
      X35.9;
G00   X36;
M03   S2000                     (提高转速)
G01   Z-16   F0.12;             (精车内孔)
      X26;
      Z-34;
      X25;
G00   Z100;
      X100;
M05;                            (主轴停止)
M30;                            (程序结束)
```

3.3 FANUC 0i 系统数控车床的操作

数控车床种类繁多，其型号、操作系统各异，本节以沈阳机床（集团）有限公司生产的 HTC2050 型数控车床为例介绍 FANUC 0i 系统数控车床的操作。

3.3.1　FANUC 0i 系统基本操作

1. 数控车床基本结构

数控车床主要包括液压系统、冷却系统、CNC 系统、电气控制系统、润滑系统、机械传动系统、整体防护系统，这七大系统的主要作用如下：

（1）液压系统　主要控制卡盘的张开和夹紧及尾座的进退动作。

（2）冷却系统　通过冷却泵，为车削过程提供冷却。冷却液槽上方安有排屑器，可将车削产生的废屑排至废屑箱。

（3）CNC 系统　是数控机床的核心控制部分。之后的机床操作面板讲解中会详细说明这部分内容。

（4）电气控制系统　包括各类接触器、伺服放大器、通信接口等。

（5）润滑系统　对机床导轨、丝杠等进行润滑，其润滑方式为自动润滑。

（6）机械传动系统　包括各个坐标轴的运动部件及装夹机构等。

（7）整体防护系统　即机床的外防护罩。本机床为封闭式机床，可通过外防护罩直接观察里面的加工情况。

2. 数控车床的功能特点及型号

（1）HTC2050 型数控车床的功能特点

HTC2050 型数控车床为全功能型数控车床，采用斜床身、后刀架结构（刀盘可携带 8 把刀具），并配有冷却与自动排屑装置。

（2）车床型号（图 3-23）

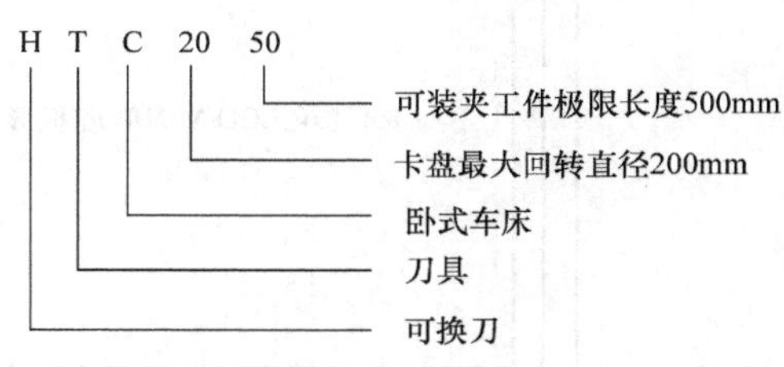

图 3-23　车床型号

3. 数控车床的基本操作

（1）机床通电

操作步骤：

1）检查机床各部分初始状态是否正常，确认正确无误后才可继续操作。

2）接通控制柜上的总电源开关。

3）按下机床面板上的“启动”按钮，系统启动。

4）旋开红色急停按钮。

5）机床起动后，检查屏幕是否正常显示。如果出现报警，查明报警原因。

6）检查风扇电动机是否旋转。

（2）机床断电

操作步骤：

1）手动操作 X、Z 轴，使其各自大约回到机床坐标系的中间位置。

2）将主轴倍率开关和进给倍率开关分别旋至“0”刻度处。

3）按下红色急停按钮。

4）按下机床面板上的“系统电源关”按钮。

5）关闭控制柜上的总电源开关。

（3）手动操作（参考图 3-24）

1）手动返回参考点（零点）。机床正常起动后，首先要进行回零操作，以便建立机床坐标系。

操作步骤：

①按下“回零”按钮。

②选择刀具移动速度（一般 X 轴使用 25%，Z 轴使用 50%）。

③按“↑”键直到 X 轴回零指示灯亮为止；按“→”键直到 Z 轴回零指示灯亮为止。

2）手动连续进给。用手动方式控制刀具按所选倍率沿各轴移动。

操作步骤：

①按下“手动”按钮。

②选择移动轴“X”键或“Z”键。

③通过“↑”、“↓”、“←”、“→”四个按键，选择刀具移动方向。

3.3.2 操作面板

1. 操作面板简介

数控车床操作面板如图 3-24 所示，由两部分组成，上面部分为数控系统操作面板，下面部分为机床操作面板。

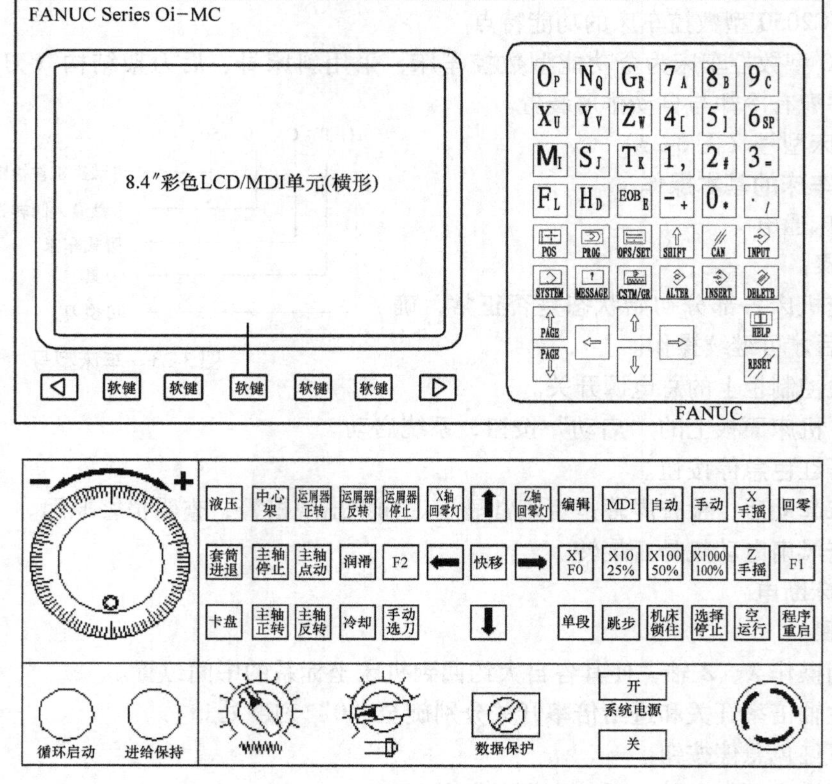

图 3-24 数控车床操作面板示意图

（1）数控系统操作面板 数控系统操作面板上各键所代表含义见表 3-3。

表 3-3 数控系统操作面板按键及其功用

按键	名称	功用
RESET	复位键	CNC 复位、消除报警等
HELP	帮助键	提供机床操作帮助信息
0～9/A～Z	符号、数字键	可输入字母，数字以及其他字符（共 24 个）
SHIFT	换挡键	输入显示切换
INPUT	输入键	修改系统参数
CAN	取消键	删除缓冲器中的字符或符号
INSERT	编辑键	插入字符或符号
ALTER	编辑键	替换字符或符号
DELETE	编辑键	删除字符或符号
POS	功能键	显示位置画面
PROG	功能键	显示程序画面
OFS/SET	功能键	显示刀偏/设定画面
SYSTEM	功能键	显示系统画面
MESSAGE	功能键	显示信息画面
CSTM/GR	功能键	显示图形画面
⇧	光标移动键	移动光标（共 4 个）
PAGE	翻页键	上下翻页（共 2 个）

（2）机床操作面板　机床操作面板上各键所代表含义见表 3-4。

表 3-4 机床操作面板按键及其功用

名称	功用	名称	功用
编辑	设定程序编辑方式	主轴正转	使主轴按指定的速度正方向旋转
MDI	设定手动 MDI 程序编辑方式	主轴反转	使主轴按指定的速度反方向旋转
回零	机床开机后实现 X、Z 各轴返回参考点	主轴点动	使主轴旋转一定分度
手动	设定手动连续进给方式	主轴停	使主轴停止旋转
X 手摇/Z 手摇	设定手轮（手持脉冲发生器）连续进给方式	急停	紧急情况时，终止机床动力
		钥匙	数据保护
单段	逐段执行程序	进给倍率	0%～120% 调整进给速率
跳段	跳过程序段开头带有“/”的程序段	主轴倍率	50%～120% 调整转速倍率
机床锁住	锁住机床各轴，不发生实际位移	手摇脉冲发生器	通过手轮，控制刀具沿各轴移动
空运行	机床空载	X1	手轮每旋转一个刻度，轴移动 1μm
循环启动	机床自动运行开始，常用于启动程序	X10	手轮每旋转一个刻度，轴移动 10μm
进给保持	机床自动运行暂停	X100	手轮每旋转一个刻度，轴移动 100μm
X、Z	手动进给轴选择	X1000	手轮每旋转一个刻度，轴移动 1000μm
↑、↓、←、→	手动进给轴方向选择	液压键	液压启动开关
快移	刀具快速移动	中心架键	中心架选用开关

（续）

名　称	功　用	名　称	功　用
运屑器正转键	自动排屑器正方向运行	润滑键	机床手动润滑模式
运屑器反转键	自动排屑器反方向运行	卡盘键	卡盘张开和夹紧开关
运屑器停止键	自动排屑器关闭	冷却键	切削液开关
套筒进退键	尾架套筒进退开关	手动选刀键	手动选择刀具

2. 自动运行

（1）存储器运行　这个方式是执行已存储到存储器中的程序。当选择了这些程序中的一个并按下机床操作面板上的“循环启动”按钮后，启动机床自动运行，此时循环启动灯点亮。

操作步骤：

1）按下“PROG”功能键，显示程序屏幕。

2）从 CNC 存储的程序中选择一个要执行的程序。

3）按下机床操作面板上的“自动”按钮。

4）按下机床操作面板上的“循环启动”键。机床自动运行，此时循环启动灯亮。当自动运行结束时，指示灯灭。

5）要中途暂停运行，按下“进给保持”按钮，机床进给减速直到停止。再次按下“循环启动”键后，机床又重新开始自动运行。

6）要终止运行，按下数控系统操作面板上的“RESET”键，自动运行被终止，机床进入复位状态。

（2）MDI（手动输入）运行　MDI 是“MANUAL DATA INPUT”手动数据输入的缩写。在 MDI 方式中，通过数控操作面板可以编辑几行简单程序或调试机床程序（与屏幕大小有关，屏幕一页能显示多少行，程序就可以编多少行）并被执行。程序格式和通常的程序一样。

操作步骤：

1）按下“MDI”键，启动手动输入方式。

2）按下数控系统操作面板上的“PROG”功能键，显示程序屏幕，程序号 O0000 被自动加入。

3）输入一个要执行的程序。

4）将光标移动到程序开始位置，按下机床操作面板上的“循环启动”键，程序启动运行。当执行程序结束语句后，程序自动清除并且运行结束。

注：MDI 方式编辑的程序不能被存储。

3. 程序的编辑

可以对存储到 CNC 中的程序进行后续的编辑和修改。编辑操作包括插入、删除和替换等。

（1）字的插入、替换和删除

1）选择机床操作面板上的“编辑”方式。

2）按下数控操作面板上的“PROG”功能键，显示程序屏幕。

3）选择要编辑的程序。如果已经选择了要编辑的程序，执行第四步操作。如果还未选择将要执行的程序，请进行程序号的检索。

4）利用↑、↓、←、→键移动光标，检索一个要修改的字。

5）利用三个编辑键 ALTER（替换）、INSERT（插入）、DELETE（删除）执行相应的编辑操作。

（2）单程序段的删除　被编辑的程序中可以删除单个程序段，删除单个程序段的步骤如下：

1）检索或扫描要删除的程序段地址 N。

2）按下 EOB 键，输入“;”。

3）按下“DELETE”键，所选的程序段被删除。

（3）程序的删除

存储在 CNC 中的程序可以被删除，删除一个程序的步骤如下：

1）按下“编辑”键。

2）按下“PROG”键，显示程序画面。

3）键入地址 O 和要删除的程序号。

4）按下“DELETE”键，输入的程序号的程序被删除。

4. 程序的校验

在进行首件试切之前，操作者需要检验程序的语法及图形显示的刀具路径是否有误，其操作步骤如下：

1）按下“CSTM/GR”功能键，使系统进入图形显示界面。

2）按下辅助面板上的“自动”键，使机床处于自动加工状态。

3）按下“机床锁住”键，机床处于锁定状态执行程序时，显示器上的坐标会按照程序指令发生变化，但刀具不产生实际位移。当程序校验无误后，需要解除锁定，进行回参考点操作才可以进行加工。

4）按下“空运行”键，执行程序时，机床会默认没有负载，CNC 系统以最快速度模拟图形，而与程序中指令的进给速度无关。

5）按下“单段”键，使程序以单段方式执行，即每按一次“循环启动”键，程序只执行一段，便于逐段检验程序。

6）按下“循环启动”键，校验程序。

3.3.3　数控车床的对刀操作训练

1. 数控车床对刀操作的目的

1）通过对刀操作来建立机床坐标系和编程（工件）坐标系之间的对应关系。

2）确定刀具与工件间的对应位置关系。

2. 数控车床对刀操作方法

数控车床主要采用试切法进行对刀，其操作步骤如下：

（1）X 方向对刀　主轴旋转以后，通过手轮将刀具快移到工件附近，调整手摇倍率为 X10 并选择 Z 轴方向，摇动手轮使刀具沿着 Z 轴方向对工件进行试切，试切后，沿原进刀方向退刀。测量车削后的工件直径，按“OFS/SET”键进入刀具参数设定页面，按软键“形状”进入刀具补偿窗口，输入工件测得直径，按“测量”键完成 X 方向对刀。

（2）Z 方向对刀　主轴旋转以后，通过手轮将刀具快移到工件附近，调整手摇倍率为 X10 并选择 X 轴方向，摇动手轮使刀具沿着 X 轴方向对工件端面进行试切，试切后，沿原进刀方向退刀。按“OFS/SET”键进入刀具参数设定页面，按软键“形状”进入刀具补偿窗口，输入 Z0，按“测量”键完成 Z 方向对刀。

思考题

1. 数控车床的加工特点是什么？
2. 什么是直径编程？直径编程有何好处？
3. 什么是混合编程？混合编程有何好处？
4. 什么是数控车床的恒线速度切削功能？其主要作用是什么？
5. 如何合理使用单一固定循环和多重复合循环指令？
6. 复合循环 G71 指令与 G73 指令在使用中有哪些异同点？
7. 数控车削中常用的刀具有哪几种？
8. 编程训练

（1）如图 3-25 所示，工件外圆已加工好，并预钻 $\phi30$mm 内孔，要求编写零件内孔部分加工程序。

（2）如图 3-26 所示，工件毛坯为 $\phi105$mm × 26mm 棒料，并预钻 $\phi15.4$mm 的孔。要求编写零件加工程序。

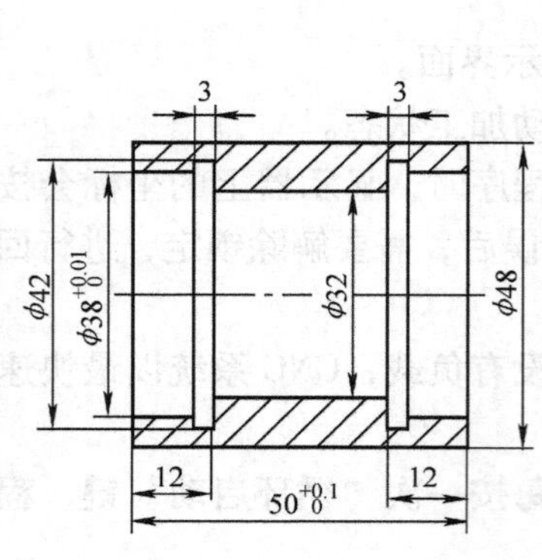

图 3-25

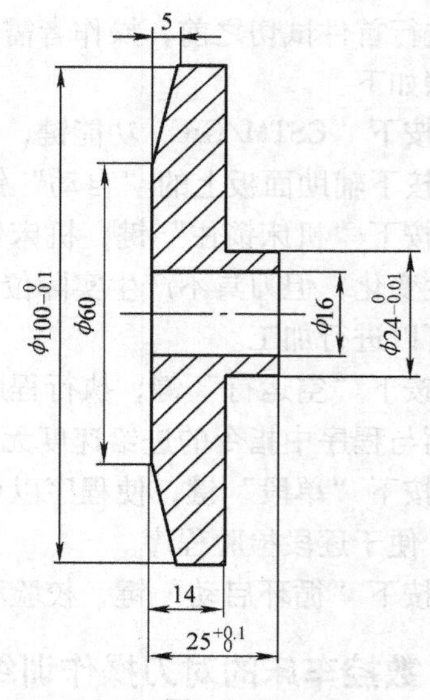

图 3-26

第 4 章　数控铣床及加工中心编程与操作

4.1　数控铣床及加工中心简介

数控铣床及加工中心在数控机床中占有较大的比重，应用也最为广泛。数控铣床与加工中心结构上的主要区别在于加工中心是带有刀库和自动换刀装置的数控铣床。因此，数控加工中心的编程除换刀程序外，其他与数控铣床的编程基本相同。

4.1.1　数控铣床

数控铣床是目前应用最为广泛的机床，从结构上分类有立式、卧式和立卧两用三种结构。机床配置不同的数控系统和功能部件，可实现 3 轴或 3 轴以上联动加工。数控铣床主要用于各类复杂的平面、曲面和型腔壳体的加工，如各种样板、模具、叶片和箱体等，并能进行各种槽和孔的粗、精加工，特别适合加工各种具有复杂曲线轮廓及截面的模具类零件。

4.1.2　加工中心

加工中心与数控铣床相比，带有刀库和自动换刀装置，工件经过一次装夹后，数控系统能依据程序的工艺安排自动选择和更换刀具，自动对刀，自动改变机床转速、进给量，连续地对工件自动进行各种铣、钻、扩、铰、镗和攻螺纹等多种工序的加工，大大减少工件装夹、调整、周转、换刀等非加工时间，特别是对工件复杂、工序多、精度要求高的箱体、凸轮、模具等零件，加工效果良好。

加工中心通常能实现 3 轴或 3 轴以上联动控制，以满足复杂曲面零件的加工需要，其系统与普通数控铣床相比，多带有加工过程图形显示、人机对话、故障智能诊断、智能数据库、离线编程等功能，加工效率大大提高。

按主轴与工作台的位置关系，加工中心可分为：立式加工中心、卧式加工中心和复合加工中心。复合加工中心有多轴联动（3 轴以上）和车铣复合等形式，可在一次装夹中实现工件的多面车、铣等多工序加工，如叶轮、复杂轴、模具等。

4.2　FANUC 0i 系统数控铣床及加工中心常用编程指令

4.2.1　基本编程指令

1. 加工平面选择指令 G17、G18、G19

对于多轴联动加工的铣床和加工中心，常用 G17、G18、G19 指令选择进行插补和刀具补偿运动的平面。其中，G17 选择 *XY* 平面，G18 选择 *ZX* 平面，G19 选择 *YZ* 平面，如图 4-1 所示。一般数控铣床或加工中心开机默认 *XY* 平面，故 G17 通常可省略不写。

2. 坐标系相关设定指令

（1）机床坐标定位指令 G53

格式：G53 X __ Y __ Z __；

式中 X、Y、Z——机床坐标系中的坐标值。

说明：该指令使机床快速运动到机床坐标系中的指定位置。使用时应注意：该指令在绝对坐标下有效，在相对坐标下无效；同时使用前还应消除刀具相关的刀具半径、长度等补偿信息。

（2）工件坐标系选择指令 G54 ~ G59　在数控铣床和加工中心上，可以根据加工需要预先设 6 个工件坐标系，分别用 G54 ~ G59 来表示。通过确定这些工件坐标系的原点在机床坐标系里的位置坐标值来建立工件坐标系。这些工件坐标系在机床断电重新开机时仍然存在。使用 G54 ~ G59 指令的程序运行时与刀具的初始位置无关，因此安全可靠，在现代数控机床中广泛使用。G54 设定工件坐标系的原理如图 4-2 和图 4-3 所示，G55 ~ G59 的设置方法与 G54 相同。

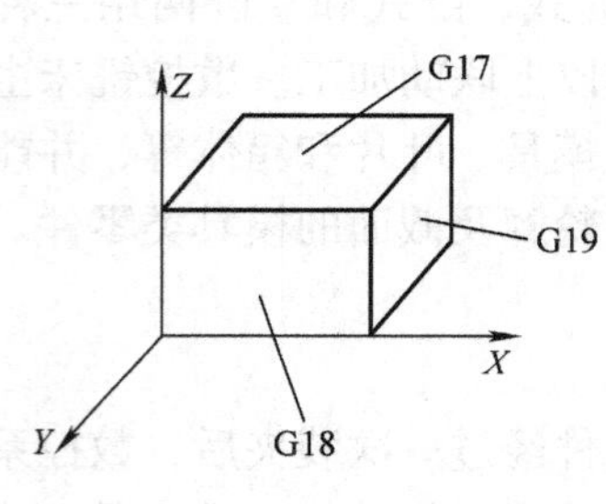

图 4-1　加工平面选择

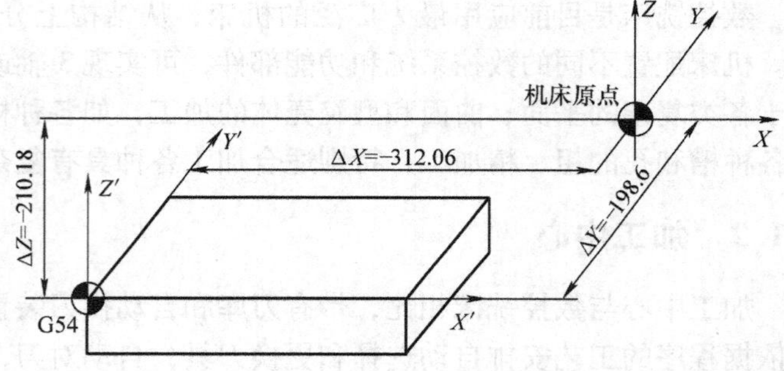

图 4-2　G54 坐标系设定

例 4-1　如图 4-2 所示，工件坐标系原点距机床原点的三个偏置值已测出，则将工件坐标系原点的机床坐标输入到 G54 偏置寄存器中的画面如图 4-3 所示。

（3）局部坐标系设定指令 G52

格式：G52 X __ Y __ Z __；

式中 X、Y、Z——局部坐标系原点在当前工件坐标系中的坐标值。

通用	X	0.000	G55	X	0.000
	Y	0.000		Y	0.000
	Z	0.000		Z	0.000
G54	X	−312.06	G56	X	0.000
	Y	−198.6		Y	0.000
	Z	−210.18		Z	0.000

图 4-3　G54 MDI 输入画面

说明：在工件坐标系中编程时，对某些图形，若用另一个坐标系来描述各基点坐标更方便简捷而又不想变动原坐标系时，可用局部坐标系设定指令 G52。该指令可以在当前的工件坐标系（G54 ~ G59）中再建立一个子坐标系，即局部坐标系。建立局部坐标系后，程序中各指令的坐标值是该局部坐标系中的坐标值，但原工件坐标系和机床坐标系仍保持不变。注意：不能在旋转和缩放功能下使用局部坐标系，也不能在其自身的基础上再进行叠加，但在局部坐标系下能进行坐标的缩放和旋转。“G52 X0 Y0 Z0”；用于取消局部坐标系。

例4-2 如图4-4所示，在G54工件坐标系中，用G52指令建立局部坐标系进行孔加工，刀具安全位置距工件表面100mm，切削深度10mm。其程序为：

```
O0001;
G90  G54  S600  M03;
G00  Z100;
     X0  Y0;
G52  X60  Y55;                    (在G54中建立局部坐标系)
G99  G73  X30  Y0  Z-10  R5  Q2  F100;
     X0  Y30;
     X-30  Y0;
G98  X0  Y-30;
G80;
G52  X0  Y0;                      (取消局部坐标系设定)
M30;
```

(4) 坐标系旋转指令G68、G69

指令格式：G68 X __ Y __ R __;

式中 X、Y——旋转中心的绝对坐标值；

R——旋转角度（顺时针为负，逆时针为正）。

说明：坐标系旋转后，程序中的所有移动指令将对旋转中心作旋转，因此整个图形也将旋转一个角度。旋转中心X、Y只对绝对值有效。G69指令用于取消坐标系旋转功能。

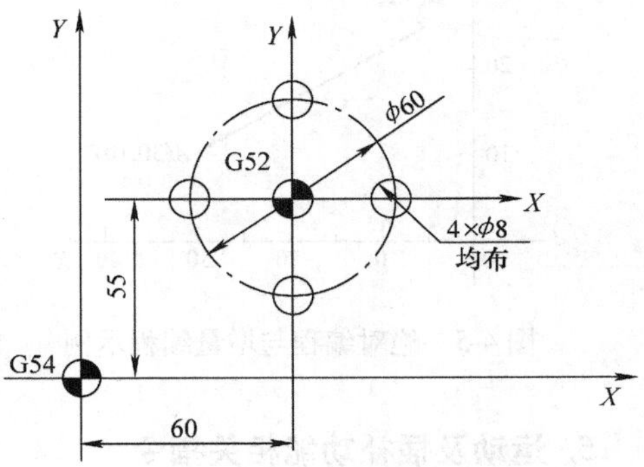

图4-4 局部坐标系设定举例

3. 相关单位设定指令

(1) 尺寸单位选择指令G20、G21

功能：G20为英制尺寸单位输入，G21为米制尺寸单位输入。

说明：这两个指令必须在程序的开始处，坐标系设定之前用单独的程序段设定，国内使用的多数机床开机默认G21；G20、G21不能在程序执行中途切换。

(2) 进给速度单位设定指令G94、G95

格式：G94 F __;

G95 F __;

功能：G94为每分钟进给模式，该指令指定进给速度的单位为mm/min；G95为每转进给模式，该指令指定进给速度的单位为mm/r。一般数控铣床和加工中心机床开机默认G94，而数控车床默认G95。

例4-3 程序段"G94 G01 X20 F200"；表示进给速度为200mm/min；"G95 G01 X20 F0.2"；表示进给速度为0.2mm/r。

4. 坐标尺寸表示方式的相关指令

(1) 绝对值方式G90、增量值方式G91

说明：在G90方式下，刀具运动的终点坐标一律用该点在工件坐标系下相对于坐标原点的坐标值表示；在 G91 方式下，刀具运动的终点坐标是相对于刀具起点的增量值（相对坐标）。

例 4-4　如图 4-5 所示，分别在 G90 和 G91 模式下，控制刀具从 *A* 点运动到 *B* 点。

绝对值指令编程：G90　G00　X5　Y25；增量值指令编程：G91　G00　X－25　Y15；

（2）极坐标编程指令 G15、G16

格式：G16　X __ Y __；（极坐标建立）

G15；（极坐标取消）

式中　X——极坐标极径值；

Y——极坐标角度值（顺时针为负，逆时针为正）。

说明：数控编程中，为了对一些类似法兰孔等坐标的表述更加方便，可以用极坐标方式描述点的信息。G16 为指定极坐标模式开始，G15 为极坐标模式取消。

例 4-5　如图 4-6 所示，*A* 点用极坐标表示的程序段为：G16　X100　Y60；

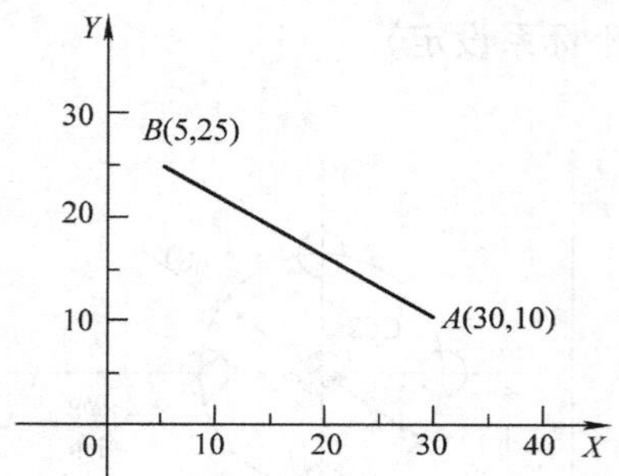

图 4-5　绝对编程与增量编程示例

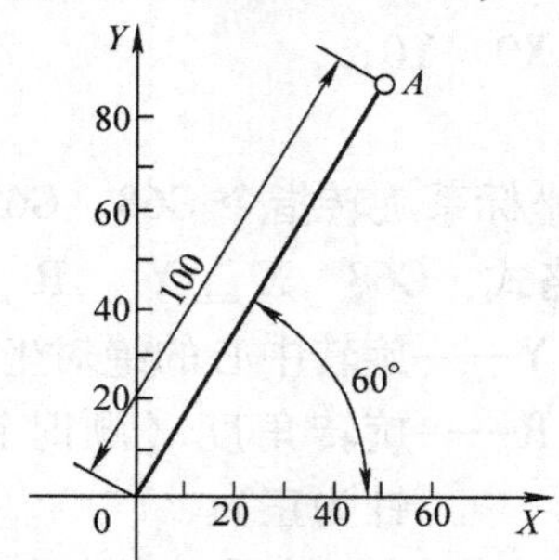

图 4-6　极坐标表示示例

5. 运动及插补功能相关指令

（1）快速点定位指令 G00

格式：G00　X __ Y __ Z __；

式中　X、Y、Z——快速定位点的终点坐标值，G90 时为终点在工件坐标系中的坐标，在 G91 时为终点相对于起点的坐标增量。

说明：G00 指令使刀具从当前位置快速移动到目标点，快速移动最大速度由系统预先指定，也可由进给倍率开关控制。G00 运动轨迹有两种形式，具体方式由系统参数设定。系统在执行 G00 指令时，刀具不能与工件产生切削运动。

例 4-6　如图 4-7 所示，刀具从 *A* 点经 *B* 点快速运动到 *C* 点的程序为：

G90　G00　X30　Y40；

G00　X30　Y20；

或

G91　G00　X－20　Y－20；

G00　Y－20；

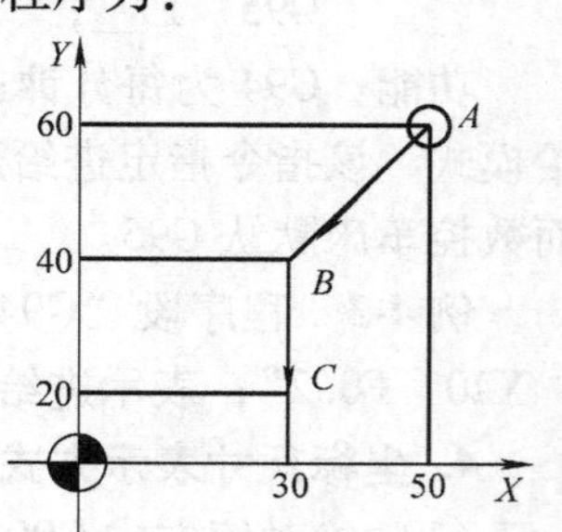

图 4-7　快速点定位

（2）直线插补指令 G01

格式：G01　X __ Y __ Z __ F __；

式中　X、Y、Z——直线运动的终点坐标值，G90 时为终点在工件坐标系中的坐标，G91时为终点相对于起点的坐标增量；

F——各方向合成进给速度。

说明：G01指令使刀具从当前位置以插补联动方式按切削进给速度F运动到目标点。

例4-7　如图4-7所示，刀具由A到B再到C的直线插补程序段为：

```
G90  G01  X30  Y40  F100;
     G01  X30  Y20;
```

或

```
G91  G01  X-20  Y-20  F100;
     G01  Y-20;
```

（3）圆弧插补指令G02、G03

格式：

$$\left\{\begin{matrix}G17\\G18\\G19\end{matrix}\right\}\quad\left\{\begin{matrix}G02\\ \\G03\end{matrix}\right\}\quad\left\{\begin{matrix}X\_\ Y\_\\Z\_\ X\_\\Y\_\ Z\_\end{matrix}\right\}\quad\left\{\begin{matrix}I\_\ J\_\ \text{or}\ R\\I\_\ K\_\ \text{or}\ R\\J\_\ K\_\ \text{or}\ R\end{matrix}\right\}\quad\left\{F\_\right\};$$

平面选择　顺逆方向选择　圆弧终点坐标　圆弧中心或半径　　切削进给率

式中　X、Y、Z——圆弧终点坐标；

I、J、K——圆心在X、Y、Z轴上对圆弧起点的增量坐标值（有正负），也就是分别表示圆心相对于圆弧起点的相对坐标值；

R——圆弧半径。

说明：G02指令刀具顺时针圆弧插补切削运动，G03指令刀具逆时针圆弧插补切削运动。圆弧的顺、逆判断方法是，沿圆弧所在平面（如XY）的另一坐标轴的正方向向负方向（即$-Z$）看去，顺时针方向为G02，逆时针方向为G03。

现代数控系统中，采用I、J、K指令，则圆弧是唯一的；用R指令时，由于圆弧的不唯一性，必须根据圆弧角的大小来指定R的正负，圆弧角≤180°时，R用正值指定；360°>圆弧角>180°时，R用负值指定，而整圆采用I、J、K方式编写。

例4-8　如图4-8所示，圆弧①和圆弧②的起点、终点及半径均相同，各值如图所示。圆弧①的圆心角<180°，圆弧②的圆心角>180°，则其绝对和相对坐标的圆弧程序段分别为。

R方式

圆弧①：G90　G02　X50　Y50　R50　F300；

圆弧②：G90　G02　X50　Y50　R-50.0　F300；

I、J方式

圆弧①：G90　G02　X50　Y50　I50　J0　F300；

圆弧②：G90　G02　X50　Y50　I0　J50　F300；

例4-9　如图4-9所示，完成图中两段圆弧的编程。

绝对坐标R方式

```
G90  G03  X140  Y100  R60  F200;
     G02  X120  Y60  R50;
```

绝对坐标I、J方式

G90 G03 X140 Y100 I-60 J0 F200;

G02 X120 Y60 I-50 J0;

相对坐标 R 方式

G91 G03 X-60 Y60 R60 F200;

G02 X-20 Y-40 R50;

相对坐标 I、J 方式

G91 G03 X-60 Y60 I-60 J0 F200;

G02 X-20 Y-40 I-50 J0;

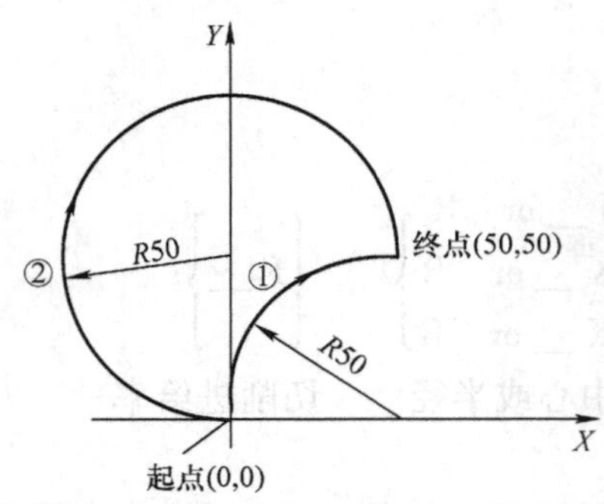

图 4-8 圆弧指令应用示例一

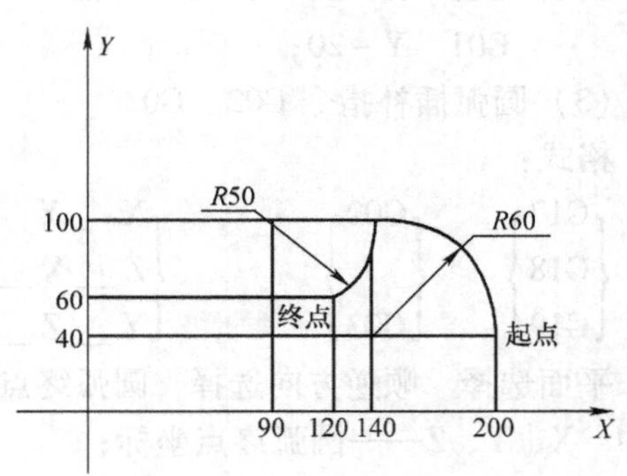

图 4-9 圆弧指令应用示例二

例 4-10 如图 4-10 所示，刀具位于 *A* 点，完成该图各段圆弧程序的编制。

AB 段

G90 G02 X40 Y0 R40 F100;

G91 G02 X40 Y-40 R40 F100;

G90 G02 X40 Y0 I0 J-40 F100;

G91 G02 X40 Y-40 I0 J-40 F100;

AC 段

G90 G02 X-40 Y0 R-40 F100;

G91 G02 X-40 Y-40 R-40 F100;

G90 G02 X-40 Y0 I0 J-40 F100;

G91 G02 X-40 Y-40 I0 J-40 F100;

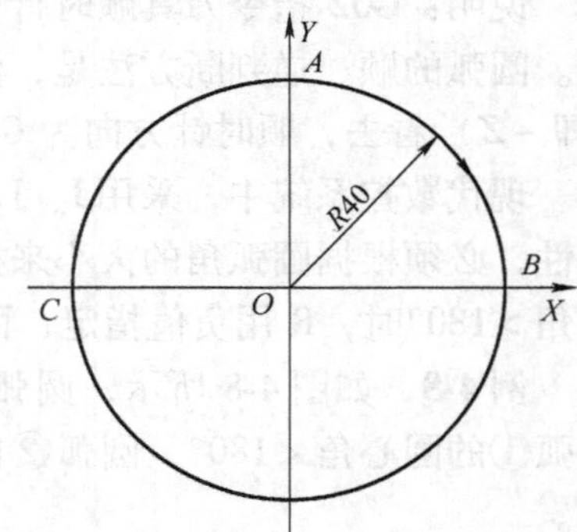

图 4-10 圆弧编程综合示例

AA（整圆）

G90 G02 X0 Y40 I0 J-40 F100;

G91 G02 X0 Y0 I0 J-40 F100;

4.2.2 刀具补偿指令

铣削加工中，应用不同的刀具时，其半径、长度一般是不同的。为了编程方便，使数控程序与刀具尺寸尽量无关，数控系统一般都有刀具半径和长度补偿功能。

1. 刀具半径补偿（G41、G42、G40）

数控机床在加工过程中，它所控制的是刀具中心的轨迹，而为了方便起见，用户总是按零件轮廓编制加工程序。因此，为了加工所需的零件轮廓，在进行内轮廓加工时，刀具中心必须向零件的内侧偏移一个刀具半径值；在进行外轮廓加工时，刀具中心必须向零件的外侧偏移一个刀具半径值。这种根据零件轮廓编制程序，并在程序中只给出刀具偏置的方向指令G41（左偏）或G42（右偏）以及代表刀具半径值的寄存器地址号DXX，数控装置能实时自动生成刀具中心轨迹的功能称为刀具半径补偿功能。

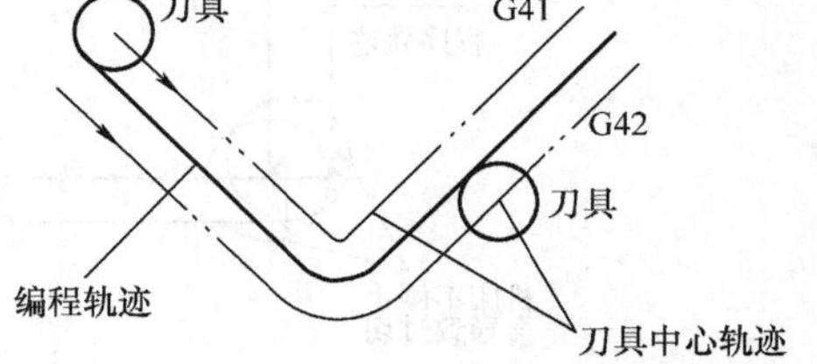

图4-11 刀具半径补偿

根据ISO标准，沿着刀具前进的方向观察，如图4-11所示，刀具中心轨迹偏在工件轮廓的左边时，用左补偿指令G41表示；刀具中心轨迹偏在工件轮廓的右边时，用右补偿指令G42表示，G40用于取消刀具半径补偿功能。

（1）指令格式

$$\begin{Bmatrix} G17 \\ G18 \\ G19 \end{Bmatrix} \quad \begin{Bmatrix} G41 \\ \\ G42 \end{Bmatrix} \quad \begin{Bmatrix} G00 \\ \\ G01 \end{Bmatrix} \quad \begin{Bmatrix} X\_\ Y\_ \\ X\_\ Z\_ \\ Y\_\ Z\_ \end{Bmatrix} \quad \begin{Bmatrix} D\_ \end{Bmatrix};$$

式中 G41——刀具半径左补偿；

G42——刀具半径右补偿；

D——刀具半径补偿值的寄存器地址代码。

用G17、G18、G19平面选择指令选择进行刀具半径补偿的工作平面。例如，当执行G17命令之后，刀具半径补偿仅影响*X*、*Y*轴移动，而对*Z*轴不起作用。

（2）刀具半径补偿的注意事项

1）使用刀具半径补偿和取消刀具半径补偿时，刀具必须在所补偿的平面内移动，且移动距离应大于刀具补偿值。

2）G40、G41、G42须在G00或G01模式下使用，不得在G02和G03模式下使用（个别特殊系统除外）。

3）D00～D99为刀具半径补偿值的寄存器地址号，D00表示刀具补偿取消。刀具半径补偿值在加工或试运行之前须设定在补偿存储器中。

4）当指定G41或G42时，其后面的两句程序段被预读作为判断方向之用，因此G41或G42后面不能出现连续两句非移动指令，如指令M、S、G04等，否则会出现过切现象。

5）当前面有G41或G42时，如要转换为G42或G41时，一定要指定G40，不能由G41直接转换到G42。

6）加工半径小于刀具半径的内圆弧时，进行半径补偿将产生过切，如图4-12所示，只有过渡圆角*R*大于等于刀具半径*r*与加工余量之和的情况下才能正常切削。

（3）刀具半径补偿功能的主要用途 在零件加工过程中，采用刀具半径补偿功能，可大大简化编程的工作量。具体体现在以下三个方面：

1）实现根据编程轨迹对刀具中心轨迹的控制，避免了烦琐的数学计算。

2）可避免在加工中由于刀具半径的变化而重新编程的麻烦，如果刀具磨损，只需修正刀具半径补偿值即可，如图4-13a、b、c所示。

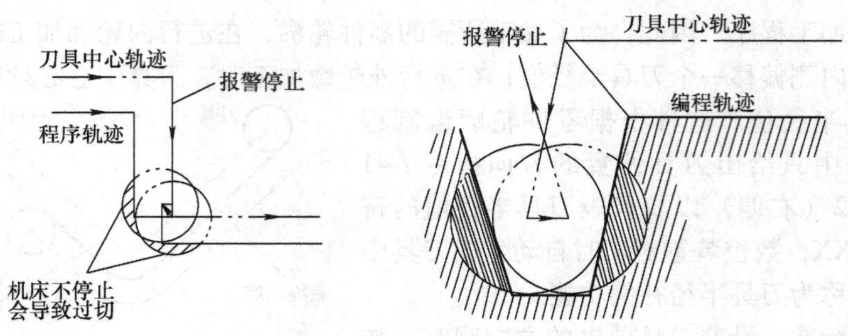

图 4-12　半径补偿的过切现象

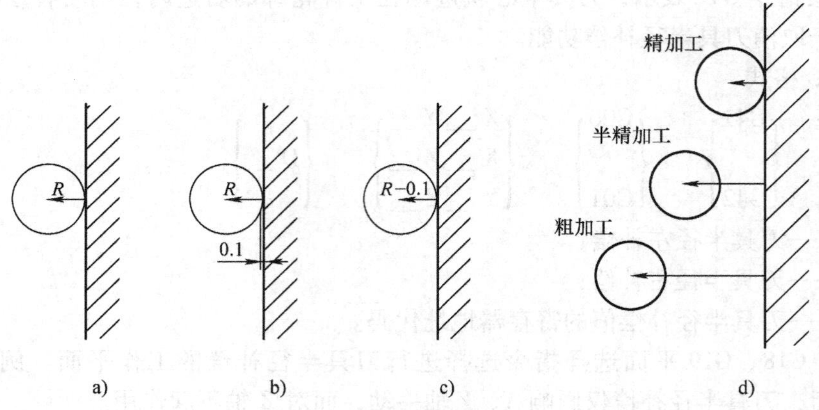

图 4-13　刀具半径补偿用途

a）刀具未磨损，补偿量 R　b）刀具磨损 0.1mm，补偿量为 R　c）修正刀具补偿量为 $R-0.1$　d）刀具半径补偿用于粗、半精及精加工

3）减少粗、精加工程序编制的工作量。可以通过改变刀具半径补偿值大小的方法，实现利用同一程序进行粗、精加工，而不必为粗、精加工各编制一个程序，如图 4-13d 所示。如图 4-14 所示，设定的补偿值为：粗加工补偿值 $C=A+B$；精加工补偿值 $C=A$。

（4）刀具半径补偿过程　刀具半径补偿一般分为三个过程：启动刀补、补偿模式、取消补偿。

1）启动刀补。当程序满足下列条件时，机床以移动坐标轴的形式开始补偿动作。①有 G41 或 G42 指令。②在补偿平面内有轴的移动。③指定一个补偿编号或已经确定了一个补偿编号，但不能是 D00。④在 G00 或 G01 模式下（若用 G02 或 G03，机床会报警，但是目前有些机床的数控系统也可以用 G02 或 G03）。

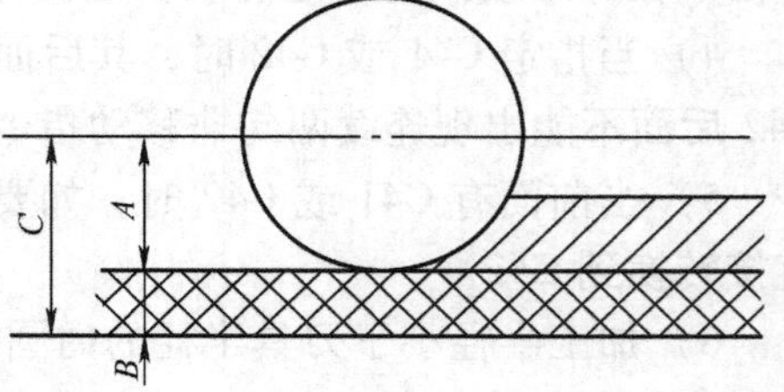

图 4-14　粗精加工补偿值设定示意图

A—刀具半径　B—精加工余量　C—补偿值

2）补偿模式。在补偿开始后，进入补偿模式，此时半径补偿在 G00、G01、G02、G03 模式下均有效。

3）取消补偿。当满足下面两个条件中任意一个时，补偿模式被取消，称此过程为取消刀补。①有指令 G40，同时要有补偿平面内坐标轴的移动。②刀具补偿号为 D00。与建立刀具半径补偿类似，取消刀补也必须在 G00 或 G01 模式下进行，若使用 G02 或 G03 则机床会报警。

例 4-11　如图 4-15 所示，刀具起始点在（0，0），高度 50mm，使用刀具半径补偿时，由于接近工件和切削工件时要有 *Z* 轴的移动，这时容易出现过切现象，编程时应注意避免。程序如下：

```
O0001;
N5   G90   G54 (G17) G00   X0   Y0;
N10  S1000  M03;
N15  Z100;
N20  G41  X20  Y10  D01;
N25  Z5;
N30  G01  Z-10  F100;
N35  G01  Y50  F200;
N40  X50;
N45  Y20;
N50  X10;
N55  G40  X0  Y0  (M05);
N60  G00  Z100;
N65  M30;
```

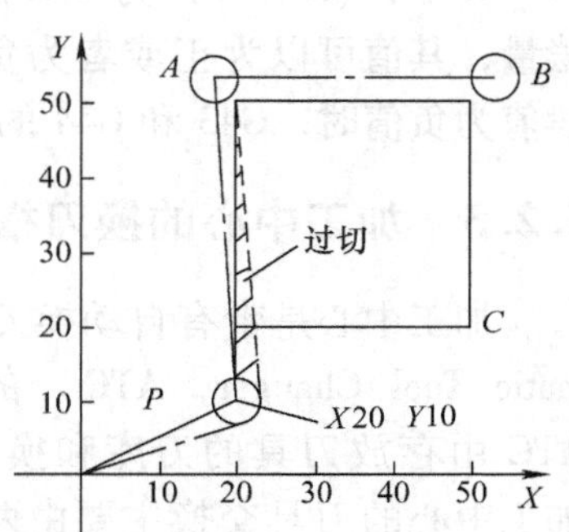

图 4-15　刀具半径补偿的过切现象

当半径补偿从 N20 句开始建立的时候，数控系统只能预读下面两个程序段判断方向，而这两个程序段（N25、N30）都为 *Z* 轴移动，没有补偿平面 *XY* 内的坐标移动，系统无法判断下一步补偿的矢量方向，这时系统并不报警，补偿继续进行，只是 N20 程序段的目标点发生变化，刀具中心将移动到（20，10）点，其位置是 N20 程序段中目标点，当程序执行到 N35 程序段时，系统能够判断补偿方向，刀具中心运行到 *A* 点，于是产生了图中阴影表示区域的过切。

2. 刀具长度补偿（G43、G44、G49）

当在加工中心上使用多把刀完成一道或几道工序的加工时，所有刀具测得的 *X*、*Y* 值均不改变，但测得的 *Z* 值是变化的，原因是每把刀的长度都不同，刀柄的长短也有区别，因此现代数控系统引入刀具长度补偿功能来补正刀具实际长度的差异。实际编程中，通过设定轴向长度补偿，使 *Z* 轴移动指令的终点位置比程序给定值增加或减少一个补偿量。刀具长度补偿分为正向补偿和负向补偿，分别用 G43（正向补偿）和 G44（负向补偿）指令表示。

指令格式：

G43　Z __ H __；刀具正向补偿。

G44　Z __ H __；刀具负向补偿。

式中　Z——指令终点坐标值；

H——刀具长度偏置寄存器的地址，该寄存器存放刀具长度的偏置值。

G49 指令用于刀具长度补偿取消。当程序段中调用 G49 时，G43 和 G44 均从该程序段起被取消。H00 也可以作为 G43 和 G44 的取消指令。

执行 G43 时，系统认为刀具加长，刀具远离工件，如图 4-16a 所示，$Z_{实际值}=Z_{指令值}+(H××)$。

执行 G44 时，系统认为刀具缩短，刀具趋近工件，如图 4-16b 所示，$Z_{实际值}=Z_{指令值}-(H××)$。

其中，（H××）为××寄存器中的补偿量，其值可以为正或者为负，当长度补偿值为负值时，G43 和 G44 的功效将互换。

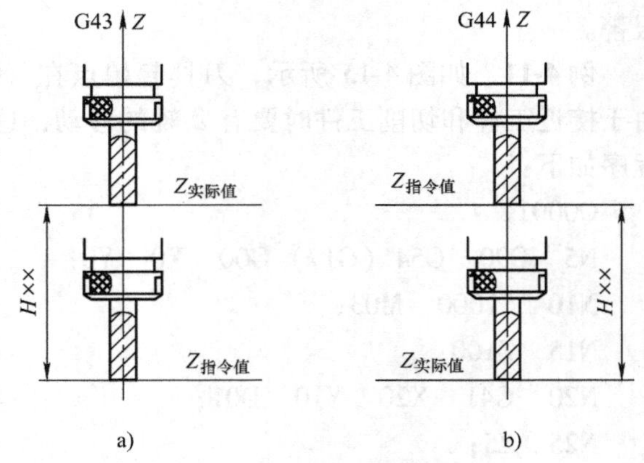

图 4-16 刀具长度补偿的应用
a）执行 G43 b）执行 G44

4.2.3 加工中心的换刀指令

加工中心是带有自动换刀装置（Automatic Tool Changer，ATC）的数控机床。ATC 由存放刀具的刀库和换刀机构组成。加工中心的刀具交换主要由两条指令来完成，分别是刀具功能 T 指令和换刀指令 M06。

1. 刀具功能 T 指令

格式：T××；

式中 ××——刀具号，取值范围 00～99。

功能：T××把需要交换的下一把刀具移动到机床的换刀点，准备换刀。

2. 换刀指令 M06

M06 表示将换刀点的刀具和主轴上的刀具进行交换。在使用 M06 指令之前，首先需要使用刀具功能 T 指令来指定刀具号，有的系统还需使用 G28 指令使主轴返回机床参考点。

4.2.4 固定循环指令

在数控加工中，某些加工动作已经典型化，如钻孔、镗孔的动作顺序是孔位平面定位→快速引进→工作进给、快速退回等。这一系列动作已经由数控系统预先编好程序，存储在内存中，可用相应的 G 指令调用，从而简化了编程工作。这种包含了典型动作循环的 G 代码称为固定循环指令。

1. 固定循环的动作组成

如图 4-17 所示，固定循环一般由下述六个基本动作组成：

1）$A→B$ 为刀具快速定位到孔位坐标（X，Y）。

2）$B→R$ 为刀具沿 Z 轴方向快进至安全平面（R 平面）。

3）$R→E$ 为孔加工过程，此时刀具为进给速度。

4）E 点为孔底动作（如暂停、主轴反转等）。

5）$E→R$ 为刀具快速返回 R 平面。

6）$R→B$ 为刀具快速退至起始高度。

2. 固定循环指令

格式

G90（G91）G98（G99）G73～G89 X__ Y__ Z__ R__ Q__ P__ F__ L__；

说明：

1）G90、G91 分别为绝对值、增量值方式。

2）G98、G99 两个模态指令控制孔加工循环结束后刀具返回的平面。G98 刀具返回起始平面（*B* 平面：起始平面，是为安全下刀而规定的一个平面，该平面到零件表面的距离可以任意设定在一个安全的高度上），G99 刀具返回安全平面（*R* 平面），如图 4-18 所示。

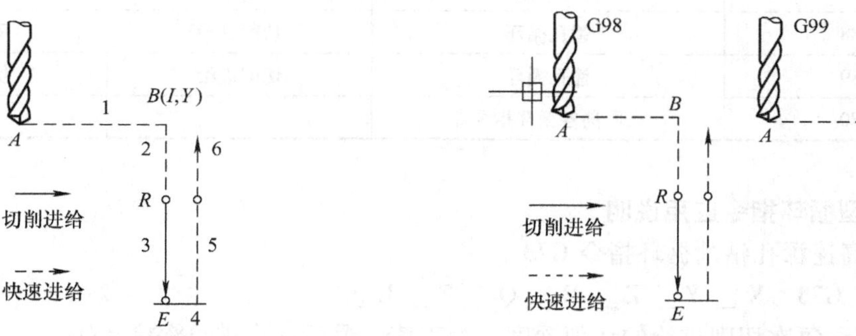

图 4-17 固定循环动作　　图 4-18 固定循环返回平面选择

3）G73 ~ G89 为各类孔加工循环指令。

4）X、Y 值为孔位坐标数据，刀具以快进的方式到达（*X*，*Y*）点。

5）Z 值为孔深，G90 方式下 Z 值为孔底的绝对值坐标；G91 方式下 Z 值为 *R* 平面到孔底的坐标增量。

6）R 值用来确定安全平面，又称为 *R* 参考平面，是刀具下刀时由快进转为工进的高度平面，一般可取距工件上表面 2 ~ 5mm。G90 方式下 R 为绝对值；G91 方式下 R 为起始平面（*B* 平面）到 *R* 点的坐标增量，如图 4-18 所示。

7）Q 值在 G73、G83 方式下，规定分步切深；在 G76、G87 方式下，规定刀具退让值。

8）P 值规定为孔底的暂停时间，单位为 ms，用整数表示。

9）F 为进给速度，单位为 mm/min。

10）L 为循环次数，执行一次可不写 L1；L0，代表系统存储加工数据，但不执行加工。

固定循环指令是模态指令，可用 G80 取消循环。

3. 固定循环指令

各固定循环指令的主要用途见表 4-1。

表 4-1 固定循环指令

循环指令	用　途	钻孔动作	返回动作
G73	高速深孔钻削循环	间歇进给	快速移动
G74	左旋攻螺纹循环	切削进给	切削进给
G76	精镗孔循环	切削进给	快速移动
G81	钻孔及中心孔循环	切削进给	快速移动
G82	钻孔循环，逆镗循环	切削进给	快速移动
G83	排屑钻孔循环	间歇进给	快速移动

（续）

循环指令	用　途	钻孔动作	返回动作
G84	攻螺纹循环	切削进给	切削进给
G85	镗孔循环（常用于铰孔）	切削进给	切削进给
G86	镗孔循环	切削进给	快速移动
G87	背镗孔循环	切削进给	快速移动
G88	镗孔循环	切削进给	手动移动
G89	镗孔循环	切削进给	切削进给
G80	取消各循环指令		

4. 典型循环指令应用说明

（1）高速深孔钻削循环指令 G73

格式：G73　X __ Y __ Z __ R __ Q __ F __ L __；

式中，Q——每次切削进给的切削深度，为正值，最后一次进给深度≤Q；

L——重复次数。

加工特点：如图 4-19 所示，每次向下钻一个 Q 的深度后，快速向上退刀 d（d 值由系统参数设定，单位一般为 μm）进行孔内断屑，然后再向下钻一个 Q 深度，如此循环往复直到钻至预定深度。如果 Z 值不能被 Q 值整除，最后两次平分剩余切削深度。

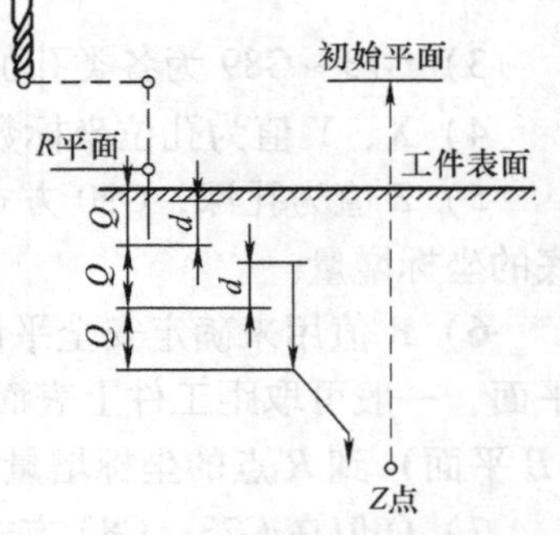

图 4-19　G73 高速钻孔循环

（2）钻孔及中心孔循环 G81　该循环用作正常钻孔，切削进给执行到孔底，然后刀具从孔底快速移动退回。

格式：G81　X __ Y __ Z __ R __ F __ L __；

（3）排屑钻孔循环 G83

格式：G83　X __ Y __ Z __ R __ Q __ F __ L __；

说明该循环执行深孔钻，执行间歇切削进给到孔底，与 G73 的区别在于每次切削进给 Q 距离后，刀具都返回到 R 点，有利于钻深孔的排屑。Q 为每次进给深度，必须用增量值表示，且为正，若为负，负号被忽略。

5. 固定循环加工应用举例

例 4-12　使用 G73 指令完成图 4-20 所示孔的加工编程，孔深 20mm。

参考程序：

```
O0001；
G90  G54  G40  G80；
M03  S600  G00  X0  Y0  Z50；
G99  G73  X25  Y25  Z-20  R3  Q6  F50；
G91  X40  K3；
     Y35；
     X-40  K3；
```

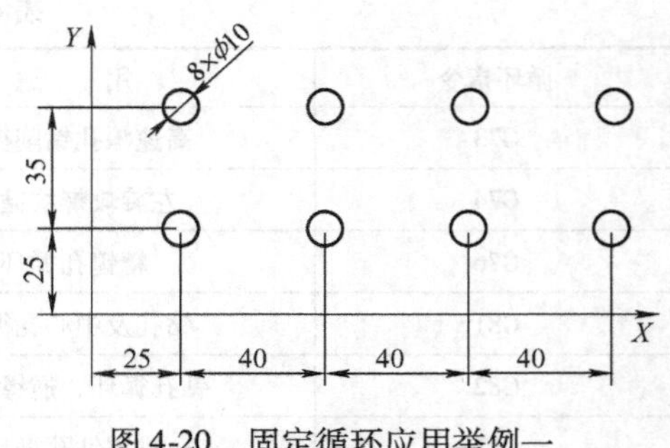

图 4-20　固定循环应用举例一

```
G90  G80  G0  Z50;
     X0  Y0  M05;
M30;
```

例 4-13　完成图 4-21 所示零件 4 个孔的加工，孔深 10mm，为其编程。

参考程序：

```
O0002;
G90  G54  G40  G80;
M03  S600  G00  X0  Y0  Z50;
G99  G81  X20  Y0  Z-10  R3  F50;
     X0  Y20;
     X-20  Y0;
G98  X0  Y-20;
G80  G0  X0  Y0  M05;
M30;
```

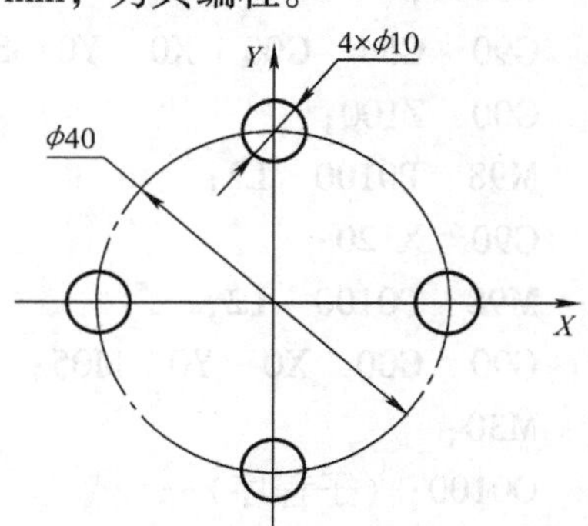

图 4-21　固定循环应用举例二

4.2.5　简化编程指令及其应用

1. 子程序

程序分主程序和子程序。两者的区别在于子程序以 M99 结束。子程序是相对主程序而言的，主程序可以调用子程序。当一次装夹加工多个零件或一个零件有重复加工部分时，可以把这个图形编成一个子程序存储在存储器中，使用时反复调用。子程序的有效使用可以简化程序并缩短检查时间。

（1）子程序的构成

O××××；（子程序编号）

⋮

M99；（子程序结束）

（2）子程序的调用

格式：M98　P××××　L＿；

式中　P——后面的数字为子程序编号；

　　　L——调用次数，L1 可省略。

子程序最多可调用 999 次。子程序可以多重嵌套，当主程序调用子程序时，它被认为是一级子程序。子程序调用可以嵌套 4 级，如图 4-22 所示。

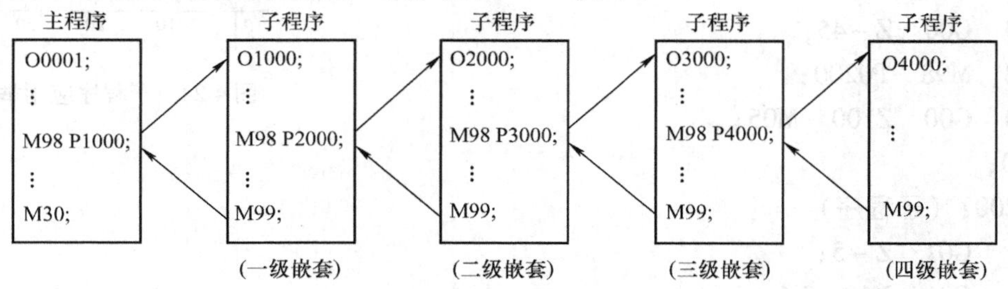

图 4-22　子程序调用嵌套

（3）子程序应用举例

例 4-14 如图 4-23 所示，*Z* 向起始高度 100mm，切削深度 5mm，轮廓外侧切削，编程如下：

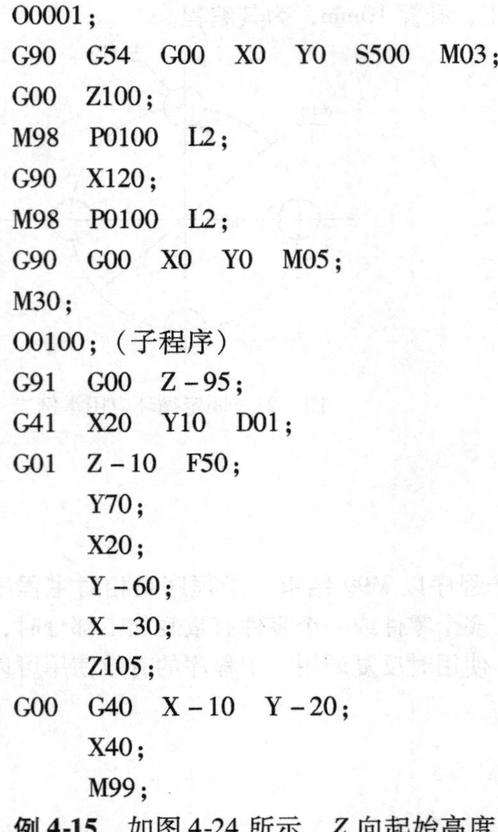

```
O0001;
G90  G54  G00  X0  Y0  S500  M03;
G00  Z100;
M98  P0100  L2;
G90  X120;
M98  P0100  L2;
G90  G00  X0  Y0  M05;
M30;
O0100;（子程序）
G91  G00  Z-95;
G41  X20  Y10  D01;
G01  Z-10  F50;
     Y70;
     X20;
     Y-60;
     X-30;
     Z105;
G00  G40  X-10  Y-20;
     X40;
     M99;
```

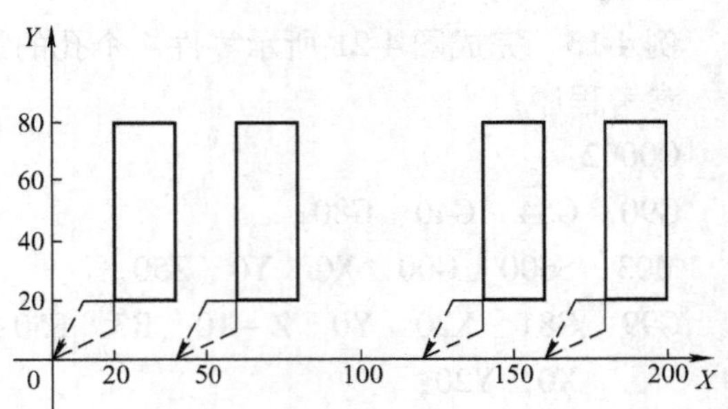

图 4-23 子程序应用举例一

例 4-15 如图 4-24 所示，*Z* 向起始高度 100mm，切削深度 50mm，每层切削深度 5mm，共切 10 层结束，编写加工程序（D01 为粗加工刀补，D02 为精加工刀补）。

```
O0002;（主程序）
G90  G54  G00  X0  Y0  S500  M03;
G00  Z100;
     Z5;
G01  Z0.2  F50;
D01  M98  P0200  L10;
G90  G00  Z-45;
D02  M98  P0200;
G90  G00  Z100  M05;
M30;
O0200;（子程序）
G91  G01  Z-5;
G41  G01  X10  Y5;
     Y25;
```

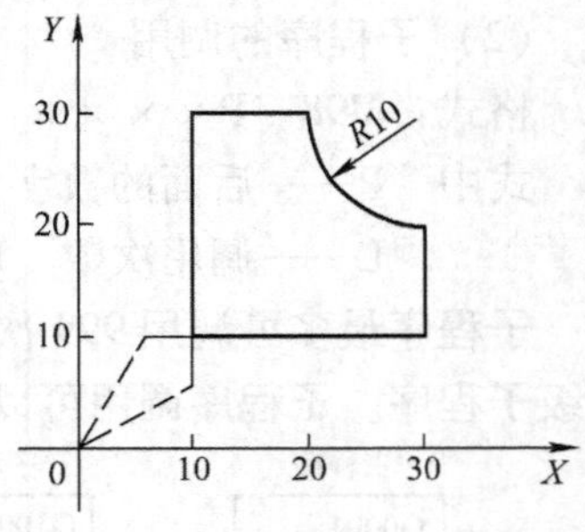

图 4-24 子程序应用举例二

```
      X10;
G03   X10  Y-10  R10;
G01   Y-10;
      X-25;
G40   X-5  Y-10;
      M99;
```

2. 比例缩放 G50、G51

使用缩放功能指令可实现同一程序加工出形状相同、尺寸不同的工件。

（1）各轴按相同比例缩放编程

格式：G51　X__Y__Z__P__；建立缩放功能

　　　G50；取消缩放功能

式中　X，Y，Z——比例缩放中心，以绝对值指定；

　　　P——比例因子，一些系统不能用小数来指定，如一些系统中P2000表示缩放比例为2，具体使用情况参见机床系统说明书。

（2）各轴按不同比例缩放编程

格式：G51　X__Y__Z__I__J__K__；建立缩放功能

　　　G50；取消缩放功能

式中　I，J，K——对应*X*、*Y*、*Z*轴的比例系数。

例4-16　如图4-25所示，*ABCD*为程序指令的图形，*abcd*为缩放后的图形，*O*为缩放中心。

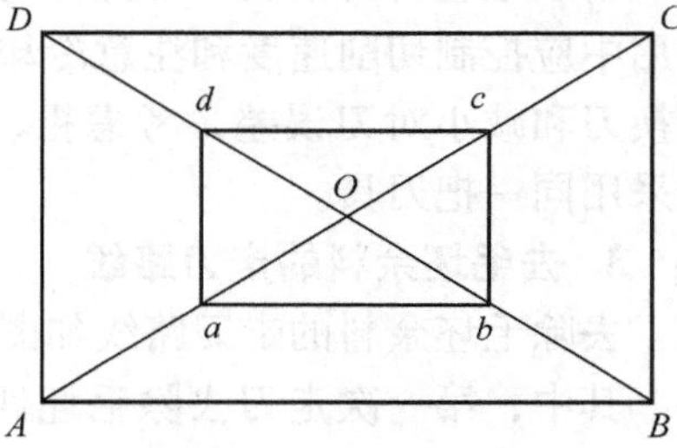

图4-25　比例缩放简图

4.2.6　数控铣削加工综合训练

例4-17　如图4-26所示为凸模零件，毛坯材料为铝块，上下表面、厚度尺寸12mm及110mm×110mm外轮廓尺寸均已加工，编写其凸台轮廓加工程序。

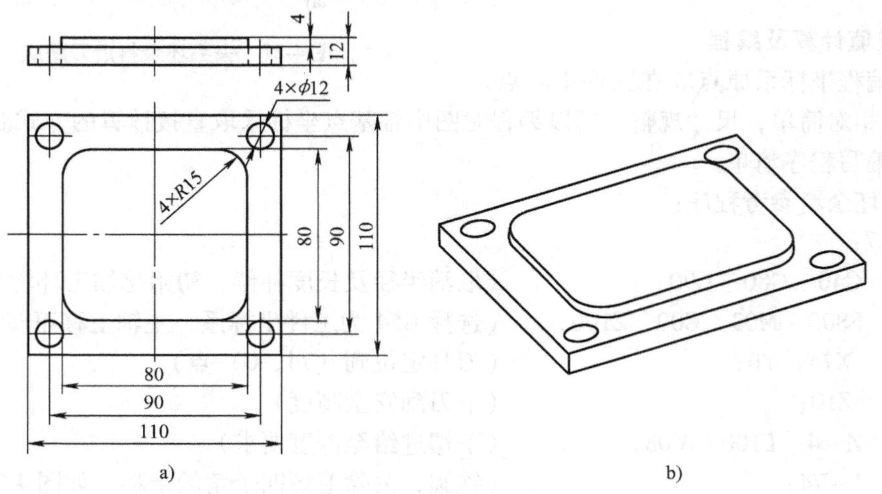

图4-26　凸模零件图

a）零件视图　b）零件轴测图

1. 加工任务分析

根据给定的毛坯形状和零件尺寸，可在数控铣床或加工中心上完成方形凸台的粗、精铣削，属于外形轮廓加工。为简化编程，采用刀具半径补偿方式完成零件程序的编制，并通过半径补偿值的修改完成零件的粗、精加工。孔加工可采用孔循环方式完成。

2. 零件工艺分析

分析该零件图样可知，该毛坯可采用机用虎钳和等高平行垫铁装夹，机用虎钳锁紧前应在机床上找正；根据毛坯料较薄、尺寸精度要求不高、材料好加工等特点，拟采用粗、精两道工序完成零件的轮廓加工，工序安排见表4-2。

表4-2　工 序 安 排

工步号	工 步 内 容	刀具规格/mm	主轴转速/(r/min)	进给量/(mm/min)	备注
1	去毛坯余料	$\phi12$	1200	200	
2	粗铣、精铣外轮廓至尺寸	$\phi12$	2000	120	精铣余量0.5mm
3	孔加工	$\phi12$	800	50	循环指令

由于毛坯料为铝块，不宜采用硬质合金刀具（硬质合金刀具高速加工铝金属时易粘刀，使用中应控制切削速度和注意冷却），选用普通廉价的高速钢立铣刀进行加工，为了避免停机换刀和减小对刀误差，考虑粗、精加工均采用同一把刀具。

3. 去毛坯余料的走刀路线

去除毛坯余料的走刀路线如图4-27所示。其中，第一次走刀去除毛坯四个角的余料，如图4-27a所示；第二次走刀去除毛坯外层8mm宽的余料，如图4-27b所示。

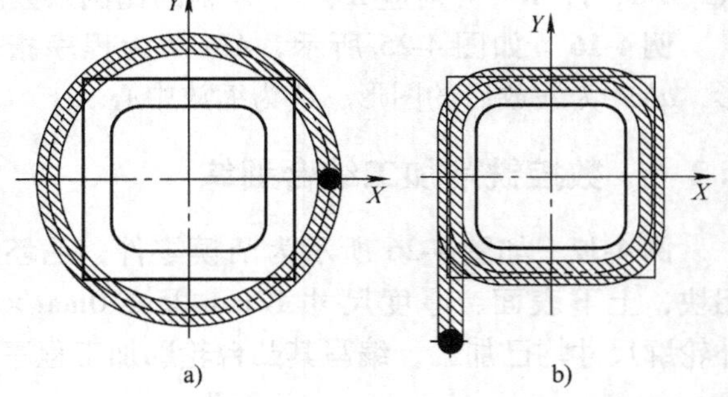

图4-27　去毛坯余料走刀路线

4. 数值计算及编程

1）编程坐标系原点取在工件中心点，由于图形相对简单，尺寸规整，所以编程时图中各基点坐标采取直接计算的方式获得。

2）编写程序清单。

去毛坯余料参考程序：

```
O0417;
G17  G40  G80  G90;              (取消半径及长度补偿，初始化加工环境)
G54  S800  M03  G00  Z100;       (选择G54为工件坐标系，主轴上移正转)
     X74  Y0;                    (刀具定位到（74，0）点)
     Z10;                        (下刀到安全高度)
G01  Z-4  F100  M08;             (下切进给至深度要求)
G03  I-74;                       (铣圆，去除毛坯四个角的余料，如图4-27a所示)
G00  Z10;                        (抬刀)
     X-53  Y-90;                 (刀具第二次定位到（-53，-90）点)
```

```
G01  Z-4;                          (在该点下切到要求深度)
     Y25;                          (以下为切除 8mm 宽的余料，如图 4-27b 所示)
G02  X-25  Y53  R28;
G01  X25;
G02  X53  Y25  R28;
G01  Y-25;
G02  X25  Y-53  R28;
G01  X-25;
G02  X-53  Y-25  R28;
G00  Z100  M09;                    (抬刀，关切削液)
M30;                               (程序结束)
```

粗加工程序与精加工参考程序：(利用半径补偿功能通过一个程序实现粗、精加工)

```
O0418;
G17  G40  G80  G90;
G54  S800  M03;                    (精加工，转速面板主轴倍率开关调为 120%)
G00  Z100;
     X-53  Y-90;
G01  Z-4  F100;                    (精加工进给倍率开关调为 120%)
G41  G01  X-40  Y-60  D01;         (执行刀补，粗加工赋值 6.5mm，精加工赋值 6mm)
          Y25;                     (外轮廓加工)
G02  X-25  Y40  R15;
G01  X25;
G02  X40  Y25  R15;
G01  Y-25;
G02  X25  Y-40  R15;
G01  X-25;
G02  X-40  Y-25  R15;
G03  X-50  Y-15  R10;
G00  Z100  M09;
G40  X0  Y0;                       (取消刀补)
M30;
```

铣孔程序：

```
O0419;
G17  G40  G80  G90;
G54  S800  M03;
G00  Z100;
```

G99 G81 X45 Y45 Z-13 R5 F50；（采用 G81 钻孔循环指令铣孔，也可使用 G73 指令）
X-45 Y45；（用 G99 使刀具铣完孔后返回到 *R* 平面提高效率）
X-45 Y-45；
G98 X45 Y-45；（用 G98 使刀具铣完孔后返回到初始平面）
G80 X0 Y0 M05；（取消钻孔循环，刀具回到原点）
M30；

4.3 FANUC 0i 系统数控铣床的操作

数控铣床种类繁多，型号、操作系统各异，本节以 XKA714 型数控铣床为例介绍 FANUC 0i 系统数控铣床操作。

4.3.1 FANUC 0i 系统基本操作

1. 数控铣床基本结构

数控机床一般包括液压系统、冷却系统、CNC 系统、电气控制系统、机械传动系统、润滑系统、整体防护系统，这七大系统的所在位置如图 4-28 和图 4-29 所示，主要作用详见 3.3。

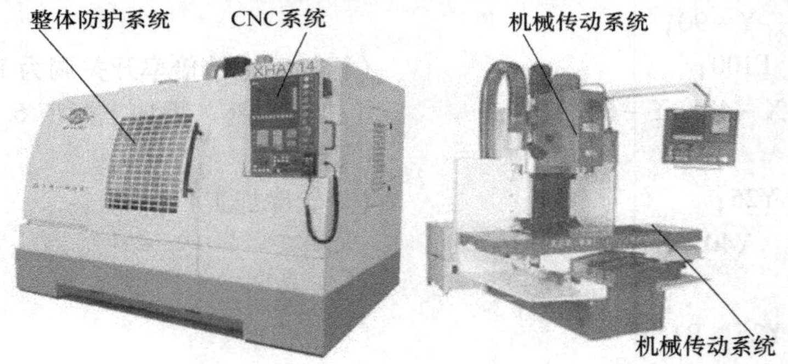

图 4-28 XKA714 数控铣床正面外形图

图 4-29 XKA714 数控铣床背面外形图

2. 数控铣床功能特点及型号

（1）XKA714 型数控铣床的功能特点

数控铣床是一种用途广泛的机床，按主轴布置方式分为立式和卧式两种。卧式铣床的主轴与工作台平行，立式铣床的主轴与工作台垂直。XKA714 型数控铣床是一种数控立式铣床，是一种主轴 Z 的垂直移动和工作台的横向、纵向移动均采用程序自动控制的现代数控加工机床。零件的加工信息输入机床后，计算机经过处理发出伺服需要的脉冲信号，该信号经各自的驱动单元放大后驱动其伺服电动机，实现 X、Y、Z 三坐标联动加工。该机床还可以与外部计算机连接，通过计算机将数据传输给机床的数控系统，进而实现机床的在线加工。XKA714 型数控铣床是一种高精度的加工设备，较适合加工凸轮、样板、叶片、弧形槽等工件，尤其适用于模具加工。

（2）机床型号（图 4-30）

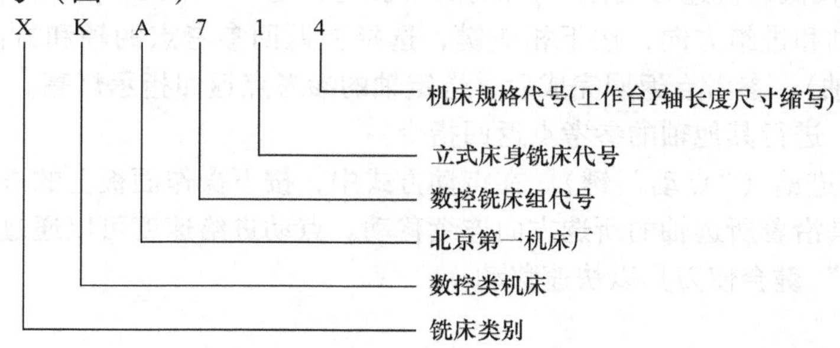

图 4-30　XKA714 数控铣床型号说明

3. 数控铣床基本操作

（1）机床通电

操作步骤：

1）检查机床各部分初始状态是否正常，确认正确无误后方可继续操作。

2）接通控制柜上的总电源开关（图 4-31）。

3）按下机床面板上的“启动”键（图 4-32），系统启动。

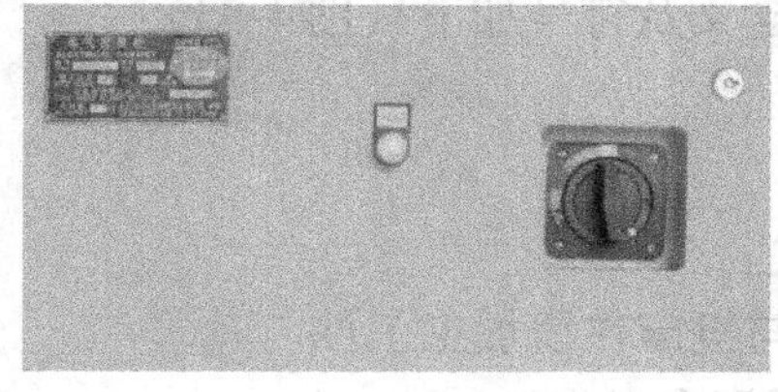

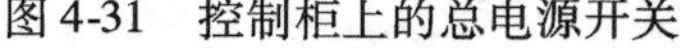

图 4-31　控制柜上的总电源开关

图 4-32　面板上的“启动”、“停止”键

4）机床起动后，检查屏幕是否正常显示。如果出现报警，查明报警原因。

5）检查风扇电动机是否旋转。

（2）机床断电

操作步骤：

1）点动 X、Y、Z 轴，使其各自大约回到机床坐标系的中间位置。

2）将主轴倍率开关和进给倍率开关分别旋至“0”刻度处。

3）按下红色急停键。

4）按下机床面板上的“停止”键。

5）关闭控制柜上的总电源开关。

(3) 手动操作

1）手动返回参考点。机床正常起动后，首先要使各轴返回参考点。在执行手动返回参考点后，机床会自动建立机床坐标系。

操作步骤（图4-33）：

①按下“回零”按钮，选择参考点返回方式。

②在没有执行参考点返回指令之前，机床的软限位开关不起作用，旋转进给倍率旋钮（0～4 挡），选择较低的快速移动倍率，以保证机床安全。

③选择进给轴和进给方向，按下相应键，选择要返回参考点的轴和方向（习惯上为了安全一般先选 Z 轴），参考点返回完成后，选定轴的参考点返回指示灯亮。

④如有必要，进行其他轴的参考点返回指令。

2）手动连续进给（“点动”键）。在点动方式中，按下操作面板上的进给轴及其方向选择开关，会使刀具沿着所选轴的所选方向连续移动。点动进给速度可以通过倍率旋钮进行调整，按下“∿∿”键会使刀具以快速移动。

操作步骤：

①按下“点动”键，选择手动连续进给（JOG）方式。

②通过进给轴和进给方向选择，确定将要移动的轴及其方向。按下进给轴和进给方向选择按键时，机床按指定的速度（由相关参数设定）移动。释放该键，机床移动停止。

③点动方式进给速度可通过手动切削进给速度的倍率旋钮开关进行调整。按下选定的进给轴和进给方向的键的同时，按下“∿∿”键，机床以快速进给速度移动（G00）。

4.3.2 操作面板

数控系统操作面板介绍见3.3节。本节只对数控机床操作面板详细介绍。

机床操作面板位于操作面板的下方，各键的名称含义及符号如下（图4-33）：

1）“自动”键，设定系统自动运行方式。

2）“编辑”键，设定程序编辑方式。

3）“手动输入”键，设定手动 MDI 程序编辑方式。

4）“在线加工”键，设定用外部计算机或 CF 卡与机床在线加工工件。

5）“回零”键，机床开机后实现 X、Y、Z 各轴返回参考点。

6）“点动”键，设定手动连续进给方式。

7）“手轮”键，设定手轮（手动脉冲发生器）连续进给方式。

8）“单段”键，设定一段一段执行加工程序，常用来检查程序。

9）“跳段”键，自动方式下按下此键，跳过程序段开头带有“/”的程序段。

10）“示教”、“程序重起”、“手轮中断”等键，本机床此项功能未启用。

11）“机床锁住”键，自动方式下按下此键，各轴均不移动，只在屏幕上显示坐标值的变化。

12）“空运行”键，自动方式下按下此键，各轴不以编程速度而是以手动进给速度移动，此功能用于无工件装夹，只检查刀具的运动轨迹。

13）“循环停止”键，自动方式下按下此键，机床自动运行停止（暂停），也称为“进给保持”，再按下“循环起动”键后，机床继续运行。

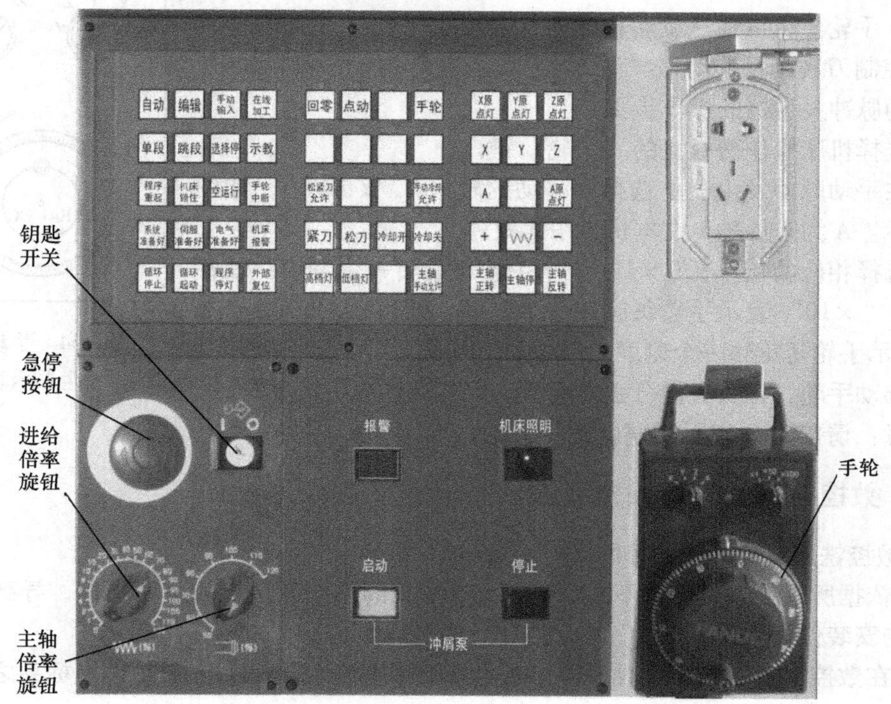

图4-33　XKA714机床操作面板

14）“循环起动”键，机床自动运行开始，常用于起动程序。

15）“外部复位”键，结束运行的程序，并使机床复位。

16）“X”、“Y”、“Z”键，手动进给轴选择。在手动进给方式下，这些键用来选择相应的进给轴。

17）“+”、“-”键，手动进给轴方向选择，在手动进给方式下，这些键用来选择相应进给轴的移动方向。

18）“\/\/\/”为快速进给键，同时按下此键和“+”或“-”键，可执行相应进给轴在选定方向上的快速移动。

19）“主轴正转”键，使主轴按指定的速度正方向旋转（顺时针）。

20）“主轴反转”键，使主轴按指定的速度反方向旋转（逆时针）。

21）“主轴停”键，使主轴停止转动。

22）急停按钮（红色蘑菇形），当数控机床操作过程中出现紧急情况时，要迅速按下此按钮，来终止机床的所有运动。

23）钥匙开关，钥匙拔下时不能修改、编辑CNC内的程序，起到数据保护的作用。钥匙插上并搬到“O”位置时，才能对CNC内的程序进行修改、编辑等操作。

24）进给倍率旋钮，用于对程序中编制的进给速度按百分比进行调整，该旋钮旋至100%时，机床完全按程序中设定的进给速度移动。

25）主轴倍率旋钮，可按百分比对主轴的旋转速度进行调整。该旋钮旋至100%时，机床主轴的旋转速度为程序中设定的主轴转速。

26）手轮。可以通过旋转机床操作面板上手轮（手动脉冲发生器）控制刀具微量移动。

手动脉冲发生器的操作步骤：

①选择机床操作面板上的“手轮”键。

②在手动脉冲发生器上选择要移动的轴（X、Y或Z），如图4-34所示。A为扩展轴，在本机床中无效。

③选择相应的倍率，“×1”表示手轮每旋转一个刻度，轴移动1μm，“×10”表示手轮每旋转一个刻度，轴移动10μm，“×100”表示手轮每旋转一个刻度，轴移动100μm。

④摇动手轮，正负方向分别对应所选定移动轴的正负方向。

注意：请按5r/s以下的速度旋转手轮。

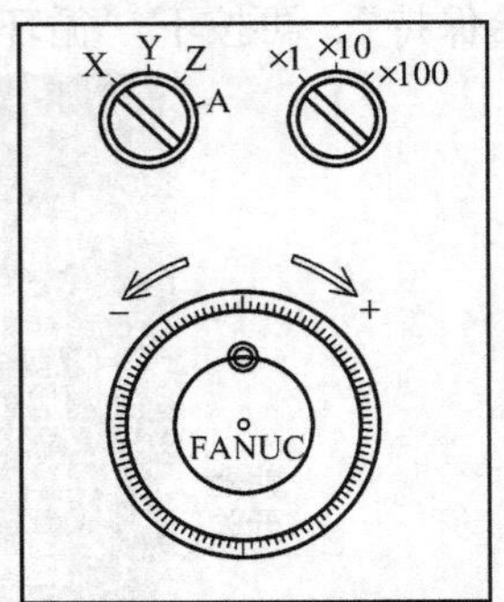

图4-34 手动脉冲发生器示意图

4.3.3 数控铣床的对刀操作训练

1. 数控铣床对刀操作的目的

1）依据所选装夹工具的不同，毛坯大小形状的不同和装夹人员的不同，导致零件在工作台上的安装位置是任意的。

2）在数控加工中，通过对刀操作来建立机床坐标系和程序（工件）坐标系之间的对应关系。

3）确定几把刀具在同一个零件上的对刀位置。

2. 常用对刀方法和对刀仪简介

（1）常用对刀方法　根据现有条件和加工精度要求选择对刀方法，可采用试切法、寻边器对刀、机内对刀仪对刀、自动对刀等。其中试切法对刀精度较低，加工中常用寻边器和Z向设定器对刀，效率高，能保证对刀精度。

（2）常用对刀仪简介

1）寻边器，主要用于数控铣床和加工中心的对刀，确定某些信息（有用）点的坐标。常用的寻边器有机械式寻边器和光电式寻边器。

机械式寻边器分为上下两部分，中间用弹簧连接，上半部分用刀柄夹持，下半部分接触工件，如图4-35所示。用的时候必须注意主轴转速，避免因转速过高损坏寻边器。

光电式寻边器主要由两部分即柄体和测量头（直径为10mm的圆球）组成，如图4-36所示，使用时主轴不需要转动，使用简单，操作方便。使用时，应避免测量头与工件碰撞，慢慢地接触工件。

验棒是具有一定精度的圆棒（如铣刀刀柄），对刀时用塞尺配合使用。用这种工具对刀时应注意塞尺的松紧度，过松或过紧都会影响对刀精度。

2）Z轴设定器，刀具Z向对刀数据与刀具在刀柄上的装夹长度及工件坐标系的Z向零点位置有关，它确定了工件坐标系的零点在机床坐标系中的位置。可以采用刀具直接试切对刀，也可以利用图 4-37、图 4-38 所示的 Z 向设定器进行精确对刀，其工作原理与寻边器相同。对刀时将刀具的端刃与工件表面或 Z 向设定器的测头接触，利用机床坐标的显示来确定对刀值。当使用 Z 向设定器对刀时，要将其高度考虑进去。

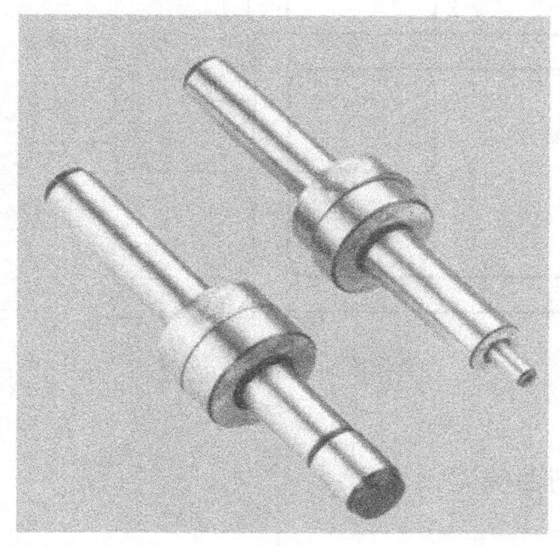

图 4-35　机械式寻边器

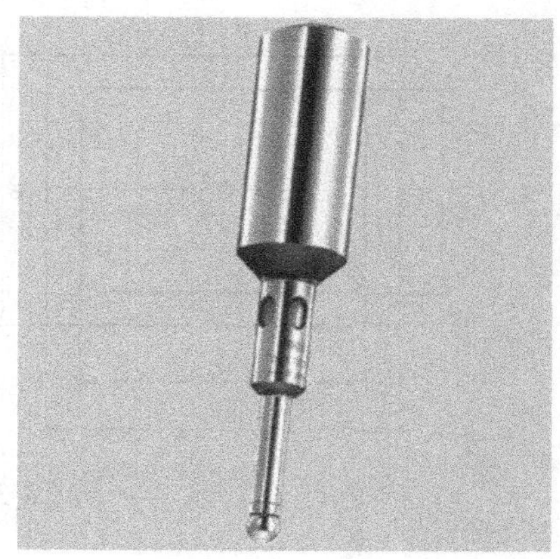

图 4-36　光电式寻边器

图 4-37　表式 Z 轴设定器

图 4-38　光电式 Z 轴设定器

3. 对刀原理及过程

（1）对刀原理　工件在机床上定位装夹后，必须确定工件在机床上的正确位置，以便与机床原有的坐标系联系起来。

（2）分中法对刀过程　在数控加工中，一般通过对刀操作来建立机床坐标系和程序（工件）坐标系之间的对应关系。图 4-39 所示为内轮廓型腔零件，采用寻边器对刀，其详细步骤如下：

1）X、Y 方向对刀。

①将工件通过夹具装在机床工作台上，装夹时注意工件的四个侧面，都应留出寻边器的测量位置。

②移动工作台和主轴，让寻边器测头靠近工件的左侧。

③寻边器测头快要接近工件时，改用手轮低挡微调操作，让测头慢慢接触到工件左侧，直到寻边器错位，记下此时机床坐标系中的 $X1$ 坐标值，如 -160.3。

④抬起寻边器至工件上表面之上，快速移动工作台和主轴，让测头靠近工件右侧。

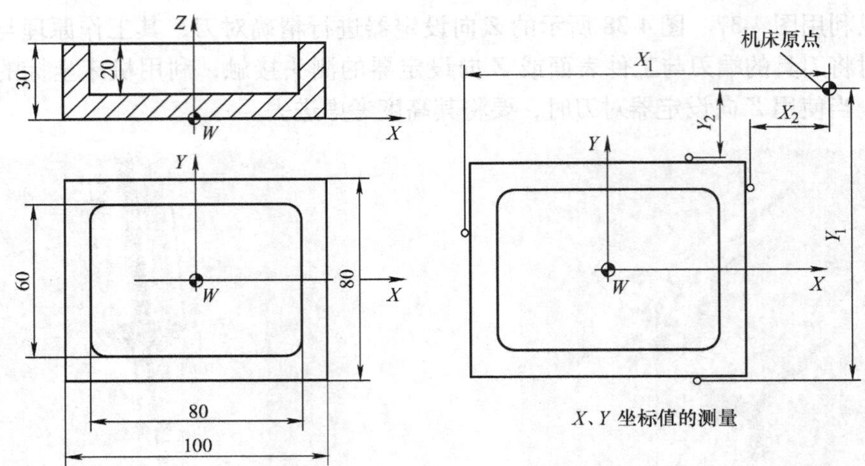

图 4-39　分中法对刀图例

⑤寻边器测头快要接近工件时，改用手轮低挡微调操作，让测头慢慢接触到工件右侧，直到寻边器错位，记下此时机械坐标系中的 X2 坐标值，如 -50.3。

⑥若测头直径为 10mm，则工件长度为 -50.3 -（-160.3）-10 = 100，据此可得工件坐标系原点 W 在机床坐标系中的 X 坐标值为 -160.3 + 100/2 + 5 = -105.3，或为[-160.3 +(-50.3)]/2。

⑦同理可测得工件坐标系原点 W 在机械坐标系中的 Y 坐标值，即 Y =（Y1 + Y2）/2 = -80.25。

2）Z 向对刀。

①卸下寻边器，将加工所用刀具装在主轴上。

②将 Z 轴设定器（或固定高度的对刀块）放置在工件上平面上，如图 4-40 所示。

③快速移动主轴，让刀具端面靠近 Z 轴设定器上表面。

④改用手轮工作方式，用手轮脉冲发生器选择 Z 轴微调操作，让刀具端面慢慢接触到 Z 轴设定器上表面，直到其指针指示到零位。如用固定高度的对刀块时，在 Z 轴慢慢下降时，用左手在刀具下方来回轻微移动对刀块，当刀尖与对刀块轻微接触时，停止移动 Z 轴。

⑤记下此时机床坐标系中的 Z 的坐标值，如 -150.8。

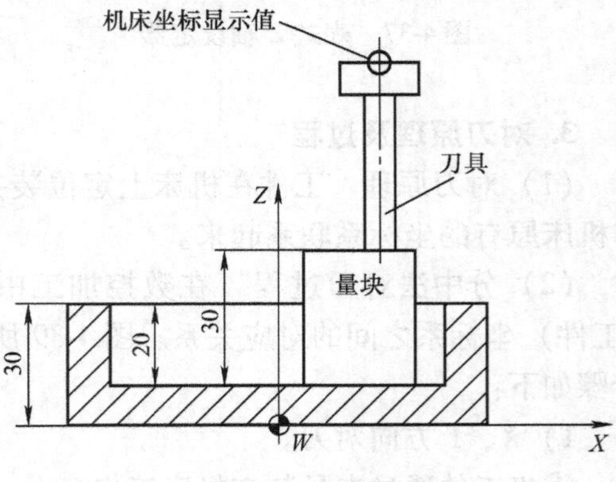

图 4-40　Z 向对刀图例

⑥若 Z 轴设定器的高度为 30mm，则工件坐标系原点 W 在机械坐标系中的 Z 坐标值为 -150.8 - 30 -（30 - 20）= -190.8。

3）将测得的 X、Y、Z 值输入到机床工件坐标系存储地址中（一般使用 G54 ~ G59 代码存储对刀参数）。步骤如下：

①按“OFS/SET”键，再按“工件系”键，进入参数设定界面（G54 ~ G59）。

②选择相应坐标系（如 G54）和坐标轴。

③按相应的数字键，输入数值到输入域（如上例中 X-105.3）。

④按“INPUT”键，把输入域中数值输入到指定位置。

⑤重复以上②~④步，分别输入 Y-80.250、Z-190.800 到 G54 中，如图 4-41 所示。

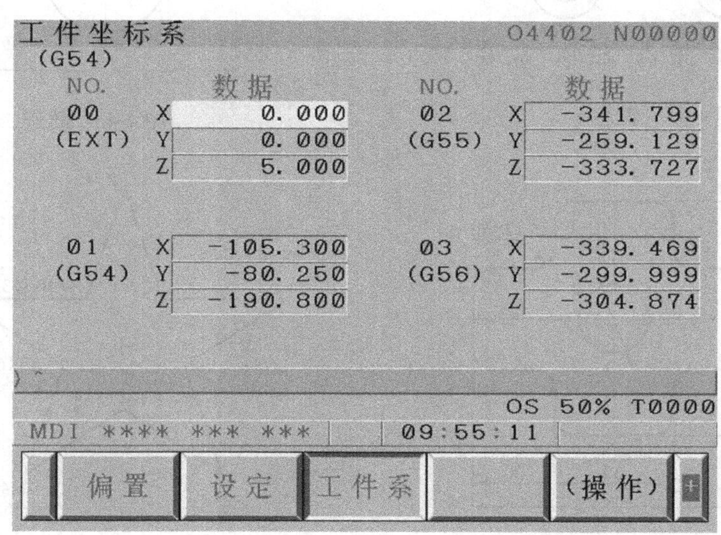

图 4-41　对刀数据输入界面

4. 注意事项

在对刀操作过程中需注意以下问题：

1）根据加工要求采用正确的对刀工具，控制对刀误差。

2）在对刀过程中，可通过改变微调进给量来提高对刀精度。

3）对刀时需小心谨慎操作，尤其要注意移动方向，避免发生碰撞危险。

4）对刀数据一定要存入与程序对应的存储地址，防止因调用错误而产生严重后果。

思　考　题

1. 数控铣床与加工中心的主要区别是什么？

2. 常用的孔加工固定循环指令都有哪些？各自的加工特点是什么？

3. XKA714 数控铣床的开机、回零、点动等操作的注意事项有哪些？

4. 数控铣床图形模拟操作的目的是什么？XKA714 数控铣床图形模拟的操作步骤有哪些？

5. 数控编程中主程序与子程序有什么区别？子程序的主要作用是什么？

6. 数控铣床加工中为什么要对刀？对刀操作中常用哪些仪器？

7. 什么是刀具半径补偿功能？它的主要作用有哪些？

8. 根据图 4-42、图 4-43、图 4-44、图 4-45 所示轨迹，编制数控铣削程序。程序中不考虑刀具半径补偿，Z 轴切削深度 2mm。

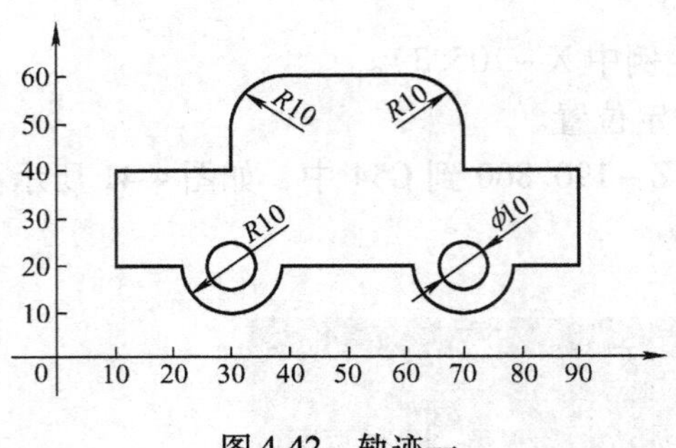

图 4-42　轨迹一

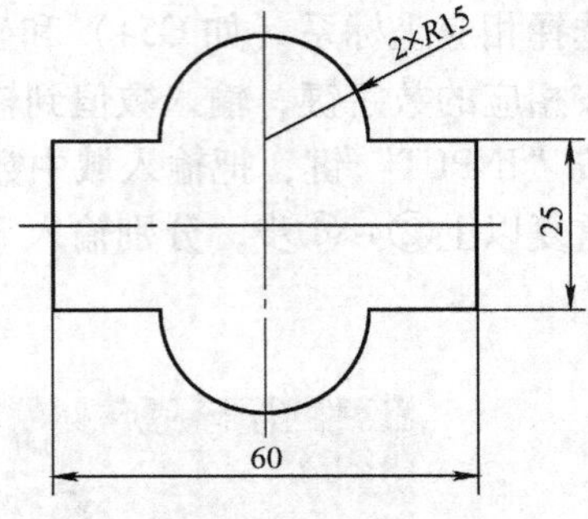

图 4-43　轨迹二

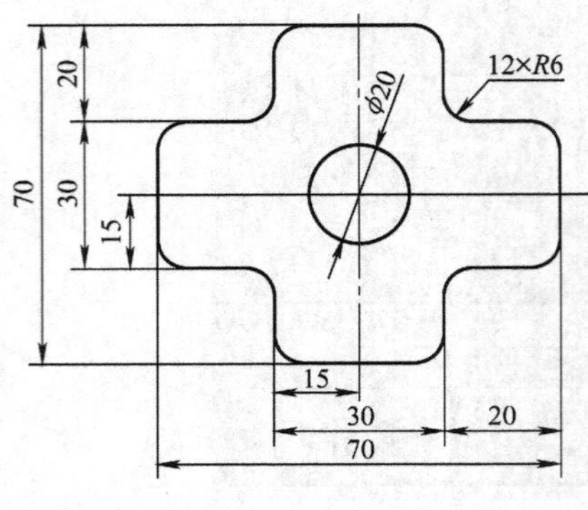

图 4-44　轨迹三

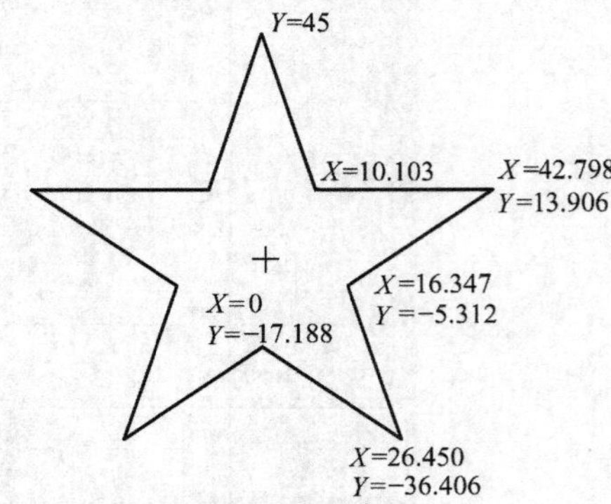

图 4-45　轨迹四

第 5 章　数控电火花线切割加工技术

数控电火花线切割加工（Wire Cut Electrical Discharge Machining，WEDM）是电火花加工技术的一个重要分支。20 世纪中期，前苏联的拉扎连柯夫妇受开关触点因火花放电损坏现象的启发，发现电火花瞬间高温可以使局部的金属熔化、氧化而被腐蚀掉，从而开创和发明电火花加工方法。之后在众多科研人员努力下发明了电火花线切割加工机床。电火花线切割加工机床利用作为负极的电极丝和作为正极的工件（导电材料）之间脉冲放电的电腐蚀作用进行加工。由于工件和电极丝的相对运动是由数字控制实现的，故常称为数控电火花线切割加工。数控电火花线切割加工技术主要用于加工硬度较高的或各种形状复杂和精密细小的工件，具有加工精度高、表面质量好和应用范围广等突出优点，已经在生产中获得广泛的应用。

本章主要介绍数控电火花线切割加工的基础知识、数控高速走丝电火花线切割编程基础、数控高速走丝电火花线切割自动编程、数控高速走丝电火花线切割操作基础等四部分。

5.1　电火花线切割加工的基础知识

5.1.1　电火花线切割加工的基本原理和必备条件

1. 电火花线切割加工的基本原理

电火花线切割加工是通过脉冲电源在电极丝和工件两极之间施加脉冲电压，使电极丝与工件在绝缘工作液介质中发生脉冲放电。脉冲放电使工件表面被蚀出无数小坑，在数控系统的控制下，伺服机构使电极丝和工件发生相对位移，并保持脉冲放电，从而对工件进行加工，如图 5-1 所示。

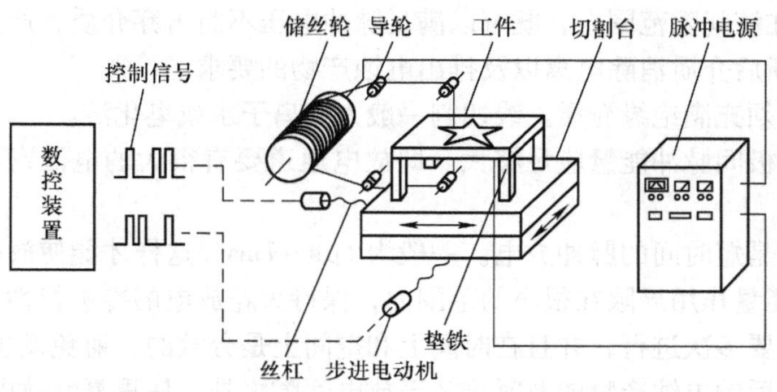

图 5-1　电火花线切割加工示意图

如图 5-2 所示，实际加工时，电极丝接脉冲电源的负极，工件接脉冲电源正极。两级在绝缘介质中通过数控系统控制相互靠近，由于两级的微观表面凹凸不平，电场分布不均匀，离得最近处的电场强度最高。当两极间距离达到放电条件时，极间介质被击穿，形成放电通道。在电场作用下，正离子与自由电子互相吸引，通道内的负电子高速奔向正极，正离子奔向负极，形成火花放电。在高频脉冲电源的控制下，自由电子溢出并高速运动与正离子碰撞，正极表面受到电子流的撞击，使电极间隙内形成瞬时高温热源，热源中心温度达到10000℃以上，正极表面温度达到3000℃以上，工件表面局部瞬间融化，在正离子没有溢出之前，高频脉冲电源断电，正离子溢出较少，电极丝损耗较少。同时，由于熔化材料和介质的汽化形成气泡，使压力非常高。然后电流中断，温度突然降低，引起气泡爆炸，产生的动力把熔化的物质抛出蚀坑，被腐蚀的材料在工作液介质中重新凝结成小球体，并被工作液介质排走。这个原理称为电腐蚀原理。

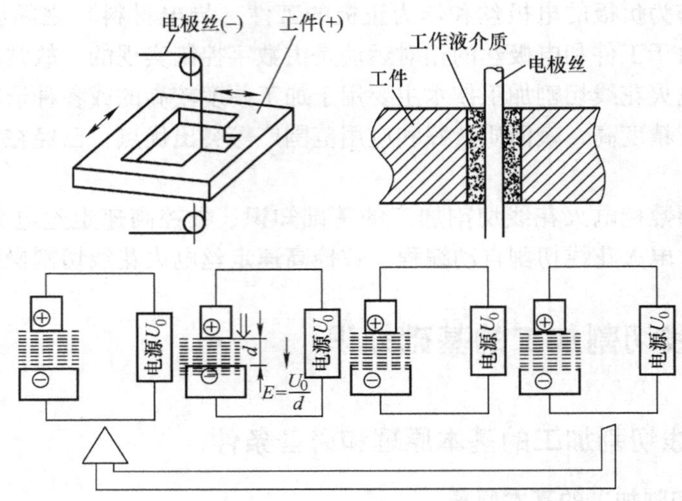

图 5-2 电火花线切割加工原理示意图

2. 电火花线切割加工正常运行的必备条件

1）工具电极和工件电极之间必须加 10 ~ 300V 的脉冲电压，同时还需维持合理的距离——放电间隙。在该间隙范围内，既可以满足脉冲电压不断击穿介质，产生火花放电，又可以适应在电流中断后介质消除电离以及排出电蚀产物的要求。

2）两极间必须充满绝缘介质。线切割一般为去离子水或皂化液。

3）输送到两极间脉冲能量应足够大。即放电通道要有很大的电流密度（一般为 104 ~ 109A/cm^2）。

4）放电必须是短时间的脉冲放电。一般为 1μs ~ 1ms。这样才能使放电产生的热量来不及扩散，从而把能量作用局限在很小的范围内，保持火花放电的冷极特性。

5）脉冲放电要多次进行，并且在时间上和空间上是分散的，避免发生局部烧伤。

6）脉冲放电后的电蚀产物能及时排放至放电间隙之外，使重复性放电顺利进行。

5.1.2 电火花线切割加工的特点及应用

1. 电火花线切割加工的特点

电火花线切割加工具有以下优点：

1）电火花线切割能加工传统方法难于加工或无法加工的高硬度、高强度、高脆性、高韧性等导电材料及半导体材料。

2）由于电极丝细小，可以加工异形孔、窄缝和复杂形状零件。

3）工件加工表面受热影响小，适合于加工热敏感性材料；同时，由于脉冲能量集中在很小范围内，加工精度较高。

4）加工过程中，电极丝与工件不直接接触，无宏观切削力，有利于加工刚度低的工件。

5）由于加工产生的切缝窄，实际金属蚀除量很少，余料还可利用，材料利用率高。

6）与电火花成形机比，以电极丝代替成形电极，省去了成形电极的设计和制造费用，缩短了生产准备时间。

7）一般采用水基工作液，安全可靠。

8）直接利用电能加工，电参数容易调节，便于实现加工过程自动控制。

电火花线切割加工的缺点是：由于是用电极丝进行贯通加工，所以它不能加工不通孔类零件和阶梯表面，另外生产效率相对较低。

2. 电火花线切割加工的应用

数控电火花线切割适合于加工截面较为复杂的或者硬度较高的零件。主要用于各种塑料模、冲模、粉末冶金模等二维及三维直纹面组成的模具及零件，也可切割半导体材料或贵重金属，还可以进行各种检具加工、异形槽加工，广泛应用于电子仪器、精密机床、轻工、军工等，为新产品试制、精密零件加工及模具制造开辟了新的工艺途径。

（1）加工模具　数控电火花线切割加工广泛应用于加工各种模具，如冲模、挤压模、粉末冶金模、弯曲模、塑压模等模具。其中，加工冲模所占的比例大，像精密冲模的加工制造，数控电火花线切割加工是不可缺少的关键技术。加工冲模通过编程时调整不同的补偿量就可以切出凸模、凸模固定板、凹模及卸料板等，模具配合间隙、加工精度较易达到要求。

（2）加工机械零件　在机械零件制造方面，可用于加工品种多、数量少的零件，特殊难加工材料的零件，材料试验样件，各种形孔，特殊齿轮凸轮，检具及成形刀具等。在试制新产品时，用线切割在毛坯上直接切出零件，如试制切割特殊微电机硅钢片定子、转子铁心。由于不需另行制作模具，可大大缩短制造周期、降低成本。另外，数控电火花线切割加工修改设计、变更加工程序比较方便，加工薄件时可多片叠在一起加工，从而提高加工效率；同时，数控电火花线切割加工还可以加工细微异形孔、窄缝和复杂形状的零件。

（3）制作电火花成形加工工具电极　电火花成形加工用的工具电极可以用线切割加工制作，对于纯铜、铜钨、银钨合金之类的电极材料，用电火花线切割加工比较经济，适合于加工微细复杂形状的电极。

5.1.3　线切割机床的分类

数控电火花线切割加工机床的分类方法有多种，一般可以按照机床的走丝速度、工作液供给方式、电极丝位置等进行分类。

1. 按走丝速度分类

根据电极丝的走丝速度不同，数控电火花线切割加工机床分为数控高速走丝电火花线切割机床和数控低速走丝电火花线切割机床两类。电加工行业普遍采用这种方法对电火花线切割加工机床进行分类。

数控高速走丝电火花线切割机床如图5-3所示，其电极丝在加工中作高速往复运动，一般走丝速度为8～10m/s，电极丝可重复使用。但高的走丝速度容易造成电极丝抖动和反向时停顿，使加工质量下降。数控高速走丝电火花线切割机床在我国应用的比较多，也是我国独创的电火花线切割加工机床。

数控低速走丝电火花线切割机床如图5-4所示，其电极丝在加工中作低速单向运动，一般走丝速度低于0.2m/s，电极丝放电后不再使用，工作平稳、均匀、抖动小、加工质量好，是国外生产和使用的主要机种。随着我国制造业的快速发展，此类低速走丝电火花线切割加工机床在我国也开始生产并且得到了广泛应用，主要用来加工高精度的模具和零件。

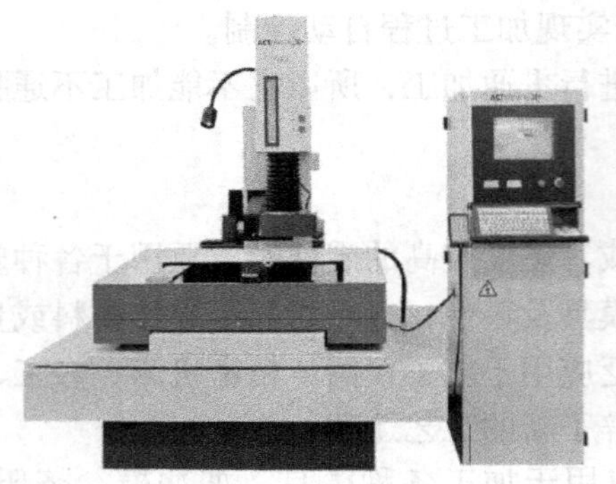

图5-3　数控高速走丝电火花线切割机床

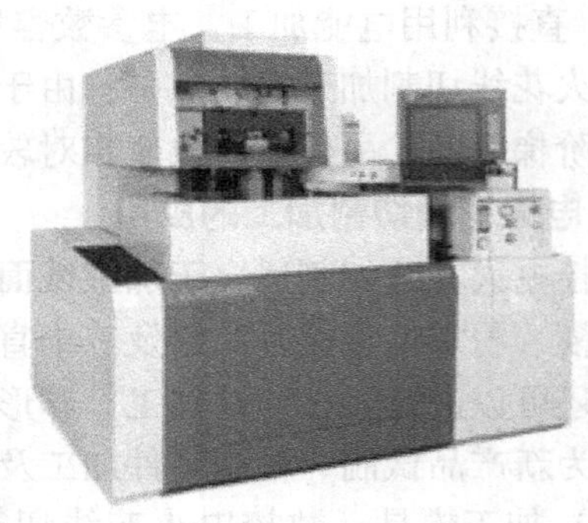

图5-4　数控低速走丝电火花线切割机床

2. 按工作液供给方式分类

数控电火花线切割加工机床按工作液供给方式可分为冲液式和浸液式。冲液式电火花线切割加工机床采用冲液（一上一下两股射流）沿电极丝输送工作液，数控高速走丝电火花线切割机床都是采用冲液方式，我国生产的大部分数控低速走丝电火花线切割机床也是采用冲液方式。浸液式电火花线切割加工机床的放电加工是在工作液中进行，先进的数控低速走丝电火花线切割机床多属于浸液式，浸液状态下工作区域恒定的温度可获得更高的加工精度，并有良好的工件防锈效果。

3. 按电极丝位置分类

线切割加工机床按电极丝位置可分为立式和卧式。立式电火花线切割加工机床的电极丝是垂直方向进行加工的，卧式电火花线切割加工机床的电极丝是水平方向进行加工的。

5.1.4　数控高速走丝电火花线切割加工机床的结构特点

数控高速走丝电火花线切割机床一般分为主机和数控电源柜两大部分。图5-5所示为一般数控高速走丝电火花线切割机床的结构示意图。

1. 主机

数控高速走丝电火花线切割机床的主机部分由床身1、立柱3、工作台2、运丝机构4、锥度装置5、冷却系统6、防水罩7、润滑系统8等组成，如图5-6所示。

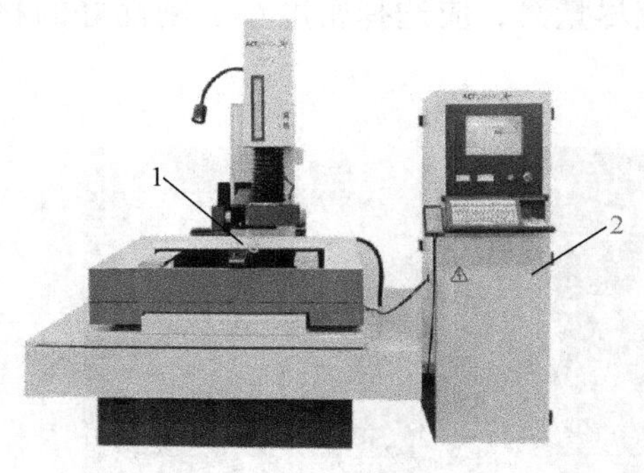

图5-5　数控高速走丝电火花线切割机床结构示意图
1—主机　2—数控电源柜

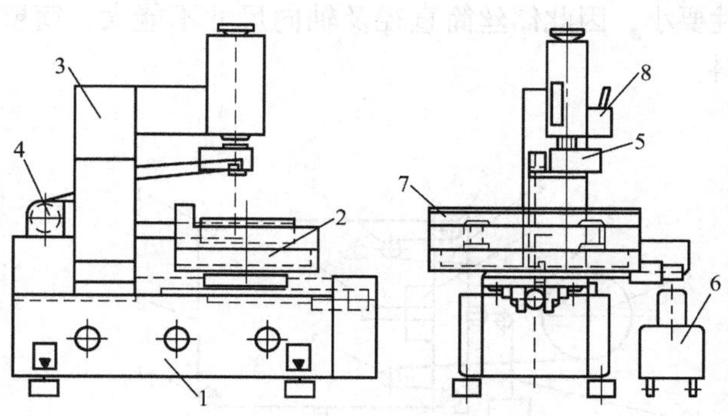

图5-6　数控高速走丝电火花线切割机床主机部分
1—床身　2—工作台　3—立柱　4—运丝机构
5—锥度装置　6—冷却系统　7—防水罩　8—润滑系统

（1）床身和立柱　床身和立柱是数控高速走丝电火花线切割机床的基础结构，如图5-7所示，它采用大截面式立柱结构，铸铁床身，结构紧凑，整机刚性好。立柱作为构件安装在床身上，床身起支承的作用。床身和立柱经过时效处理消除内应力，以便尽可能减少变形。床身具有足够的刚性，抗震性好，热变形小。床身和立柱的制造和装配必须满足各种几何精度和力学精度。

（2）工作台　工作台主要用来支承和装夹工件。其运动分别由两个步进电动机控制。零件的加工就是通过工作台与电极丝的相对运动来完成的。数控高速走丝电火花线切割机床的工作台一般为XY十字滑板结构，使用精密级直线滚动导轨和精密级滚珠丝杠副，运动精度较高。XY十字滑板结构已经历了数十年的实用历程，其运动的机械刚性、控制的方便性已为人们所公认，其结构设计和制造工艺也已经成熟。

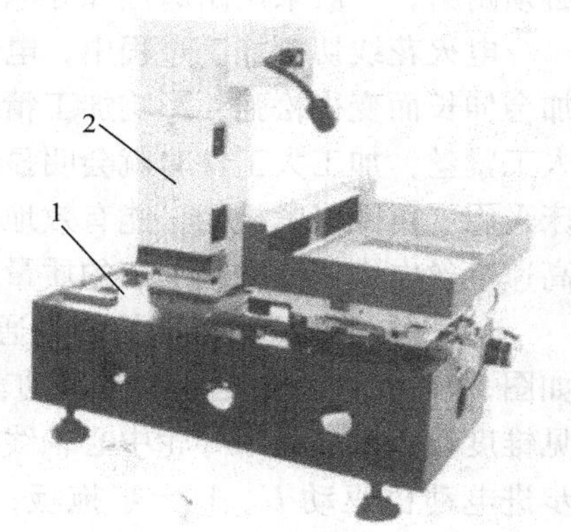

图5-7　床身和立柱
1—床身　2—立柱

（3）运丝机构　运丝机构是用来控制电极丝以一定速度运动，并保持一定的张力作往复运动。电极丝以一定的间距整齐地缠绕在储丝筒上。图5-8所示为数控高速走丝电火花线切割机床的运丝机构简图，主要由导轮1和3、储丝筒9、导电块12、张紧机构等组成。

数控高速走丝电火花线切割机床在工作时，导轮要引导电极丝的高速移动，一般采用由滚动轴承支承的导轮形式，导轮的V形槽应有较高的精度，槽底的圆弧半径必须小于所选用的电极丝半径，以保证电极丝在导轮槽内运动时不会产生横向运动。在满足一定的强度要求下，应尽量减轻导轮质量。另外，导轮槽的工作面应有足够的硬度和较低的表面粗糙度值，一般采用钢、陶瓷、宝石等材料。

储丝筒是电极丝高速运动与整齐排绕储丝的关键部件之一，如图5-9所示。储丝筒在高速转动的同时有相应的轴向移动，这样就可以使电极丝整齐地缠绕在储丝筒上。储丝筒具有正反向旋转功能，可以使电极丝进行往返缠绕。为了保证储丝筒运转平稳，储丝筒的转动惯性要小，因此储丝筒直径及轴向尺寸不能大，筒壁应尽量薄，应选择密度小、刚性好的材料。

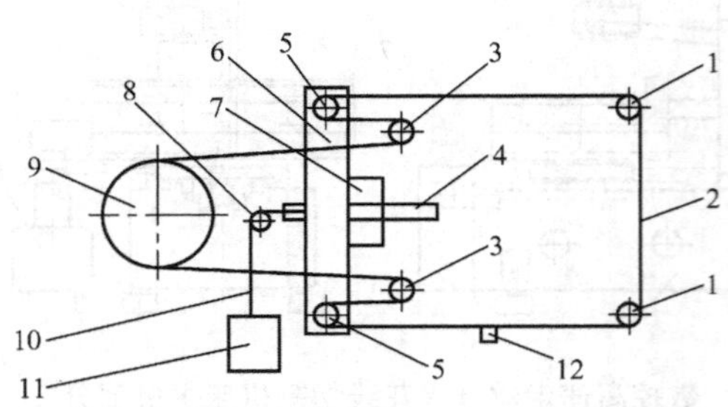

图 5-8 运丝机构简图

1—主导轮 2—电极丝 3—辅助导轮 4—直线导轨 5—张紧导轮 6—移动块 7—导轮滑块 8—定滑轮 9—储丝筒 10—绳索 11—重锤 12—导电块

图 5-9 储丝筒部件

数控高速走丝电火花线切割加工电极丝所带的负电是通过导电块的接触获得的。导电块的接触电阻要小。另外，导电块与高速移动的电极丝需要长时间的接触、摩擦，因此导电块必须耐磨，一般采用耐磨性和导电性都比较合理的硬质合金作为导电块材料。

电火花线切割加工过程中，电极丝经受交变应力及放电时的热轰击，随着加工时间的增加会伸长而变得松弛，影响加工精度和表面粗糙度。若机床没有张紧机构，在加工中就需要人工紧丝，加工大工件时就会明显影响加工质量。目前，一些数控高速走丝电火花线切割机床采用了重锤张紧机构，能有效地保持恒张力，省去了人工频繁张紧电极丝的工作，提高了高速走丝电火花线切割加工的质量。

（4）锥度装置 锥度切割是通过锥度线架来实现的，如图 5-10 所示。锥度装置的移动轴称为 U 轴、V 轴。常见锥度切割原理是下导轮中心轴线固定不动，上导轮通过步进电动机驱动 U、V 十字拖板，带动其四个方向的移动。工作台和锥度装置同时移动，从而使电极丝相对于工件有一定的倾斜。X、Y、U、V 四轴同时移动称为四轴联动。

图 5-10 锥度装置

（5）冷却系统 冷却系统如图 5-11 所示，用来为加工提供有一定绝缘性能的工作液，专门设计的带有滤芯的过滤系统使工作液使用周期更长，切割质量提高，工作环境改善。

其工作过程为：工作液压泵 4 将工作液吸入，通过过滤桶内的过滤纸芯（图 5-12）将工作液内的大部分杂质及蚀除物都过滤掉；经过过滤的工作液进入上液管 3，分别送到上、下丝臂进液管，通过水流调节阀（图 5-13）调节其供给量的大小；加工后的废液沿着液槽流入回液管 2；经过过滤网后，进入工作液箱 1，由工作液泵吸入重复使用。

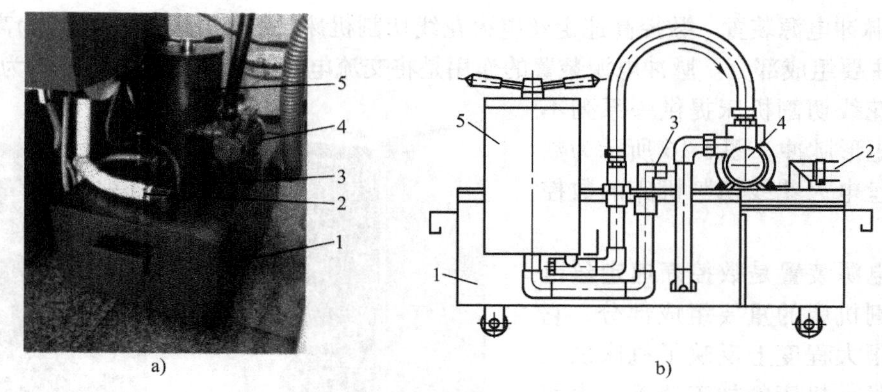

图 5-11　冷却系统

a）立体图　b）结构图

1—工作液箱　2—回液管　3—上液管　4—工作液压泵　5—过滤桶

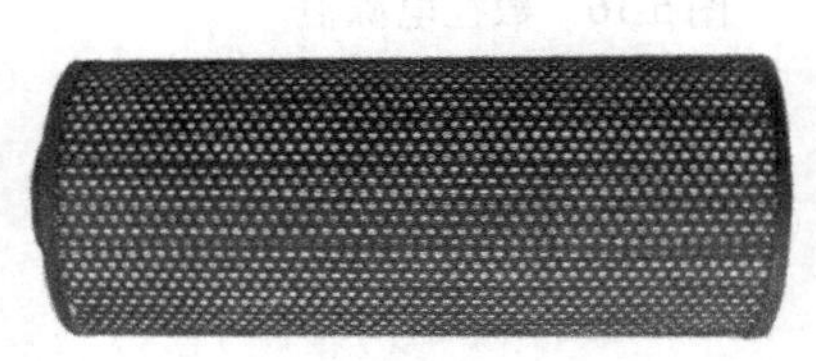

图 5-12　过滤纸芯

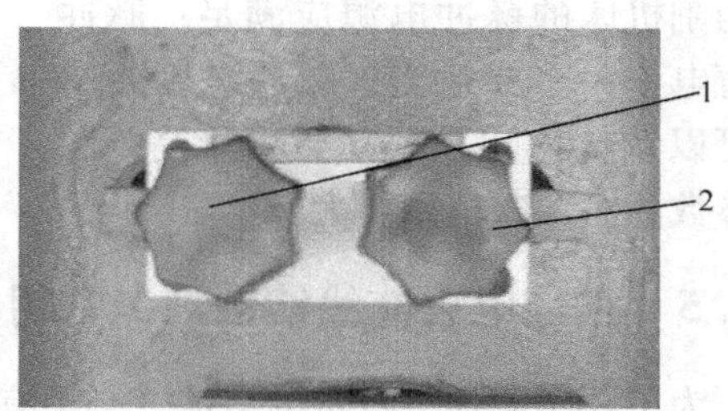

图 5-13　水流调节阀

1—上水嘴水流调节阀　2—下水嘴水流调节阀

（6）润滑系统　如图 5-14 所示，润滑系统，位于机床立柱右侧，负责机床导轨润滑，减少摩擦，增加使用寿命。每天工作前按下手柄，使润滑油注入到机床导轨上。一般选用粘度为 32、68、100、150 的导轨油。

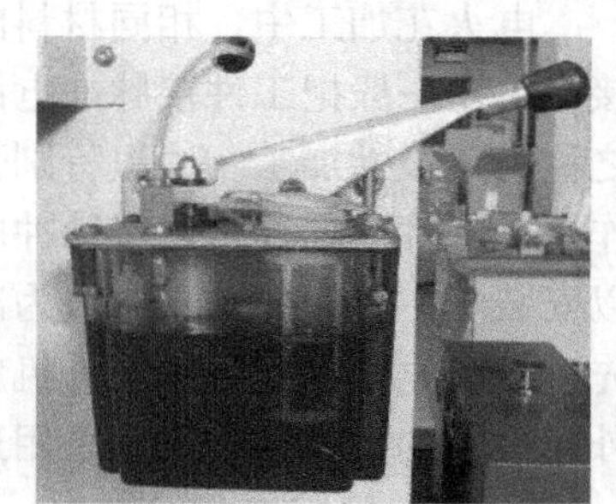

图 5-14　润滑系统

2. 数控电源柜部分

数控电源柜可分为数控装置和脉冲电源柜装置两大部分。

（1）数控装置　数控装置又可以分为控制系统和自动编程系统。其内配备微机，装有电火花线切割加工自动编程系统，能够绘制电火花线切割加工轨迹图，实现自动编程并对电火花线切割加工的全过程进行自动控制，如图 5-15 所示。

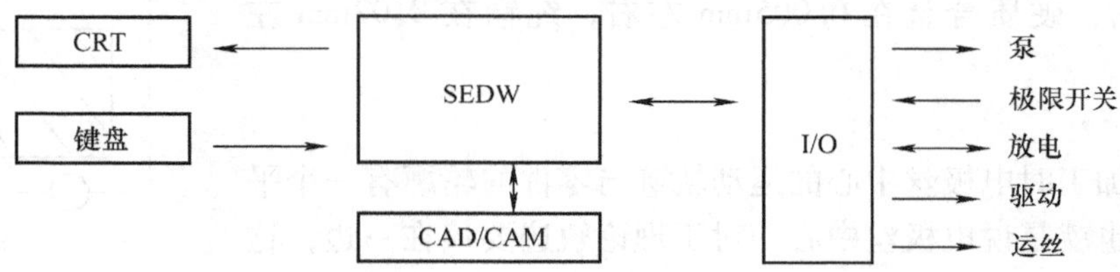

图 5-15　机床的数控装置示意图

（2）脉冲电源装置　数控高速走丝电火花线切割机床的脉冲电源通常也称为高频电源，是机床的主要组成部分。脉冲电源装置的作用是将交流电转换成高频脉冲电源，为数控高速走丝电火花线切割机床提供一系列不同脉宽的矩形脉冲。图 5-16 所示为数控高速走丝电火花线切割机床的数控电源柜。

图 5-16　数控电源柜

脉冲电源装置是数控高速走丝电火花线切割机床的重要组成部分，它的优劣在很大程度上反映了机床加工性能的好坏。机床的加工速度、表面粗糙度等指标与脉冲电源装置的性能有直接的关系。数控高速走丝电火花线切割机床的脉冲电源应满足：脉冲峰值电流大小要适当；脉冲宽度要窄且可以调节；脉冲频率要尽量高；脉冲参数的可调整范围要大。

5.1.5　数控电火花线切割加工常用名词术语

为了便于电加工技术的交流，必须有一套统一的术语、定义和符号。以下为根据中国机械工程学会电加工学会公布的材料及相关资料整理的数控电火花线切割加工常见的定义和术语。

1. 极性效应

电火花加工中，相同材料的两电极被蚀除量是不同的，这和两电极与脉冲电源的极性连接有关。一般把工件接脉冲电源正极、电极接脉冲电源负极的加工方法称为负极性加工，反之称为正极性加工。这里特别强调一点，我国电加工学会关于极性的定义标准是以安装于工作台的工件为准，工件接脉冲电源正极称正极性加工；而国外如日本等国家对极性的定义是以安装于主轴侧的工具电极为准，工具电极接脉冲电源正极称正极性加工。由于国内大多数先进数控电火花机床是国外机床商制造，为了便于交流，国内的电加工机床制造商也采用国外对极性的定义。本书也采用这种定义方法，应注意予以区别。

2. 放电间隙

放电间隙指放电发生时电极丝与工件的距离。这个间隙存在于电极丝的周围，因此侧面的间隙会影响成形尺寸，确定加工尺寸时应予以考虑。快走丝的放电间隙，钢件一般在 0.01mm 左右，硬质合金在 0.005mm 左右，纯铜在 0.02mm 左右。

3. 偏移

线切割加工时电极丝中心的运动轨迹与零件的轮廓有一个平行位移量，也就是说电极丝中心相对于理论轨迹要偏在一边，这就是偏移。平行位移量称为偏移量。为了保证理论轨迹的正确，偏移量等于电极丝半径与放电间隙之和，如图 5-17 所示。

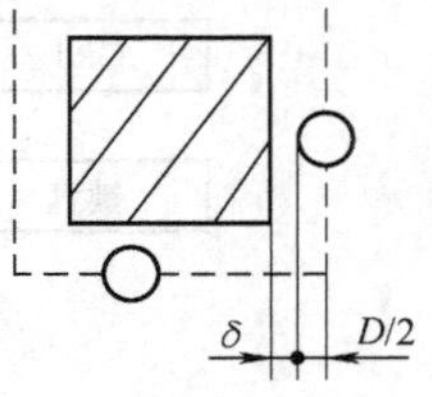

δ　D/2

图 5-17　线切割加工偏移

偏移根据实际需要可分为左偏和右偏，左偏还是右偏要根据成形尺寸的需要来确定。依电极丝的前进方向，电极丝位于理论轨迹的左边即为左偏，如图 5-18 所示。电极丝位于理论轨迹的右边即为右偏，如图 5-19 所示。

图 5-18　左偏　　图 5-19　右偏

4. 加工效率（η）

加工效率是衡量线切割加工速度的一个参数，以单位时间内电极丝加工过的面积大小来衡量，计算公式为

$$\eta = \frac{\text{加工面积}}{\text{加工时间}} = \frac{\text{切割长度} \times \text{工件厚度}}{\text{加工时间}} \quad (\text{mm}^2/\text{min})$$

5. 加工工时（T）

$$T = \frac{\text{加工面积}}{1200} = \frac{\text{切割长度} \times \text{工件厚度}}{1200}$$

5.1.6　数控高速走丝电火花线切割加工要素

1. 电极丝

（1）电极丝材料性能的要求　数控高速走丝电火花线切割加工的电极丝需要反复使用，它的热物理特性对加工工艺指标有重要的影响。电极丝应具有良好的耐蚀性，以利于加工精度；具有良好的导电性，以利于提高电路效率；具有较高的熔点，以利于大电流加工；具有较高的抗拉强度和良好的直线性，以利于提高使用寿命。

（2）电极丝材料的选择　数控高速走丝电火花线切割常用的电极丝材料有钨丝、钼丝、钨钼合金丝等。钨丝抗拉强度高，但放电后丝质变脆，容易断丝；钼丝抗拉强度高，韧性好，在频繁急热急冷变化中，丝质不易变脆，不易断丝；钨钼合金丝加工效果比前两种都好，它具有钨、钼两者的特性。但钨丝、钨钼合金丝价格昂贵，所以数控高速走丝电火花线切割机床大都选用钼丝作为电极丝。

数控高速走丝电火花线切割电极丝的材料性能见表 5-1。

表 5-1　电极丝的材料性能

材料	适用温度/℃		延伸率（%）	抗张力/MPa	熔点/℃	电阻率/（Ω·cm）	备注
	长期	短期					
钨（W）	2000	2500	0	1200～1400	3370	0.0612	较脆
钼（Mo）	2000	2300	30	700	2620	0.0472	较韧
钨钼（W50Mo）	2000	2400	15	1000～1100	3000	0.0532	韧性适中

（3）电极丝的直径及张力选择　电极丝直径应根据切缝宽窄、工件厚度和拐角尺寸大

小来选择，常用的电极丝直径有 ϕ0.13mm、ϕ0.15mm、ϕ0.18mm 和 ϕ0.2mm。

张力是保证加工零件精度的一个重要因素，但受电极丝直径、丝使用时间的长短等要素限制。一般电极丝在使用初期张力可大些，使用一段时间后，电极丝已不易伸长，可适当去些配重，以延长丝的使用寿命。

2. 工作液的选用

数控高速走丝线切割机床选用的工作液是乳化液。

（1）乳化液的特点

1）有一定的绝缘性能。乳化液水溶液的电阻率约为 104 ~ 105Ω · cm，适合于数控高速走丝线切割机床对放电介质的要求。另外，由于数控高速走丝线切割机床的独特放电机理，乳化液会在放电区域金属材料表面形成绝缘膜，即使乳化液使用一段时间后电阻率下降，也能起到绝缘介质的作用，使放电正常进行。

2）具有良好的洗涤性能。所谓洗涤性能指乳化液在电极丝带动下，渗入工件切缝起溶屑、排屑作用。洗涤性能好的乳化液，切割后的工件易取，且表面光亮。

3）有良好的冷却性能。高频放电局部温度高，工作液起到了冷却作用，由于乳化液在高速运行的丝带动下易进入切缝，因而整个放电区能得到充分冷却。

4）有良好的防锈能力。线切割要求用水基介质，以去离子水作介质，工件易氧化，而乳化液对金属起到了防锈作用。

5）对环境无污染，对人体无害。

（2）常用乳化液种类　①DX-1 型皂化液；②502 型皂化液；③植物油皂化液；④线切割专用皂化液。

（3）乳化液的配制方法　乳化液一般是以体积比配制的，即以一定比例的乳化液加水配制而成，体积比要求是：

1）加工表面粗糙度和精度要求较高，工件较薄或中厚，配比较大些，约 8% ~15%。

2）切割速度高或切割大厚度工件时，浓度淡些，约 5% ~8%，以便于排屑。

3）用蒸馏水配制乳化液，可提高加工效率和表面粗糙度。对大厚度切割，可适当加入洗涤剂，以改善排屑性能，提高加工稳定性。

根据加工使用经验，新配制的工作液切割效果并不是最好，在使用 20h 左右时，其切割速度、表面质量最好；在加工 200h 后，工作液太脏，悬浮产物太多，对加工不利，应及时更换工作液，保证加工效果。

3. 工件材料

数控高速走丝电火花线切割适合加工熔点 3000℃ 以下的导电材料，如钢、铜、铝、石墨等。为了加工出尺寸精度高、表面质量好的线切割产品，必须对所用材料进行细致的考虑。工件材料内部残余应力对加工的影响较大，加工时容易产生变形，为了得到较好的加工精度和表面粗糙度，应对工件进行去应力处理。

4. 电参数

数控高速走丝电火花线切割加工电参数的设置，通常需要在保证表面质量、尺寸精度的前提下，尽量提高加工效率。

下面以数控高速走丝电火花线切割机床为例，介绍各项电参数对加工的影响。

（1）波形 GP　一般情况下线切割有两种波形可供选择：“0” 为矩形脉冲；“1” 为分组

脉冲。

1）矩形脉冲波形如图5-20所示。矩形脉冲加工效率高，加工范围广，加工稳定性好，是快走丝线切割常用的加工波形。

2）分组脉冲波形如图5-21所示。分组脉冲适用于薄工件的加工，精加工较稳定。

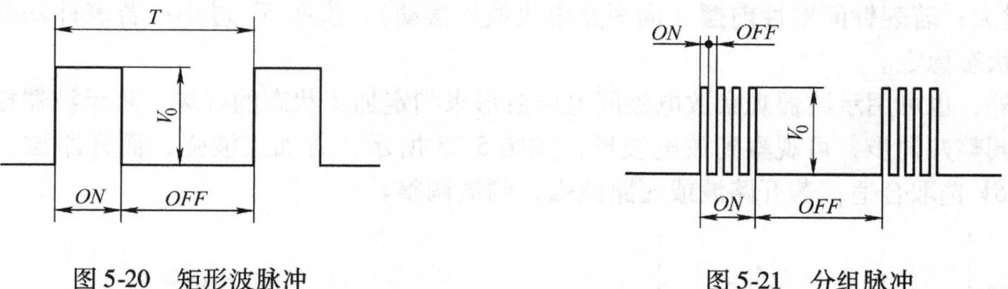

图5-20　矩形波脉冲

图5-21　分组脉冲

（2）脉宽 *ON*　设置脉冲放电时间值为（*ON*+1）μs，最大取值为32μs。在特定的工艺条件下，脉宽增加，切割速度提高，表面粗糙度值增大，这个趋势在 *ON* 增加的初期，加工速度增大较快，但随着 *ON* 的进一步增大，加工速度的增大相对平缓，表面粗糙度变化趋势也一样。这是因为单脉冲放电时间过长，会使局部温度升高，形成对侧边的加工量增大，热量散发快，因此减缓了加工速度，图5-22所示为特定工艺条件下，脉宽 *ON* 与加工速度 η、表面粗糙度值 *Ra* 的关系曲线。

（3）脉间 *OFF*　设置脉冲停歇时间为（*OFF*+1）×5μs，最大为160μs。在特定的工艺条件下，*OFF* 减小，切割速度增大，表面粗糙度值增大不多。这表明 *OFF* 对加工速度影响较大，而对表面粗糙度影响较小。减小 *OFF* 可以提高加工速度，但是 *OFF* 不能太小，否则消电离不充分，电蚀产物来不及排除，将使加工变得不稳定，易烧伤工件并断丝。*OFF* 太大也会导致不能连续进给，使加工也变得不稳定。图5-23所示为特定工艺条件下，*OFF* 与加工速度 η、表面粗糙度值 *Ra* 的关系曲线。

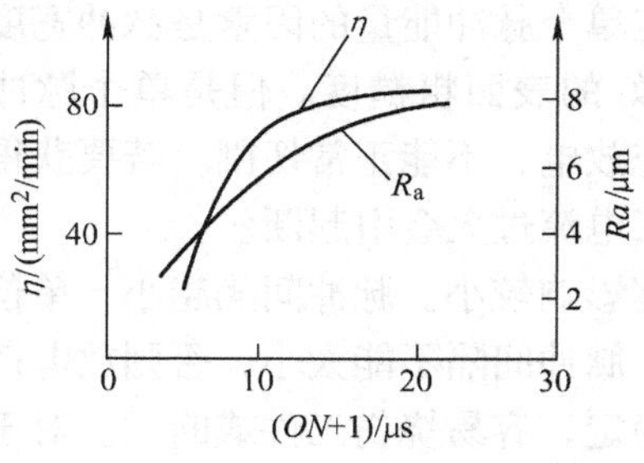

图5-22　脉宽与加工速度、表面粗糙度的关系曲线

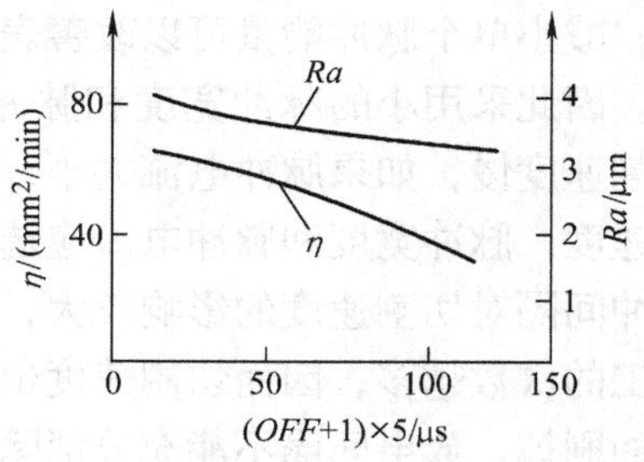

图5-23　脉间与加工速度、表面粗糙度的关系曲线

（4）功率管数 IP　设置投入放电加工回路的功率管数时，以0.5为基本设置间隔，取值范围为0.5～9.5。管数的增减决定脉冲峰值电流的大小，每只管子投入的峰值电流为5A，电流越大切割速度越高，表面粗糙度值增大，放电间隙变大。图5-24所示为特定工艺条件下，峰值电流 I_s 对加工速度和表面粗糙度值 *Ra* 的影响。

（5）间隙电压 SV　是用来控制伺服的参数，最大值为 7。放电间隙电压高于设定值时，电极丝进给，低于设定值时，电极丝回退。加工状态好坏与 SV 取值相关。SV 取值过小，会造成放电间隙小，排屑不畅，易短路；反之，使空载脉冲增多，加工速度下降。SV 取值合适，加工状态最稳定。从电流表上可观察加工状态的好坏，若加工中表针间歇性地回摆则说明 SV 过大；若表针间歇性前摆（向短路电流值处摆动），说明 SV 过小；若表针基本不动说明加工状态稳定。

另外，也可用示波器观察放电极间电压波形来判定加工状态的好坏。将示波器接工件与电极，调整好同步，可观察到放电波形，如图 5-25 所示，若加工波强，而开路波、短路波弱，则 SV 选取合适；若开路波或短路波强，则需调整。

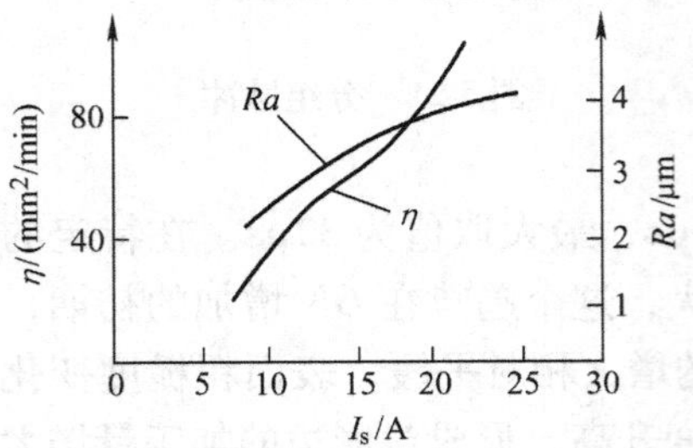

图 5-24　峰值电流对加工速度和表面粗糙度的影响

图 5-25　放电波形

SV 一般取 2 ~ 3，对薄工件一般取 1 ~ 2，对厚度大的工件一般取 3 ~ 4。

（6）电压 V　即加工电压值。目前有两种选择，"0" 表示常压选择，"1" 表示低压选择。一般在找正时选用低压"1"，加工时一般都选用常压"0"，因而电压 V 参数一般不需要修改。

5. 数控高速走丝电火花线切割机床电参数的选择

数控高速走丝电火花线切割采用单个脉冲能量小、脉宽窄、频率高的脉冲参数进行负极性加工。减小单个脉冲能量可以改善表面粗糙度。决定单个脉冲能量的因素是脉冲宽度和脉冲电流。因此采用小的脉冲宽度和脉冲电流可获得良好的表面粗糙度。但是单个脉冲能量小，切割速度慢，如果脉冲电流太小，将不能产生火花放电，不能正常切割。若要获得较高的切割速度，脉冲宽度和脉冲电流应选大一些，但加工电流过大会引起断丝。

脉冲间隔对切割速度的影响较大，而对表面粗糙度影响较小。脉冲间隔越小，单位时间放电加工的次数越多，因而切割速度也越高。实际上，脉冲间隔不能太小，否则放电产物来不及被冲刷掉，放电间隔不能充分消除电离，加工不稳定，容易烧伤工件或断丝。对于厚度较大的工件，应适当加大脉冲间隔，以充分消除放电产物，形成稳定加工。

数控高速走丝电火花线切割机床在选择电参数时，直接选择一组参数即可，这些参数组合是通过大量的工艺试验取得的。

参数代号的意义为：

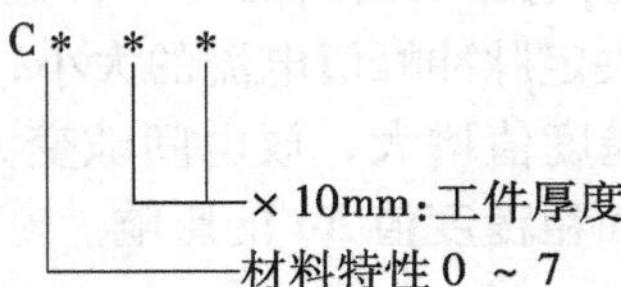

材料特性中0代表ϕ0.2丝—钢，精加工；1代表ϕ0.2丝—钢，中加工；2代表ϕ0.2丝—铜；3代表ϕ0.2丝—铝；4代表ϕ0.13丝—钢；5代表ϕ0.15丝—钢；6代表ϕ0.2丝—合金（未用）；7代表分组加工参数。

5.2 数控高速走丝电火花线切割编程基础

5.2.1 程序的组成

数控电火花线切割加工程序是由遵循一定结构、句法和格式规则的多个程序段组成的，每个程序段又是由若干指令字组成的，而每个指令字又是由一个地址（用字母表示）和一组数字组成的。

1. 程序名

程序名是程序的文件名，每一个程序都应有一个单独的文件名，目的是便于查找、调用。程序名的规定因数控系统不同而异，一般由字母、数字（8位或8位以下）和文件扩展名组成。本书中介绍的数控高速走丝电火花线切割机床文件的扩展名为“.NC”，程序名应尽量与零件图的零件号相对应，如“CM001.NC”。

2. 主程序和子程序

数控电火花线切割加工程序的主体格式又分为主程序和子程序。在加工中，往往有相同的工作步骤，将这些相同的步骤编成固定的程序，在需要的地方调用，那么整个程序将会简化和缩短。把调用固定程序的程序称为主程序，把这个固定程序称为子程序，并以程序开始的序号来定义子程序。当主程序调用子程序时只需指定它的序号，并将此子程序当作一个单段程序来对待。主程序和子程序都是多个程序段的单独组合，它们同处于一个程序中，子程序被主程序调用。

主程序调用子程序的格式：M98 P×××× L×××；

其中 P——要调用的子程序的序号；

L——子程序调用次数。

如果省略，那么此子程序只调用一次，如果为“L0”，那么不调用此子程序。子程序最多可调用999次。

子程序的格式：N××××…

（程序内容）

M99；

子程序以M99作为结束标识。当执行到M99时，返回主程序，继续执行下面的程序。

在主程序调用的子程序中，还可以再调用其他子程序，它的处理和主程序调用子程序相同。这种方式称为嵌套，如图5-26所示。

本书介绍的系统中，规定n的最大值为7，即子程序嵌套最多为7层。

3. 顺序号和程序段

（1）顺序号 顺序号又称为程序段号、程序段序号，是指加在每个程序段前的编号。顺序号用英文字母N开头，后接4位十进制数，以表示各段程序的相对位置。顺序号主要用作程序执行过程中的编号或调用子程序的标记编号。顺序号是任意给定的，一般以十的倍数升序排列，可以在所有的程序段中都指定，也可以在必要的程序段指明。

（2）程序段　数控电火花线切割加工的程序是由多个程序段组成的，一个程序段定义一个由数控系统执行的指令行（占一行）。

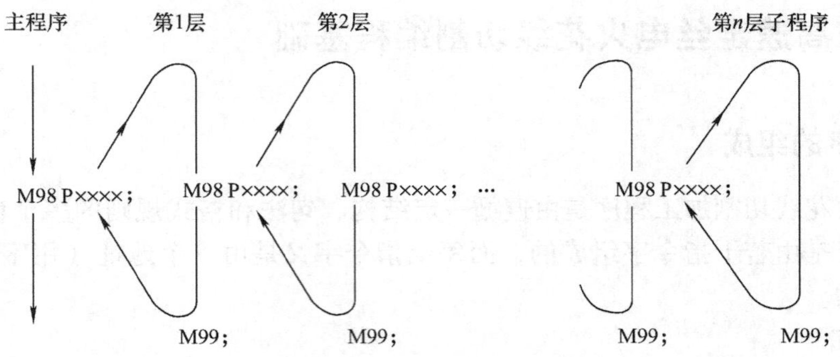

图 5-26　子程序调用嵌套示意图

构成程序段的要素是指令字。一个程序段中可以有多个指令字，也可以只有一个指令字。例如："G01　X100　Y20；"程序段中包含了三个指令字；"M02；"程序段中只有一个指令字。程序段之间应该用分号隔开，每个程序段的末尾以"；"作为程序段的结束标识。程序段后可以用程序注释符加入注释文字。例如：G40　H000　G01　X15　Y－3；（在退刀线上取消偏移，退到起点。）

程序段有如下要求：

1）在一个程序段内不能有多个运动代码，否则将出错。例如"G01　X10　G00　Y20；"程序段中有 G00 和 G01 两个运动代码，这是不允许的。

2）在一个程序段内不能有相同的轴标识，否则将出错。例如"G00X20　Y40　X40；"程序段中有两个 X 轴标识，也是不可以的。

4. 字和地址

程序段由指令字（简称字）组成，而字则是由地址和地址后带符号的数字构成。

（1）字　字是组成程序的基本单元，一般都是由一个英文字母（地址）加若干位十进制数字组成。

字＝地址＋数字，例如 G00、G92、M02、T84、X10 等。

（2）地址　地址是大写字母 A～Z 中的一个，它规定了其后数字的意义。

（3）字符集　字符集是编程中能够使用的字符。

1）数字字符 0、1、2、3、4、5、6、7、8、9。编程时当输入坐标、时间、角度使用小数点时，有计算器型和标准型两种小数点表示法。当使用计算器型小数点时，有小数点的数值和没有小数点的数值单位都被认为是毫米、秒、度。当使用标准型小数点时，没有小数点的数值单位被认为是最小输入增量单位，有小数点的数值和计算器型一样。通过机床系统参数可进行选择。本书介绍的数控高速走丝电火花线切割机床系统参数设置为计算器型小数点表示法。

在一个程序中，数值可以使用小数点指定，也可以不使用小数点指定，见表 5-2。

表 5-2　计算器型和标准型小数点表示法

程序指令	计算器型小数点编程	标准型小数点编程
X1000（指令值没有小数点）	1000mm	1mm（最小输入增量单位为 0.001mm）
X1000.0（指令值有小数点）	1000mm	1000mm

在输入数值时，小于最小输入增量单位的小数被舍去。例如“X1.23456”，当最小输入增量单位为 0.001mm，处理为“X1.234”。

2）字母字符 A、B、C、D、E、F、G、H、R、J、K、L、M、N、O、P、Q、R、S、T、U、V、W、X、Y、Z。

机床系统编程中，小写英文字母与大写英文字母所表示的意义相同。

3）特殊字符%、+、-、;、/、( )、=、空格。

5.2.2　ISO 编程指令

表 5-3 为数控电火花线切割加工 ISO 编程常用指令一览表。

表 5-3　ISO 编程常用指令一览表

组	代码	功　能	组	代码	功　能
*	G00	快速点定位，定位指令		G80	接触感知
	G01	直线插补，加工指令		G81	移动到机床极限
	G02	顺时针圆弧插补指令		G82	半程
	G03	逆时针圆弧插补指令	*	G90	绝对坐标指令
	G04	暂停指令		G91	增量坐标指令
*	G05	*X* 镜像		G92	指定坐标原点
	G06	*Y* 镜像		M00	暂停
	G08	*X—Y* 交换		M02	程序结束
	G09	取消镜像和 *X—Y* 交换		M98	子程序调用
*	G20	英制		M99	子程序结束
	G21	公制		L	子程序重复执行次数
*	G40	取消电极补偿		N	顺序号
	G41	电极左补偿		X、Y	指定轴
	G42	电极右补偿		I、J	圆弧的圆心相对于起点的 *X*、*Y* 坐标
*	G54	选择工件坐标系 1		T84	起动液压泵
	G55	选择工件坐标系 2		T85	关闭液压泵
	G56	选择工件坐标系 3		T86	启动运丝机构
	G57	选择工件坐标系 4		T87	关闭运丝机构
	G58	选择工件坐标系 5		C	加工条件号
	G59	选择工件坐标系 6		H×××	补偿码

注：带 * 号的指令组为模态指令。

1. 常用的 G 指令

G 指令大体上可分为两种类型：一是只对指令所在程序段起作用，称为非模态指令，如 G80、G04 等。二是在同组的其他指令出现前，这个代码一直有效，称为模态指令。在后面的叙述中，如无必要，这一类指令均作省略处理。

（1）工件坐标系设定指令 G92

格式：G92　X __ Y __；

G92　代码把当前点的坐标设置成需要的值。

例如“G92　X0　Y0”；把当前点的坐标设置为（0，0），即将当前点设为坐标原点。

又如，“G92　X10　Y0”；把当前点的坐标设置为（10，0）。

1）G92 指令相当于准备模块里的置零功能，用来设置当前坐标。

2）在补偿方式下，如果遇到 G92 代码，会暂时中断补偿功能，相当于撤销一次补偿，执行下一段程序时，再重新建立补偿。

3）G92 只能定义当前点在当前坐标系的坐标值，而不能定义该点在其他坐标系的坐标值。

4）G92 指令赋予当前坐标系的数值可以是一个 H 寄存器代号，如“G92　X0 + H001;”，因此可以和 H 寄存器数据配合使用。G92 赋予的数值为 0 时，可以将 0 省略，如“G92　X　Y;”相当于“G92　X0　Y0;”。

（2）工件坐标系选择指令 G54 ~ G59　数控高速走丝电火花线切割机床可以根据加工需要预先设置 6 个工件坐标系，分别用 G54 ~ G59 来表示。机床开机后，默认为 G54 的工件坐标系，选择其他坐标系后，就会保持所指定的工件坐标系。在任何位置都可以用 G92 指令或通过机床准备功能模块的置零功能来设定坐标系的原点，如图 5-27 所示。

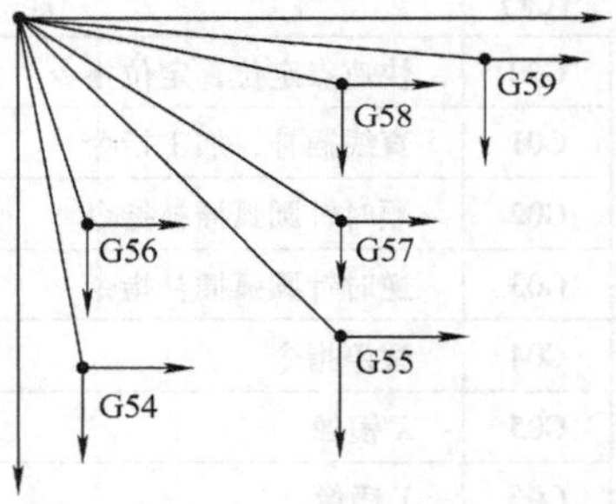

图 5-27　机床多个工件坐标系的关系

G54 ~ G59 为模态指令，可互相注销。它们在程序段的最前部分被指定，后续程序段中的绝对坐标值都以该指定坐标系原点为参照而建立，一直有效。切换工件坐标系后，原来工件坐标系的坐标值被数控系统记忆。可以根据需要对多个工件坐标系进行任意切换。

（3）绝对坐标 G90 与增量坐标 G91 指令　在 G90 方式下，电极丝运动的终点坐标一律用该点在工件坐标系下相对于坐标原点的坐标值表示；在 G91 方式下，电极丝运动的终点坐标是相对于起点的增量值。

例 5-1　如图 5-28 所示，分别使用 G90 和 G91 编程，控制电极丝从 A 点运动到 B 点。绝对值指令编程“G90　G00　X5　Y25;”，增量值指令编程：“G91　G00　X －25　Y15;”。

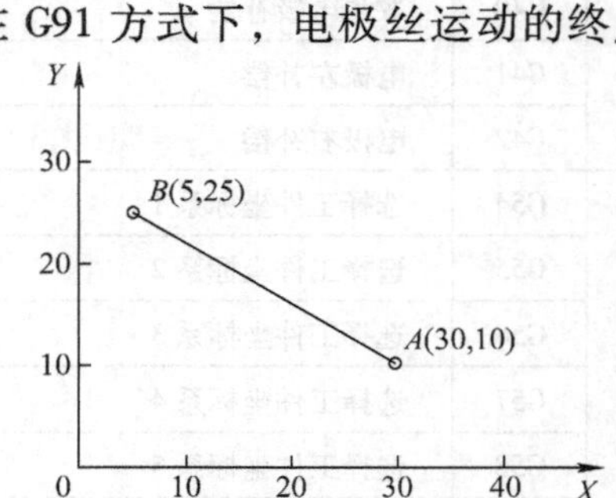

图 5-28　绝对编程与增量编程示例

（4）快速点定位指令 G00

格式：G00　X __ Y __；

式中　X、Y——快速定位点的终点坐标值，G90 时为终点在工件坐标系中的坐标，G91 时为终点相对于起点的坐标增量。

G00 代码为定位指令，用来快速移动轴。执行此指令后，不加工而移动轴到指定的位置。可以是一个轴移动，也可以两轴移动，快速移动速度由系统设定。

例 5-2　如图 5-29 所示，刀具从 A 点经 B 点快速运动到 C 点的程序为：

G90　G00　X30　Y10；

G00　X40　Y20；

或　G91　G00　X20　Y0；

G00　X10　Y10；

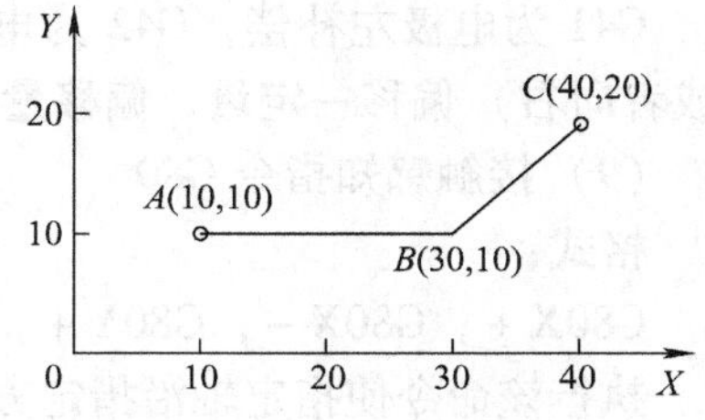

图 5-29　快速点定位

(5) 直线插补指令 G01

格式：G01　X __ Y __；

式中　X、Y——直线运动的终点坐标值，G90 时为终点在工件坐标系中的坐标，G91 时为终点相对于起点的坐标增量。

G01 指令使电极丝从当前位置以插补联动方式按指定的加工条件加工到目标点。

例 5-3　如图 5-29 所示，由 C 到 B 点再到 A 的直线插补程序段为：

G90　C120　G01　X30　Y10；（C120 为加工条件号）

X10　Y10；（G01 为模态指令可省略）

或　G91　C120　G01　X－10　Y－10；

X－20；（Y 坐标没有变化可省略）

(6) 圆弧插补指令 G02、G03

格式：

$\begin{Bmatrix} G02 \\ G03 \end{Bmatrix}$　X __ Y __ I __ J __；

式中　X、Y——圆弧终点坐标；

I、J——圆心在 X、Y 轴上对圆弧起点的增量坐标值，也就是分别表示圆心相对于圆弧起点的相对坐标值。

G02 为顺时针圆弧插补，G03 为逆时针圆弧插补。

例 5-4　如图 5-30 所示，圆弧插补，程序如下：

G90　G54　G00　X10　Y20；

C120　G02　X50　Y60　I40；

G03　X80　Y30　I30；

I、J　有一个为零时可以省略，如此例中的 J0。但不能都为零，都省略，否则会出错。编程时不能编写 360°圆，加工整圆时要分成两个圆弧加工。

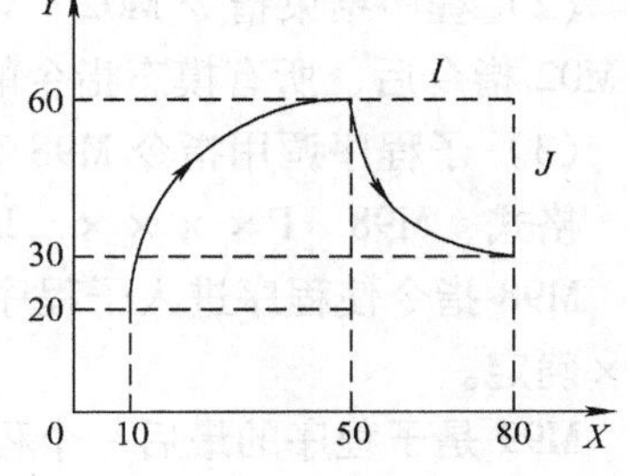

图 5-30　圆弧插补

(7) 暂停指令 G04

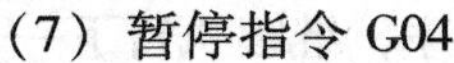

格式：G04　X __；

执行完一段程序之后，暂停一段时间，再执行下一程序段。X 后面的数据即为暂停时间，单位为 s，最大值为 99999.999s。例如暂停 6.8s 的程序：

G04　X6.8；

或 G04　X6800；

(8) 电极丝半径补偿指令 G40、G41、G42

格式：G41　H×××；

G41 为电极左补偿，G42 为电极右补偿。它是在电极丝运行轨迹的前进方向上，向左（或者向右）偏移一定量，偏移量由 H×××确定。G40 为取消补偿。

(9) 接触感知指令 G80

格式：

G80X+；G80X-；G80Y+；G80Y-；

执行该命令使指定轴沿指定方向前进，直到电极与工件接触为止。方向用“+”、“-”号表示，而且“+”号不能省略。

感知过程：电极以一定速度接近工件，接触到工件时，会回退一小段距离，再去接触，按给定次数重复数次后才停下来，确认为已找到了接触感知点。其中这三个参数可在参数模式下进行设定。

(10) 回机床极限指令 G81

格式：

G81X+；G81X-；G81Y+；G81Y-；

执行该命令使指定轴沿指定方向移动到极限位置。

回极限过程：机床沿指定方向移动，碰到极限开关后减速，然后停止，有一定过冲，回退一段距离，再低速触及极限开关，停止。

(11) 半程返回指令 G82

格式：

G82X；G82Y；

执行指令使电极移动到指定轴当前坐标的 1/2 处。假如电极当前位置的坐标是（100，60），那么执行“G82X;”后，电极将移动到（50，60）处。

2. 常用的辅助功能 M 指令

(1) 暂停指令 M00　执行 M00 代码后，程序运行暂停。它的作用和单段暂停作用相同，按手控盒上 R 键后，程序接着运行。

(2) 程序结束指令 M02　M02 指令是整个程序结束指令，其后的指令将不被执行。执行 M02 指令后，所有模态指令的状态都将被复位。

(3) 子程序调用指令 M98 和子程序结束指令 M99

格式：M98　P××××　L×××；

M98 指令使程序进入子程序，子程序号由 P××××给出，子程序的循环次数则由 L×××确定。

M99 是子程序的最后一个程序段。它表示子程序结束，返回主程序，继续执行下一个程序段。

例 5-5　子程序应用，程序如下：

M98　P0001　L10；}主程序
M02；

N0001；
…
…　子程序
M99；

3. 机械设备控制 T 指令

（1）打开、关闭液压泵指令 T84、T85

T84 为打开液压泵指令，T85 为关闭液压泵指令。

（2）走丝电动机起动、停止指令 T86、T87

T86 为起动走丝电动机，T87 为停止走丝电动机。

4. 加工条件 C 代码

C 代码用于程序中选择加工条件，格式为 C×××，C 和数字间不能有别的字符，数字也不能省略，如 C015。加工条件各个参数显示在加工条件显示区域中，加工进行中可随时更改。

5. H 代码（补偿）

H 代码实际上是一种变量，每个 H 代码代表一个具体的数值，用来代替程序中的数值，可在程序中用赋值语句对其进行赋值。

赋值格式：H××× = ____

对 H 代码可以作加、减和倍数运算。

5.2.3　数控电火花线切割编程实例

1. 凸模切割程序

按图 5-31 所示图形编制加工程序。编程前先根据编程和装夹需要确定坐标系和加工起点。本例编程坐标系、加工起点、切割方向确定如图 5-32 所示。程序如下：

H000 = 0　H001 = 110；（给变量赋值，H001 代表偏移量）

T84　T86；（开液压泵，开储丝筒）

G54　G90　G92　X15　Y－3；（选择工件坐标系，绝对坐标系，设加工起点坐标系）

C005；（选加工条件）

G42　H000；（设置偏移模态，右偏，表示要从零开始加偏移）

G01　X15　Y0；（进刀线）

G42　H001；（程序执行到此表示偏移已加上，其后的运动都是以带偏移的方式来加工）

G01　X30　Y0；（加工直线）

Y15；（加工直线，模态、坐标不变时可省略）

X20；

G03　X10　Y15　I－5　J0；（加工圆弧，逆时针，终点坐标为（10，15），圆心相对于起点的坐标为（－5，0））

G01　X0　Y15；（加工直线）

Y0；

X15；

G40　H000　G01　X15　Y－3；（在退刀线上取消偏移，退到起点）

T85　T87　M02；（关液压泵，关储丝筒，程序结束）

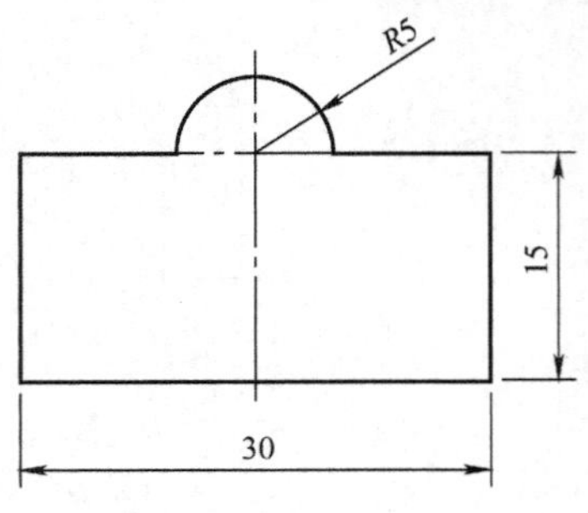

图 5-31　凸模零件图

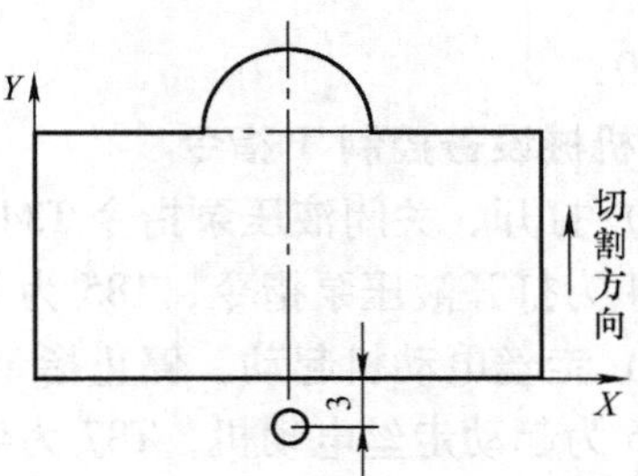

图 5-32　凸模加工示意图

2. 凹模切割程序

按图 5-33 所示图形编制加工程序。编程前先根据编程和装夹需要确定坐标系、加工起点、切割方向。本例编程坐标系、加工起点、切割方向确定如图 5-34 所示。程序如下：

H000＝0　H001＝110；

T84　T86；

G54　G90　G92　X0　Y10；

C120；

G41　H000；

G01　X0　Y15；

G41　H001；

G01　X－20　Y15；

Y8；

G02　X－20　Y－8　J－8；

G01　X－20　Y－15；

X20；

Y－8；

G02　X20　Y8　J8；

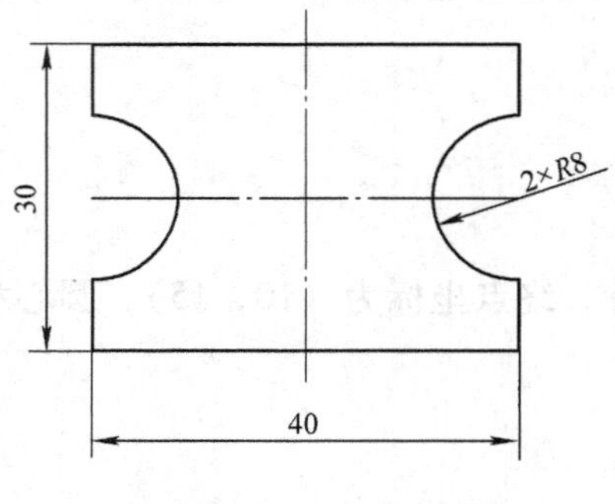

图 5-33　凹模零件图

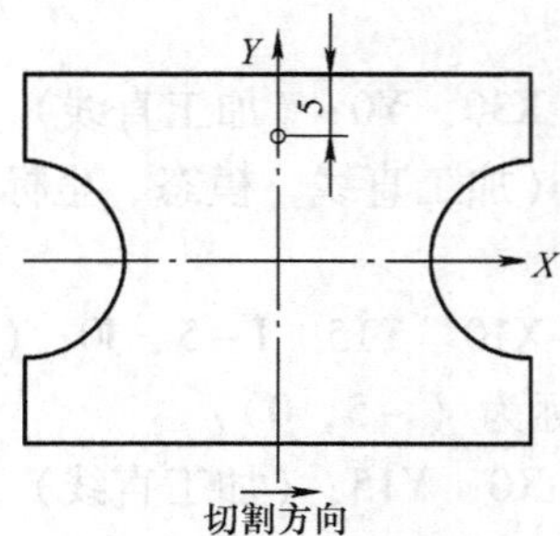

图 5-34　凹模加工示意图

```
G01  X20  Y15;
X0;
G40  H000  G01  X0  Y8;
T85  T87  M02;
```

3. 子程序应用实例

按图 5-35 所示图形编制孔的加工程序。编程前先根据编程和装夹需要确定坐标系、加工起点、切割方向。本例编程坐标系、加工起点、切割方向确定如图 5-36 所示。程序如下：

```
M98  P0001  L3;
M02;
N0001;
H000=0  H001=110;
T84  T86;
G54  G90  G92  X0  Y0;
C110;
G01  Y4;
G41  H000;
G01  X0  Y5;
G41  H001;
G03  X0  Y-5  J-5;
X0  Y5  J5;
G40  H000  G01  X0  Y4;
X0  Y0;
T85  T87;
M00;
G00  X20;
M00;
M99;
```

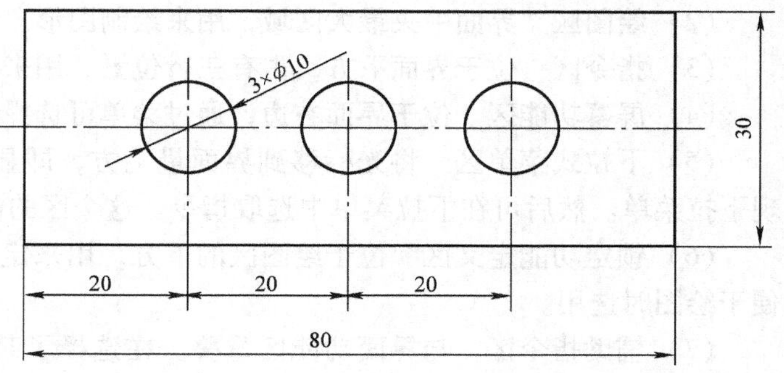

图 5-35　子程序应用零件图

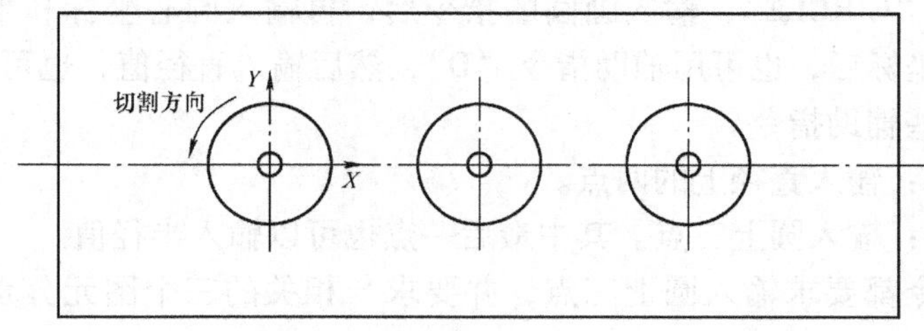

图 5-36　子程序应用加工示意图

5.3 数控高速走丝电火花线切割自动编程

5.3.1 数控高速走丝电火花线切割自动编程系统简介

线切割自动编程系统 CAD 界面，大致可分为八个区域。

1. CAD 绘图区域

（1）状态区　界面最上方一行，显示当前图层号。操作模式、光标位置的坐标等状态。

（2）绘图区　界面中央最大区域，用来绘制图形。

（3）指令区　位于界面下方，占有三行位置，用来显示指令、提示及执行结果。

（4）屏幕功能区　位于界面右边，通过菜单可选择绘制图形所需的各种命令。

（5）下拉式菜单区　将光标移到界面最上方，即显示出菜单项目。当选取某项时，出现下拉菜单。然后可在下拉菜单中选取指令。这个区的内容与界面功能区的内容大致相同。

（6）锁定功能定义区　位于绘图区的下方，用来定义抓点锁定功能及其他常用的功能，便于绘图时选用。

（7）辅助指令区　与界面功能区重叠。在选择了某些具有辅助指令的绘图指令后，该区域将显示辅助指令。

（8）功能键定义区　将光标移到界面最下方时，会显示功能键的定义。用光标选取和直接按 F1 ~ F10 功能键的作用是一样的。

2. “画图”菜单常用指令

绘图指令可以从界面功能区的主菜单或下拉式菜单区选取，也可以直接键入。

（1）点　指令“POINT”，点的位置可以用坐标值方式输入，也可用光标点取。辅助指令为“D”，用某种形状的图形来表示一个点。确定了点的“形状”后，所绘的点将以这种形状绘出。

（2）线段　指令“LINE”，用键盘或光标输入两点坐标值，就可绘出一条线段。如果连续输入坐标值，可绘出一条折线。如果对所绘线段有特定的要求，可以用下面的一些辅助命令。

U：回复，回到最后一条指令执行前的状态；C：闭合，用线段将所绘折线的终点与起点连接成一封闭图形；DI：定绝对角，确定所绘线段与 X 轴的夹角；D：定偏折角，确定所绘线段与相关线段的夹角；F：取消定向，解除“D”及“DI”指令。

（3）圆　指令“CIRCLE”，输入画圆的指令后，再输入圆心坐标和半径，就可绘出一个圆。在输入圆心坐标后，也可用辅助指令“D”，然后输入直径值，也可绘一个圆。此外，画圆还有下面的一些辅助指令。

2P（2 点定圆）：输入直径上的两点。

3P（3 点定圆）：输入圆上三点。其中最后一点也可以输入半径值。

以下的辅助指令都要求输入圆上三点，并要求与相关的三个图元分别相切（TAN）或垂直（PER）。

TTT（三切点式）；TTP（切切垂式）；TPT（切垂切式）；TPP（切垂垂式）；PTT（垂切切式）；PTP（垂切垂式）；PPT（垂垂切式）；PPP（三垂点式）；

以下的辅助指令要求用相切（TAN），垂直（PER）的方式输入前两点，第三点可用其他方式输入，也可输入半径值。

TT（切切式）；TP（切垂式）；PT（垂切式）；PP（垂垂式）；

（4）圆弧　指令“ARC”，从菜单上选择了“圆弧”指令后，界面显示一图像选项表，依次介绍如下。

左上：指定圆弧的起点（P1）、第二点（P2）和终点（P3）。

左中：指定圆弧的起点（P1）、圆心（P2）和终点（P3）。

左下：指定圆弧的起点（P1）、圆心（P2）和圆周角度（A）。

中上：指定圆弧的起点（P1）、圆心（P2）和弦长（L）。

中中：指定圆弧的起点（P1）、终点（P2）和圆弧半径（R）。

中下：指定圆弧的起点（P1）、终点（P2）和圆周角度（A）。

右上：指定圆弧的起点（P1）、终点（P2）和起点角度（D），即起点切线与X轴的夹角。

如果直接键入“ARC”命令，将会用到如下辅助指令。

C：圆心。

E：终点。

D：偏折角。确定圆弧起点的切线与相关直线（或切线）的夹角（相对角度）。

DI：绝对角。确定圆弧起点的切线与X轴的夹角（绝对角度）。

A：圆周角。

R：圆弧半径。

L：弦长。圆弧起点至终点的弦长。

F：取消定向。解除“D”及“DI”指令。

（5）矩形　指令“BOX”，指定矩形的两个顶点或者输入矩形的宽度和高度即可绘出矩形。辅助指令C：指定矩形的中心点，然后输入一顶点或矩形的宽度和高度。

（6）多边形　指令“POLYGON”，首先输入边数，再指定多边形的中心点，然后指定一个起始顶点。输入边数后，有以下辅助指令可以选择。

E：指定边。画出多边形的一个边，然后自动逆时针方向绘出整个多边形。

I：定内切圆。画出多边形的内切圆，自动绘出多边形。

C：定外接圆。画出多边形的外接圆，自动绘出多边形。

3．“显示”菜单常用指令

介绍图形显示的一些指令，便于将图形绘制得更完美、精确。显示方式的改变并不改变图形的实际尺寸。

（1）局部窗口　指令“ZOOM-W”，缩写“ZW”，系统提示输入定窗两点，窗口内图形充满界面。

（2）显示全图　指令“ZOOM-E”，缩写“ZE”，依所绘图形的外部边界，将图形充满全屏。

（3）拖拽　指令“PAN”，选定一基准点，再输入参考点的坐标，图形将按所给偏移量平移。

（4）放大2倍　指令“ZOOM-Z”，缩写“ZI”，将图形放大2倍显示。

（5）缩小 0.5　指令“ZOOM-0.5”，缩写“ZO”，将图形缩小 0.5 显示。

4. “编辑一”菜单常用指令

绘制一张完整的图，必然要用到各种编辑功能，对图形进行修改、补充。之所以分为编辑一和编辑二，只是因为菜单较长，分成两页，以便查找。

（1）指令追回　指令“UNDO”，缩写“U”，回到上一指令执行前的状态。仅对与图形资料有关的指令起作用，如绘图指令、编辑指令。而对与图形资料无关的指令则无法追回，如显示指令。执行此指令时，提示输入追回指令的次数，如果直接回车，则为 1 次。

（2）反追回　指令“REDO”，在执行了追回指令后，可以用反追回指令来取消追回指令的操作。但如果在追回指令后执行了其他绘图操作，则反追回指令对以前的追回指令无效。

（3）删除　指令“ERASE”，删除图形中不需要的图元。执行此指令时，系统将要求选取要删除的图元。如果发现删错，可以用追回指令恢复删除前的状态。

（4）修剪　指令“TRIM”，将图元超过指定修剪边界以外的部分修剪掉。执行指令时，屏幕首先提示选取要作为切边的图元（即作为修剪边的图元），可用任一种图元选取方法。系统将再提示选择要修去（被切掉）的图元段。在修剪过程中，可以用以下辅助指令。

U：恢复原图元。这是指刚被修去的图元段。

C：割线选取。可以绘一条割线，则所有与之相交的要修去的图元可一次修完。

在执行修剪指令时，将遵循以下原则：

被修剪图元必须与修剪边相交；被修剪的图元必须是线段、圆弧、圆或由其构成的图元；修剪圆时，修剪边与圆至少有两个交点；一个图元可同时指定为修剪边及被修剪图元。

（5）移动　指令“MOVE”，对选取的图元进行平移。选取图元后，要求指定一基准点（第一参考点），然后指定第二点（第二参考点），位移结束。

在“请指定基准点或相对位移量”的提示下，如果以相对坐标方式输入位移量，也可完成位移。输入方式：@ ΔX，ΔY。

（6）缩放　指令“SCALE”，将选取的图元放大或缩小。选取图元后，需指定一个缩放的基准点，然后输入缩放比例，大于 1 时图形放大，小于 1 时图形缩小。也可用辅助指令。

R：参考特定长度。先输入基本参考长度再输入新的长度。这两个值可以用抓取的方法选择某个图元的有关值。

（7）旋转　指令“ROTATE”，将选取的图元绕指定的基准点旋转一个角度。角度值可直接输入，也可用辅助指令 R：参考特定角度，即输入选定图元的原角度和新角度。

（8）复制　指令“COPY”，与执行移动指令操作相似，不同的是原位置的图形不会消失。如想复制多个相同图形，可用辅助指令“M”，多重复制。即选择图元并指定一个基准点后，只要依次给出复制图形的参考点，就可复制出多个图形。

（9）镜像　指令“MIRROR”，镜像所画出的图形与原来的图形成对称形态，对称线由使用者指定。执行指令并选取图元后，系统要求再输入两点以确定对称线。原图形是否擦除，可用“Y”或“N”回答。

（10）阵列　指令“ARRAY”，将选取的图元以矩阵或环状的排列方式复制。选取图元后，要用到下面的辅助指令。

R：矩形阵列。系统提示复制列数和行数。因复制行、列数均包括图元本身，所以其最小值为 1。输入了行数和列数后，系统接着提示输入行、列的间距。输入正值，则向坐标的正方向复制，若为负值，则向坐标负方向复制。

也可以用两点定窗的方式输入行列距。两点坐标值之差即为行距和列距。

矩阵复制方式也可以从下拉式菜单上直接选取。

P：环状阵列。首先要输入阵列的中心点，输入复制的数目。然后系统提示输入填充圆周角度即图元分布的角度。如果输入负值，则顺时针方向复制。系统还会提示："复制时图元要自动随复制的角度旋转吗?"如果回答"Y"，则图形在所设角度内均布。如回答"N"，则还要输入参考点。计算机将以参考点至中心点的距离和设定角度为依据复制平移的图形。

5. "编辑二"菜单常用指令

（1）圆角　指令"FILLET"，将相交图元改为用相切圆弧过渡。选取指令后，先要设定圆角的半径，然后选取两相交的图元。有如下辅助指令。

U：取消。取消最后的圆角操作。

P：多义线。将所选复线的尖角作圆角处理。

R：半径。可更改最初设定的圆角半径值。

C：断圆。每选一次，进行一次"ON"、"OFF"切换。当其为"ON"时，作圆角处理过程中自动将圆断开，成为 360°的逆时针圆弧，以备将来作修齐或中断处理。

T：修齐。与"C"指令同属切换功能。当其为"ON"时，作圆角处理时会自动修齐及延长。而为"OFF"时，则只绘出圆角，不对原图进行处理。

圆角处理有如下原则：

自动对选取的图元作延长及修齐处理（断圆设定为"OFF"的情况除外）；圆角半径设定为 0 时，与尖角效果相同；平行线不能进行圆角处理，并有警告信息；圆角产生在图元端点之外时，系统依然将其绘出。

（2）倒角　指令"CHAMFER"，与圆角指令相似，不同之处是以直线过渡。辅助指令如下。

U：取消。取消前一倒角操作。

P：多义线。对复线进行倒角处理。

D：倒角距离。改变倒角距离时用，系统提示分别输入两个边的倒角长度。如果是等边倒角，只要在倒角指令提示下输入一倒角值即可。

系统处理原则与圆角相同。

（3）延伸　指令"EXTEND"，仅对线段、圆弧有效。首先要选取作为延长边界的图元，然后选取要延伸的图元。指令执行有以下原则。

选取图元时，选取点应尽量接近要延长的一端；如图无法和边界相交，会警告"无法延长所选取的图元"；如一个图元与两个或两个以上的边界相交，可重复选取，直至达到要求的边界；延长图元不一定与边界图元相接，只要与边界图元的延长线相交即可延长。

（4）分解　指令"EXPLODE"，用来将选取的图组、复线分解为直线、圆弧等基本图元。执行完毕后，系统会提示有几个图元被分解。

（5）串接　指令"AUTOJOIN"，此指令可将所选图元和复线连接成一条复线。选取图元后，还要输入一个串接的误差容许值（系统内定为 0.00001 个绘图单位），如果两图元端点 X 或 Y 坐标差超出此值，将无法串接。

自动串接功能及操作与此相同。

6. “辅助绘图”菜单常用指令

作图时，往往要找一些特定的点，需要特定的值，以下指令就具备这些功能。这些指令可以从锁定功能定义区选取，也可从下拉菜单的辅助绘图中选取。界面功能区（主菜单）虽也有这些指令，但用起来极不方便。

锁定功能常用指令如下。

(1) 端点　指令“END”，抓取线段、圆弧或复线靠近抓取框的端点。

(2) 交点　指令“INT”，抓取任意两图元的交叉点。

(3) 中点　指令“MID”，抓取线段或圆弧的中点。

(4) 切点　指令“TAN”，抓取与圆或圆弧相切的点。有时不止一个切点，要利用拖动功能选好位置再确定。

(5) 圆心　指令“CEN”，抓取圆或圆弧的圆心点。

(6) 四分点　指令“QUA”，抓取圆或圆弧最接近抓取框的四分点。四分点是指位于0°、90°、180°和270°的四个点。

(7) 垂点　指令“PER”，过图元外一点取与此图元垂直的点。这一点可能落在图元外，与图元和延长线相会。

(8) 最近　指令“NEA”，用于抓取图元最靠近光标的点，它随光标的位置而不同。

7. “设定”菜单常用指令

介绍与绘图相关的一些参数的设置，常用指令如下：

(1) 测距离　指令“DIST”，抓取要测定的图元或点，即可求得距离。

(2) 图元查询　指令“LIST”。该命令用来查询资料库的内容，如查询的图元很多，内容很长，则有必要预告将记录功能开启，以便通过开启记录窗口详查资料。

8. “档案”菜单常用指令

介绍图形文件的管理方法。

(1) 图档读入　指令“NEW-L”，装入文件，系统开启一个窗口，选择要装入的文件名。原来界面上的内容将被清除。

(2) 图档储存　指令“SAVE”，执行指令时，系统开启一个窗口，可输入或选取文件名（内定为当前图形文件名）。如文件名重复，则系统提示文件已存在。如选“OK”，则原文件将被覆盖；如选“取消”，此指令无效。

为避免操作不当、断电或其他意外情况破坏已绘制的图形，最好隔一段时间就将所绘图形存储一次，以免前功尽弃。

(3) 图档并入　指令“LOAD”，与图档读入指令相似，所不同的是它并不清除界面上原有的内容，而是把新内容加到界面图形上。这之中会涉及一些参数和设置，如原文件没有，那么以新并入的文件为准，如原文件已有设定，那么仍按原设定。上述三项指令，其文件扩展名均为“WRK”。

(4)“DXF”读入　指令“DXFIN”，装入“DXF”格式的图文件。系统可接受大部分“DXF”格式定义的图元，但3D图元、文字、图组等不能接受。

(5)“DXF”储存　指令“DXFOUT”，将图形以“DXF”格式输出，存入硬盘或磁盘。

这两项指令的设置，是为了使本系统的图文件（*.WRK）能与其他系统（如AUTO-

CAD）的图文件（＊.DXF）互相转换。

（6）存储后退出　指令“END”，图形存储后退出 CAD 系统。出现提示后输入“Y”。如不想退出，可选“N”，放弃“END”指令。

（7）直接退出　指令“QUIT”，直接退出 CAD 绘图系统，提示与前一项基本相同。

9. “线切割”菜单常用指令

（1）齿轮　指令“RUN-GEAR”，选取“齿轮”指令后，齿轮参数输入顺序如下。

请输入齿数：

请输入模数：

请输入压力角：

请输入齿顶圆角半径：

请输入齿根圆角半径：

请输入齿轮类型（［0］ <内齿>/［1］ <外齿>）：

请输入齿面圆弧段数：

请输入变位系数：

齿顶圆直径 =　　　　　齿根圆直径 =

需要修改吗 <Y/N>？

输入完毕，即得到齿轮的齿形。

（2）路径　指令“RUN-PATH”，已绘好的图形设置切割的路径，提示如下。

请用鼠标或键盘指定穿丝点：这一点要根据工件预留的穿丝孔位置确定。

请用鼠标或键盘指定切入点：根据工艺要求选取。

请用鼠标或键盘指定切割方向：根据工艺要求点取。

待图形线条转成绿色，路径设置即告完成。如果有多个图形要设置路径，按“C”键继续下一路径的转换。全部路径完成后，按“Ctrl + C”键结束路径转换，输入文件名。

10. 功能键

（1）清画面　F3 或“Ctrl + N”，画面重绘。

（2）轴向　F7 或“Ctrl + O”，切换功能键，当轴向为“ON”时，不论光标如何移动，只能绘水平或垂直的线段。通常为“OFF”。

5.3.2　典型零件自动编程实例

使用北京阿奇夏米尔 FW 系列数控高速走丝电火花线切割加工机床加工图 5-37 所示的凸模零件。自动编程的具体过程如下。

1. 进入自动编程 CAD 系统

机床开机后，如图 5-38 所示，在手动模式或其他模式下按 F8 键（CAM）进入线切割自动编程系统主界面，如图 5-39 所示。

在线切割自动编程系统主界面下按 F1 键（CAD）进入 CAD 绘图系统，如图 5-40 所示。在 CAD 绘图模式下即可绘制零件图。

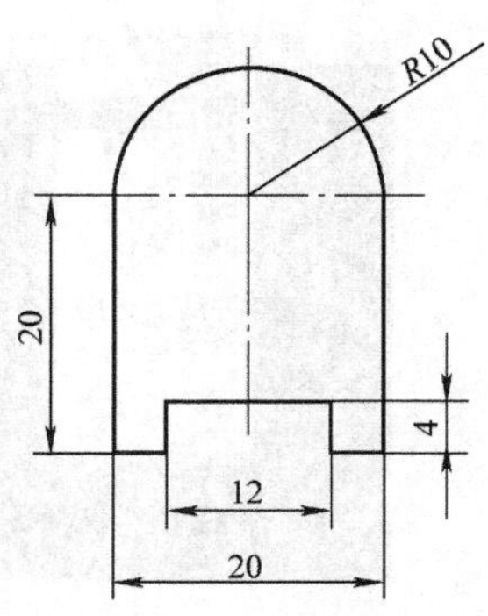

图 5-37　零件图

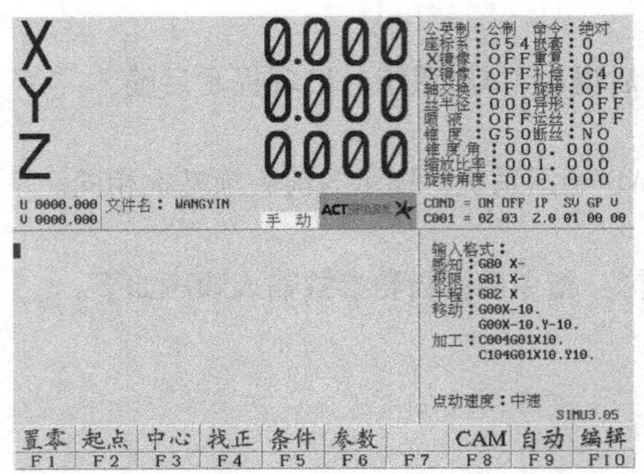

图 5-38 手动模式

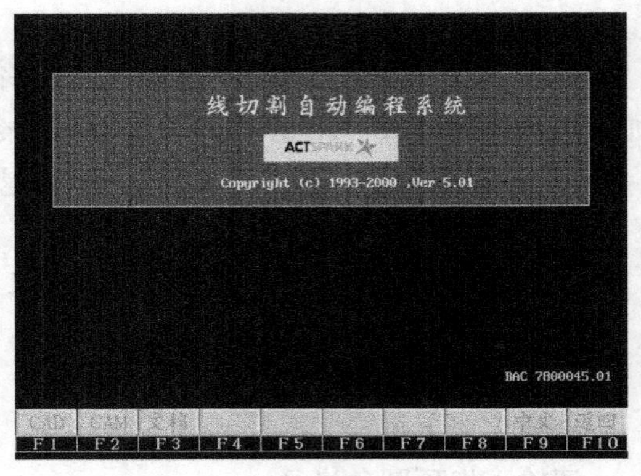

图 5-39 线切割自动编程系统主画面

2. 零件图形绘制

1）运用 CAD 绘图功能绘制零件图形，并确定穿丝孔位置，如图 5-41 所示。

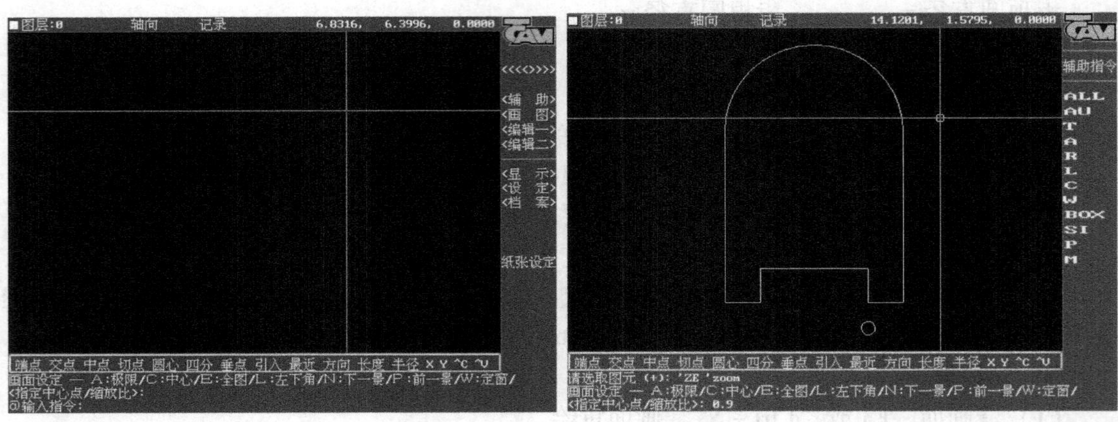

图 5-40 CAD 绘图系统　　图 5-41 CAD 绘图系统中零件图

2）保存。绘制好的图形在进行 CAM 处理前，最好保存一下，如图 5-42 所示，进行存储。

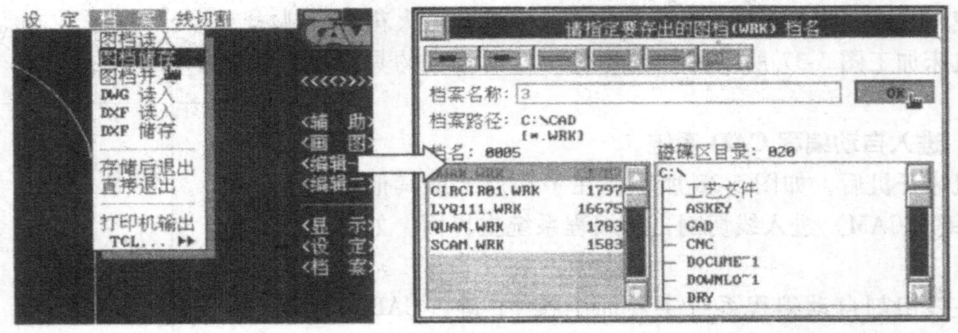

图 5-42 保存图形

3. 设置切割路径

1）根据零件的装夹情况确定穿丝点、切入点、切割方向。

2）按“Ctrl + C”结束设置路径，并输入一个文件名按回车键保存，如图 5-43 所示。注意，此文件并不是最终的 NC 文件，而是一个 DXF 过渡文件。

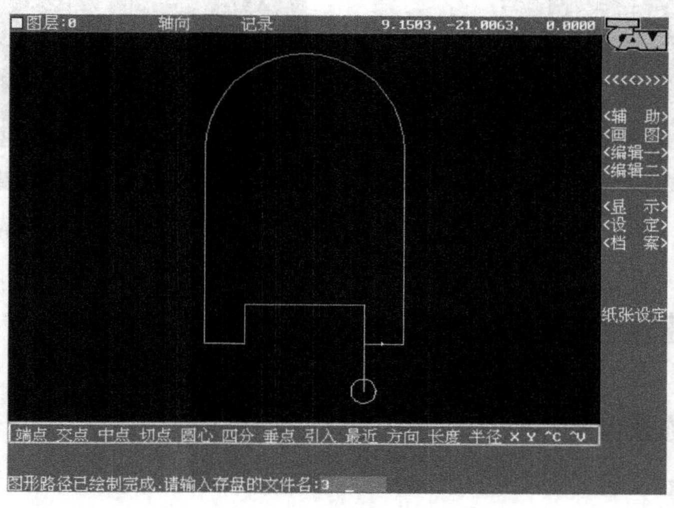

图 5-43　切割路径

4. 进入 CAM 系统生成程序

1）如图 5-44 所示，在 CAD 绘图系统“线切割”的下拉菜单中单击“CAM”返回到自动编程系统主界面，单击 F2 键（CAM）进入 CAM 系统，如图 5-45 所示。

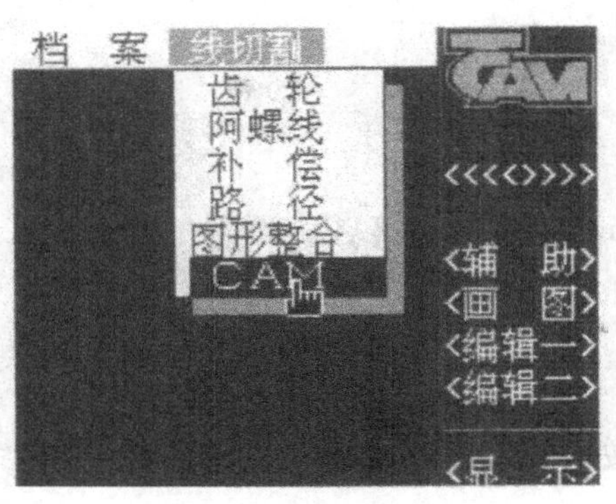

图 5-44　单击“CAM”

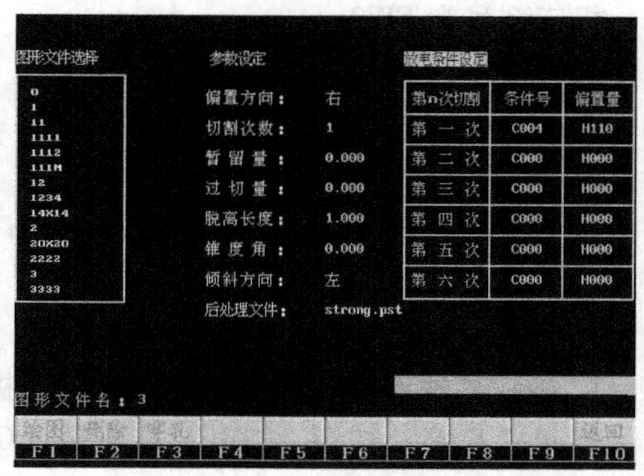

图 5-45　后处理设置

2）用键盘上的箭头键选取要生成程序的文件名后按回车键，在界面的“偏置方向”处用空格键切换需要的方向；在“放电条件设定”处输入条件号、偏移量。其余参数不设。

3）按 F1 键绘图，如图 5-46 所示。

4）按 F3 键自动生成数控程序代码，如图 5-47 所示。

5）按 F9 键保存程序，文件名不要超过 8 个字符，不需要输入文件扩展名。

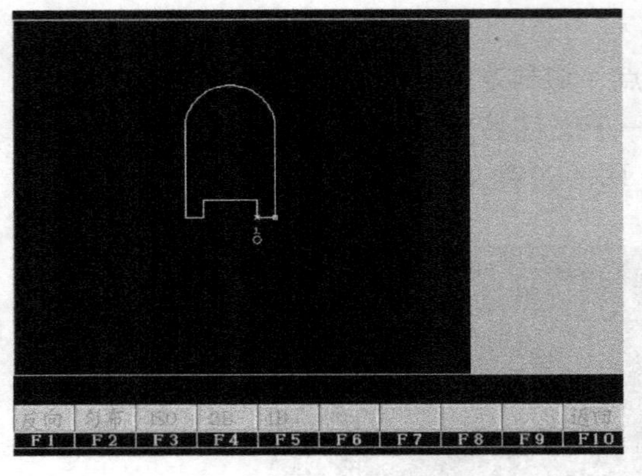

图 5-46 绘图

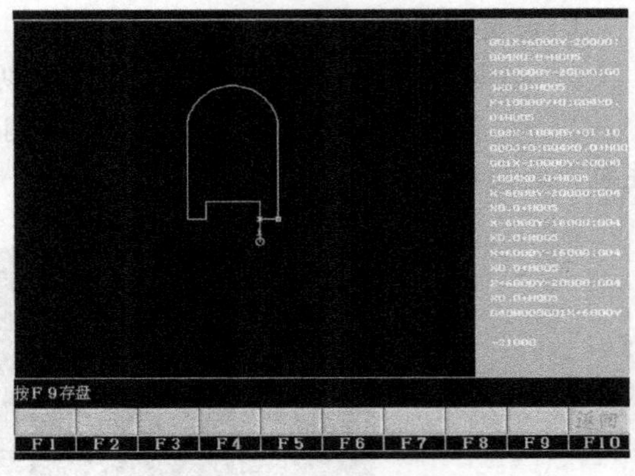

图 5-47 生成 NC 程序

5.4 数控高速走丝电火花线切割操作基础

5.4.1 机床名称及型号

1. 机床的名称

本书所选用的机床为北京阿奇夏米尔 FW 系列线切割机床，机床名称为“数控高速走丝电火花线切割机”，简称“快丝”，走丝速度为 8.7m/s。

加工过程中绝不允许用身体的各个部位触摸正在工作的电极丝，发生危险时应第一时间按下“急停”按钮。

2. 机床型号

机床型号为 FW2。

F：fast

W：wire

FW：Fast wire cutting

2：工作台型号尺寸为 500mm × 400mm × 250mm。

5.4.2 机床开机及关机

1. 数控高速走丝电火花线切割机床开机过程

旋起“急停”按钮→打开机床电源（ON）→按下“启动”按钮

2. 数控高速走丝电火花线切割机床关机过程

按下“停止”按钮→按下“急停”按钮→关闭机床电源（OFF）

5.4.3 工件装夹及找正

1. 工件装夹

工件装夹对加工精度有直接影响，一般有以下几种形式。

（1）压板装夹 数控高速走丝电火花线切割加工一般是在工作台上用压板螺钉固定工件，有悬臂式支承、垂直刃口支承、桥式支承三种形式。

悬臂式支承是将工件直接装夹在工作台上或桥式夹具的一个刃口上，如图5-48所示。悬臂式支承通用性强，装夹方便，但容易出现上仰或倾斜，一般只在工件精度要求不高的情况下使用。如果由于加工部位所限只能采用此装夹方法而加工又有垂直度要求时，要打表找正工件上表面。

垂直刃口支承是工件装在具有垂直刃口的夹具上，如图5-49所示。此种方法装夹后工件也能悬出一角便于加工，装夹精度和稳定性较好，也便于打表找正，装夹时夹紧点对准刃口。

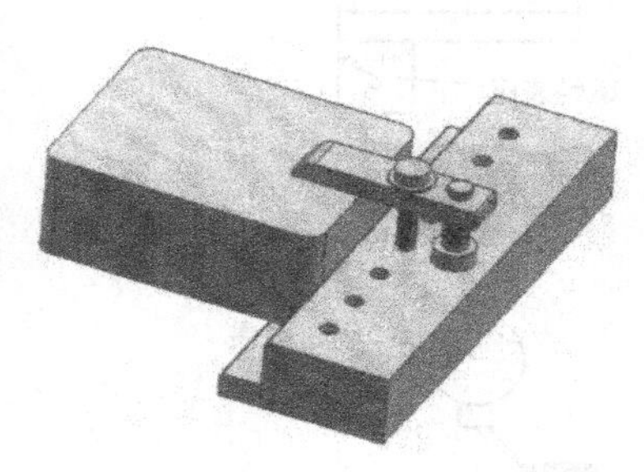

图5-48 悬臂式支承

图5-49 垂直刃口支承

桥式支承是线切割最常用的装夹方法，如图5-50所示，适用于装夹各类工件，特别是方形工件，装夹稳定。只要工件上下表面平行，装夹力均匀，工件表面即能保证与工作台平行。

（2）磁性夹具 采用磁性工作台或磁性表座夹持工件，主要适应于夹持导磁性钢质材料，因它靠磁力吸住工件，故不需要压板和螺钉，操作方便快捷，定位后不会因压紧而变动，如图5-51所示。

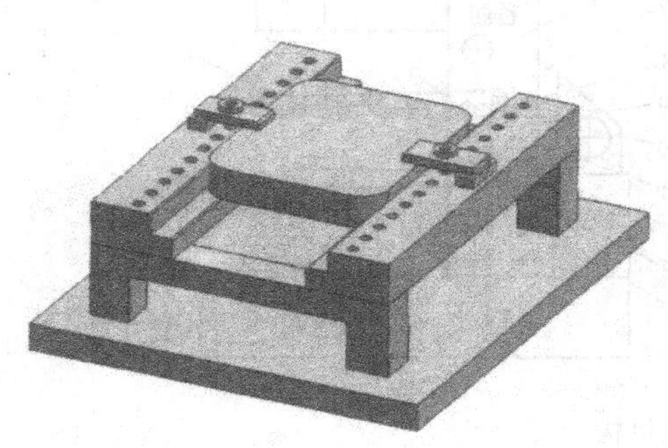

图5-50 桥式支承

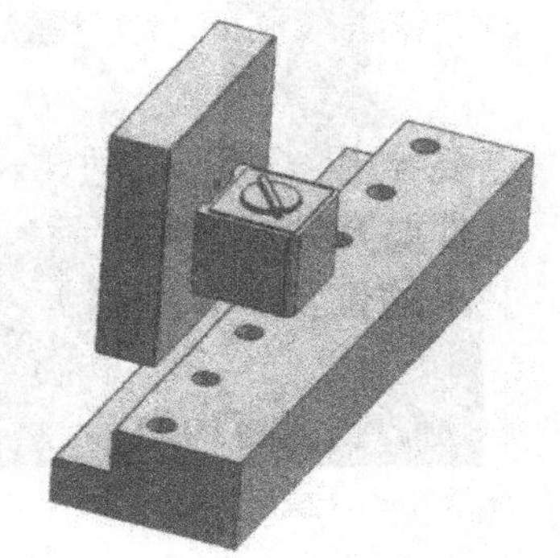

图5-51 磁性表座夹持

（3）专用夹具 在批量生产时，为了保证加工精度和装夹速度，可采用专用夹具夹持。要根据零件结构设计合理的专用夹具，以提高生产效率。

2. 工件找正

工件装夹时，还必须配合找正进行调整，使工件的定位基准面与机床的工作台面或工作台进给方向保持平行，以保证所切割的表面与基准面之间的相对位置精度。使用校表来找正工件是在实际加工中应用最广泛的找正方法。

工件找正的操作过程：如图 5-52 所示，将校表的磁性表座固定到上丝架适当位置，保证固定可靠，同时将表架摆放到方便找正工件的位置；使用手控盒移动相应的轴，使千分表的测头与工件的基准面相接触，直到校表的指针有指示数值为止；此时移动 X 轴或 Y 轴，观察校表的读数变化，能反映出工件的基准面与 X 轴或 Y 轴的平行度。使用铜棒敲击工件来调整平行度。操作过程中要注意把握好敲击力度。

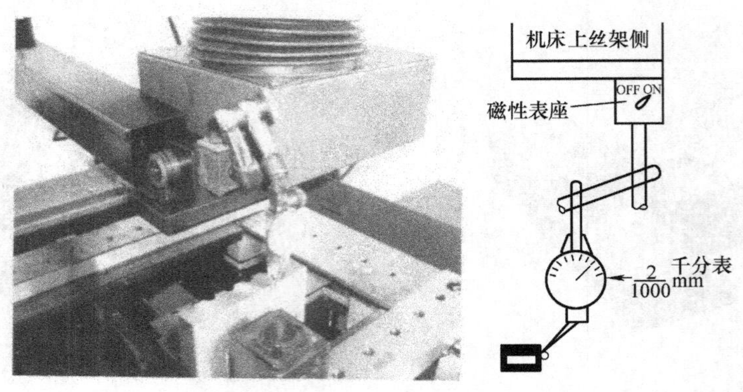

图 5-52　工件找正示意图

5.4.4　电极丝的安装

1. 上丝操作

数控高速走丝电火花线切割机床的运丝机构如图 5-53 所示，储丝筒控制面板如图 5-54 所示。上丝或运丝时会用到其上的开关，上丝过程如下。

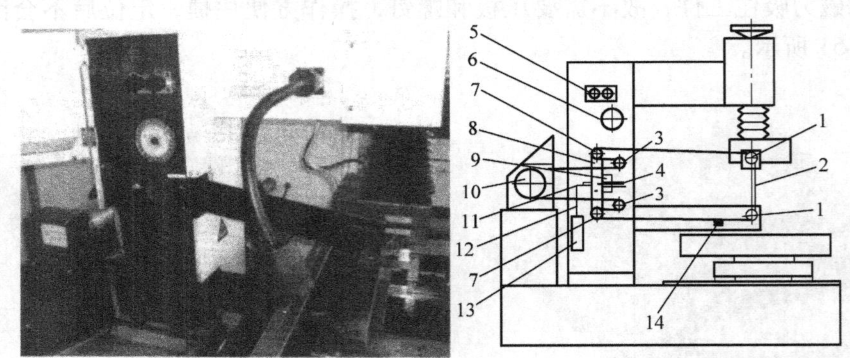

图 5-53　运丝机构

1—主导轮　2—电极丝　3—辅助导轮　4—直线导轨　5—工作液旋钮　6—上丝盘　7—张紧轮　8—移动板　9—导轮滑块　10—储丝筒　11—定滑轮　12—绳索　13—重锤　14—导电块

1）取下储丝筒上的防护罩，右手按下互锁开关，左手按下储丝筒运转开关，将其移到最右端。

2）打开立柱侧面的防护门，将丝盘固定在上丝机构的转轴上，接下来按图 5-55 所示，把丝通过图中所示导轮引到储丝筒上右端紧固螺钉下压紧。

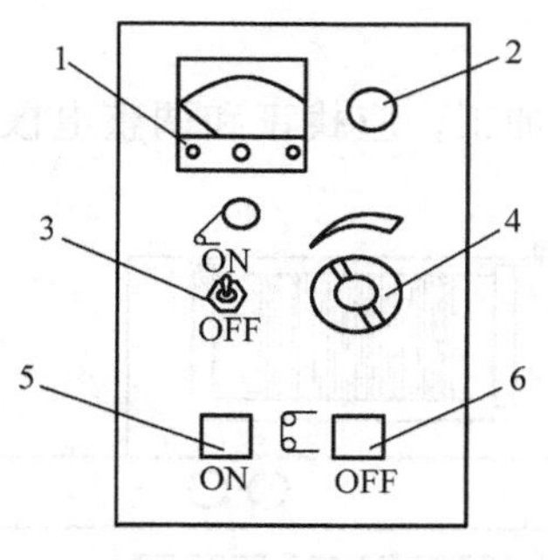

图 5-54　储丝筒控制面板

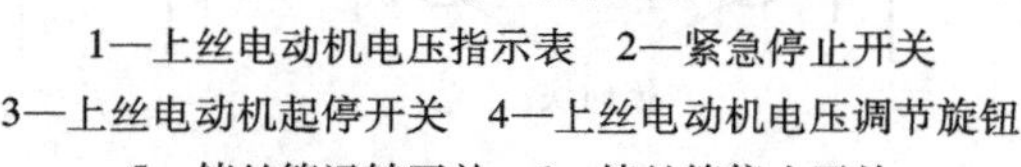
1—上丝电动机电压指示表　2—紧急停止开关
3—上丝电动机起停开关　4—上丝电动机电压调节旋钮
5—储丝筒运转开关　6—储丝筒停止开关

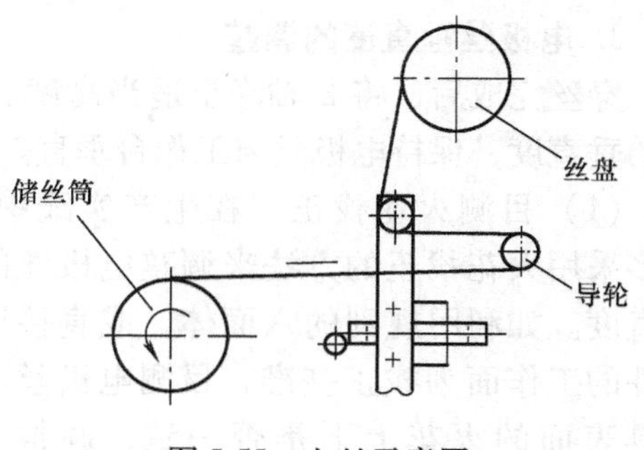

图 5-55　上丝示意图

3）打开上丝电动机开关，调节上丝电动机电压调节旋钮，使张紧力适中，手持摇把顺时针旋转，将丝均匀的盘绕到储丝筒上。

4）绕完丝后关掉上丝电动机，取下摇把，剪断电极丝，即可开始穿丝。

2. 穿丝操作

穿丝操作步骤如下。

1）先把移动板（图 5-56）推到前面，用定位销固定在立柱的定位孔内，使其不能左右移动，使断丝保护开关隔开一定的距离。

2）拉动电极丝头，依次从上至下绕过各导轮、导电块至储丝筒（图 5-57），将丝头拉紧并用储丝筒的螺钉固定。

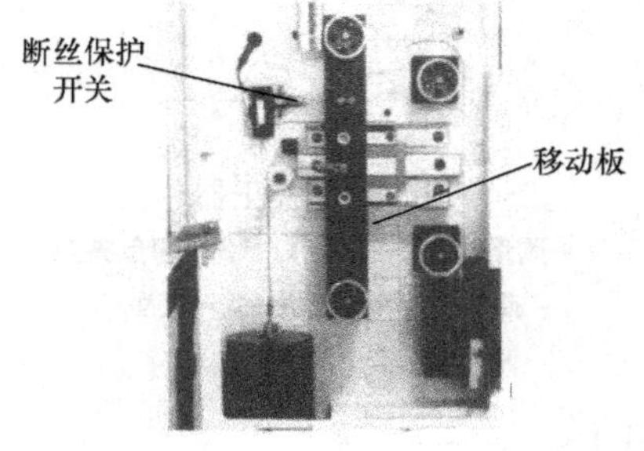

图 5-56　使移动板与断丝保护开关隔开

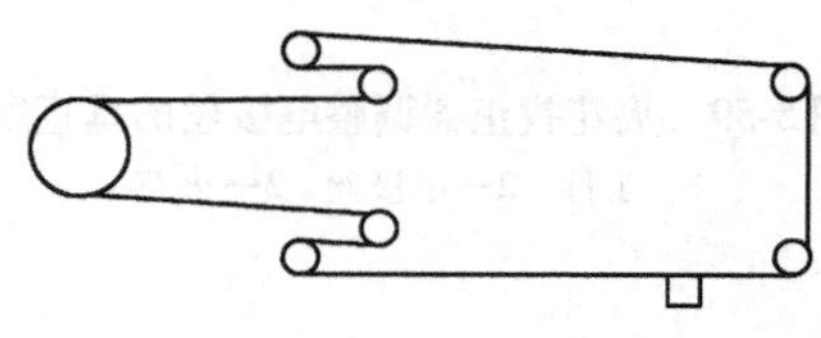

图 5-57　电极丝绕装示意图

3）拔出移动板上的定位销轴，将电极丝放到导电块上。

4）如图 5-58 所示，把换向块拧松，放在两端，手摇储丝筒向中间移动约 5mm 左右，移动左边的换向块，对准里面左边的无触点感应开关，拧紧换向块。右手按下互锁开关，左手按下储丝筒运转开关让储丝筒旋转到另一端，快到头 5mm 左右时按“停止”按钮，把右边换向块移动到右边的无触点开关对准，拧紧换向块。由于无触点开关感应位置不一定在中间，可运丝观察换向处丝剩的多少再微调一下换向块的位置，保证换向不冲出限位即可。

5）机动操作储丝筒往复运行两次，使张力均匀，关上立柱两个侧门，盖上储丝筒上的防护罩，复位主导轮罩及上臂盖板。至此整个穿丝过程结束。

3. 电极丝垂直度的调整

穿丝完成后，将 Z 轴降至适当高度。对于精密零件加工，应找正和调整电极丝对工作台的垂直度，保持电极丝与工作台垂直。

(1) 目测火花找正　在生产实践中，大多采用火花找正的方法来调整电极丝的垂直度。如利用规则的六面体，或直接以工件的工作面为找正基准，目测电极丝与工具表面的火花上下是否一致，调整 U 轴、V 轴至火花上下一致为止，如图 5-59 所示。

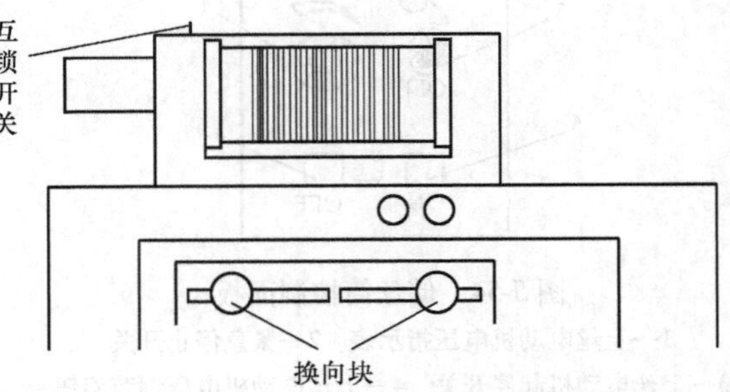

图 5-58　运丝机构局部

(2) 找正器找正　使用找正器对电极丝进行找正，应在不放电、不走丝的情况下进行。该方法操作方便，找正精度高。具体操作如下：

1）擦干净找正器底面、测试面及工作台面。把图 5-60 所示的找正器放置于台面与桥式夹具的入口上，使测量头探出工件夹具，且 a、b 面分别与 X、Y 轴平行。

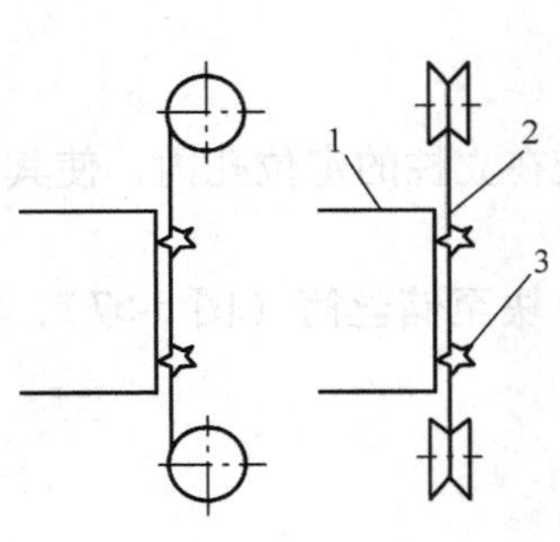

图 5-59　火花找正器调整电极丝的垂直度
1—工件　2—电极丝　3—火花

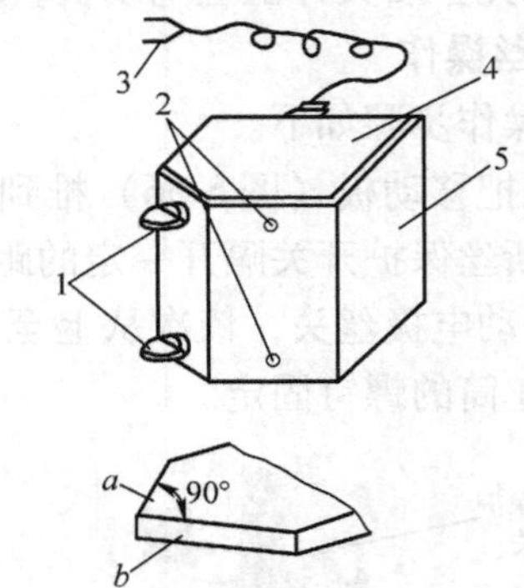

图 5-60　找正器
1—测量头　2—显示灯　3—鳄鱼夹及插座头　4—盖板　5—支座

2）把找正器连线上的鳄鱼夹夹在导电块固定螺钉上。

3）使用手控盒移动工作台，使电极丝与找正器的侧头进行接触，看指示灯，如果是 X 方向，上面灯亮则要按手控盒上的 +U 键，反之亦然，直到两个指示灯同时亮，说明丝已找垂直。Y 方向找正方法相同。

4）找好后把 U、V 轴坐标清零。

5.4.5　机床操作界面

1. 用户界面介绍

北京阿奇夏米尔 FW 系列数控高速走丝电火花线切割机床开机后为手动模式界面，该界面可分为八大区域，如图 5-61 所示，各区域的功能介绍如下。

(1) 坐标显示区　分别用数字显示 X、Y、Z、U、V 轴的坐标，对于 FW2 机床，Z 轴为非数控轴，因此其坐标显示一直为 0。

（2）参数显示区　显示当前数控程序执行时一些参数的状态。

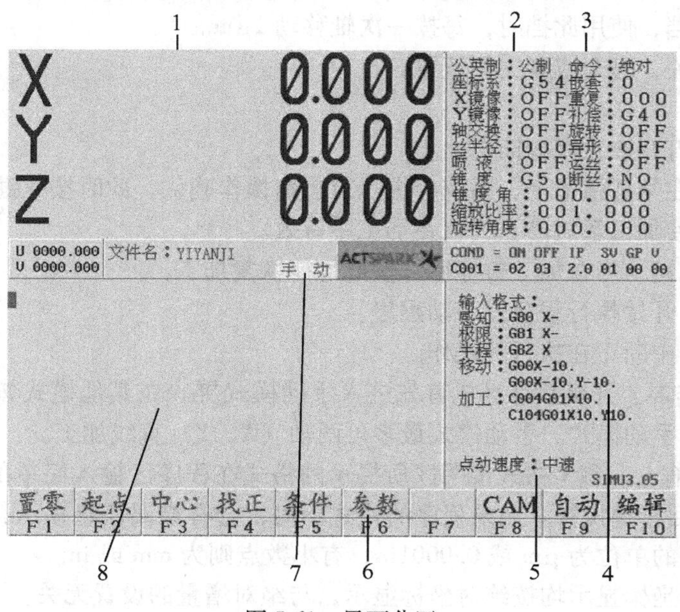

图 5-61　界面分区

（3）加工条件区　显示当前加工条件。

（4）输入格式说明区　在手动方式下说明主要手动程序的输入格式；在自动方式下执行时，显示加工轨迹。

（5）点动速度显示区　显示当前点动速度。

（6）功能键区　显示各功能键所对应的模式。功能键显示为蓝色，表示按此键进入别的模式，红色表示本模式下的功能。如果在某操作方式下无提示，则再按该功能键一次，即返回至该操作模式主界面。

（7）模式显示区　显示当前模式。

（8）执行区　在手动模式执行输入的程序。在自动模式为执行已在缓冲区的数控程序。

2. 手动模式

（1）手控盒　北京阿奇夏米尔 FW 系列数控高速走丝电火花线切割机床的手控盒如图 5-62 所示，各按键功能介绍如下。

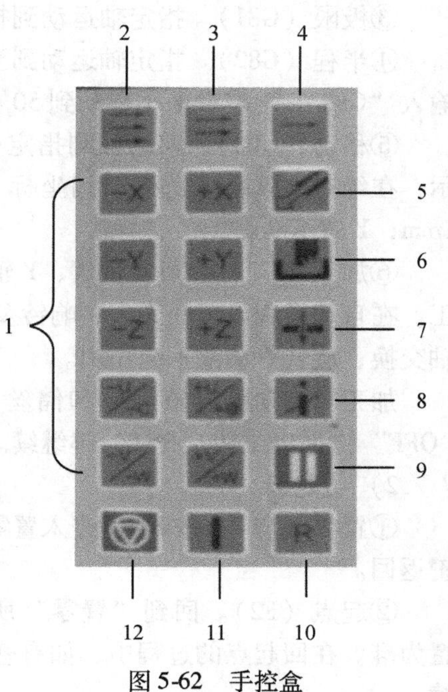

图 5-62　手控盒

1）轴移动键，指定轴及运动方向。定义如下：面对机床正面，电极丝相对于静止的工作台运动原则，电极丝向右移动为 $+X$，反之为 $-X$；电极丝远离操作者为 $+Y$，反之为 $-Y$；Z 轴未用；U 轴与 X 轴平行，V 轴与 Y 轴平行，方向定义与 X、Y 轴相同。

2）点动高速挡，使用该挡时轴的移动速度为最快。

3）点动中速挡，开机时为中速。

4）点动单步挡，使用此挡时，每按一次轴移动1μm。

5）切削液开关，打开或者关闭液泵。

6）未用。

7）运丝键，打开或关闭丝筒。

8）确认键，在某些情形下，系统会提示对当前操作确认，此时按此键。

9）暂停键，使加工暂时停止，仅在加工中有效。

10）恢复加工键，当在加工暂停后，按此键能恢复加工。

11）执行键，开始执行程序或手动程序。

12）停止键，中断正在执行的操作。

（2）手动操作屏　开机后计算机首先进入手动模式屏。在其他模式按“手动”所对应的功能键，可返回手动模式。手动模式最多可两轴（*X*、*Y*）直线加工。

1）手动程序输入。参考格式说明区所提示的格式在程序区输入简单的程序，最多可输入51个字符，按回车键执行。如果程序的格式不对，会有错误信息提示，按“ACK”解除后重新输入。数据的单位为μm或0.0001in，有小数点则为mm或in。

在运行过程中坐标显示均按绝对坐标显示，与绝对增量的设置无关。

手动功能执行中可按“OFF”键中止执行。

①感知（G80）。实现某一轴向的接触感知动作。例如“G80X－;”为*X*负方向感知。在感知前，应将工件接触面擦干净，并起动储丝筒往复运行两次，使丝上沾的工作液甩净，这有助于提高感知精度。

②设原点（G92）。设置当前点的坐标值。

③极限（G81）。指定轴运动到指定极限。例如“G81X＋;”表示*X*轴移动到正极限。

④半程（G82）。指定轴运动到当前点与坐标零点的一半处。例如*Y*轴当前坐标是100，输入“G82Y;”表示*Y*轴移动到50处停止。

⑤移动（G00）。移动轴到指定位置，最多可输入两轴。例如“G00 X－1000 Y0;”表示：在绝对坐标系下，移动到坐标（－1，0）点处；在增量坐标系下，*X*向负方向移动1mm，*Y*向不动。

⑥加工（G01）。可实现*X*、*Y*轴的直线插补加工，加工中可修改条件和暂停、终止加工。在自动模式设置的无人、响铃及增量、绝对状态有效，而模拟、预演状态无效。镜像、轴交换、旋转等功能不起作用。

加工时自动打开液压泵和储丝筒电动机，如果储丝筒压在限位开关处，则会提示按“OFF”键退出或按“RST”键继续。

2）功能键。

①置零（F1）。按F1键进入置零状态，参照提示按相应键将选定的轴置零，然后按F1键返回。

②起点（F2）。回到“置零”所设的零点或程序中G92所设定的点，以最后一次的设置为准。在回起点的过程中，如有感知到极限发生，运动暂停并显示错误信息，解除后可继续。

③中心（F3）。找内孔中心。注意，若储丝筒压住换向开关，应用摇把将储丝筒摇离限位，否则无法找中心。

④找正（F4）。可借助手控盒及找正块找正丝的垂直。将找正块擦干净，选定位置放好，移动 *X*（*Y*）轴接近电极丝，至有火花，然后移动 *U*（*V*）轴，使火花上下一致。

⑤条件（F5）：非加工时，按F5键进入加工条件区，加工条件现设为80项，其中C021～C040、C121～C140为用户自定义加工条件，其余为系统固定加工条件。各条件均可编辑、修改。移动光标到欲修改处，输入两位数或者一位数后按回车键即可。

如果希望保存所作修改，按“ALT+8”存储。如果只是临时修改，则不必存储，关机后所作修改即失效。

在加工中，按F5键进入加工条件区，可修改当前加工条件，再按F5键退出，修改的条件仅对本次加工生效。

如果希望恢复系统原始的加工条件，按“ALT+9”键。

⑥参数（F6）。非数字项可用空格键选择。如果要取消当前的输入，恢复输入前的值，在该项数字呈红色时按“Esc”键，即取消当前输入，恢复输入前的值。修改参数时要慎重。

（a）语言有汉、英、印尼等语言。

（b）尺寸单位：公制以mm为单位，英制以in为单位。

（c）过渡曲线分圆弧过渡和直线过渡两种。

（d）*X*镜像。X坐标的“+”、“-”方向对调，“ON”为对调，“OFF”为取消。

（e）*Y*镜像。Y坐标的“+”、“-”方向对调，“ON”为对调，“OFF”为取消。

（f）*X-Y*轴交换：*X*、*Y*坐标对换，“ON”为交换，“OFF”为取消。

（g）下导丝轮至台面的距离在出厂前已测量并设定，不要修改。

（h）工件厚度按实际值输入。

（i）台面至上导丝轮的距离依据 *Z* 轴标尺的值输入。

（j）缩放比率为编程尺寸与实际长度之比。

⑦CAM（F8）：进入CAD/CAM。

⑧自动（F9）：进入自动模式。

⑨编辑（F10）：进入编辑模式。

3. 编辑模式

在手动模式界面按F10键，进入编辑模式，如图5-63所示。

（1）功能键介绍

1）装入（F1）。将数控程序从硬盘（按D或F）或磁盘（按B）装入内存缓冲区。选定驱动器后，显示文件目录，再用光标选取文件后按回车键。

2）存盘（F2）。将内存中的数控程序存入硬盘（按D或F）或磁盘（按B）。如无文件名，会提示输入文件名。文件名要求不超过8个字符，扩展名“.NC”自动加在文件名后。

3）换名（F3）。更换文件名。如果新文件名与硬盘已有的文件重名，或文件名输入错误，提示“替换错误”。

4）删除（F4）。将数控程序从硬盘中删掉。

5）清除（F5）。清除内存中数控程序区的内容并清屏。

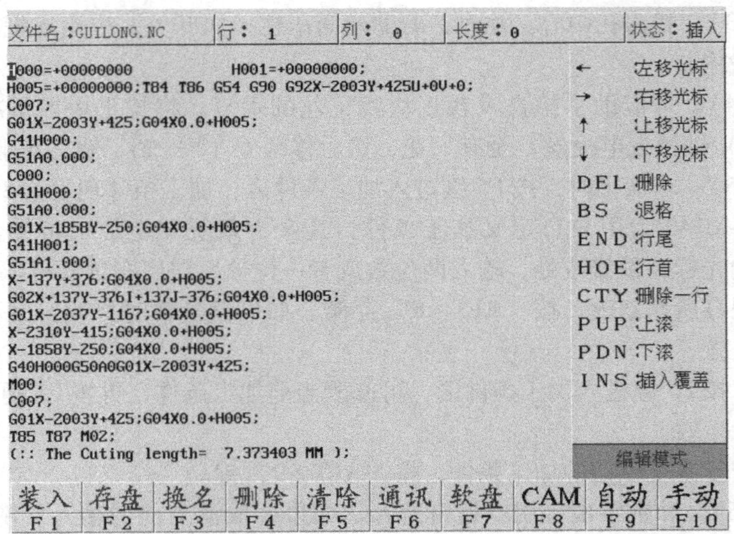

图 5-63 编辑模式

6）通讯（F6）。通过 RS232 口传送和接收数控程序。通讯是用户可选项，标准系统并不提供。

7）软盘（F7）。按 F 为格式化磁盘。按 C 为复制磁盘。

8）CAM（F8）。进入 CAD/CAM。

9）自动（F9）。进入自动模式。

10）手动（F10）。进入手动模式。

（2）数控程序的编辑　在此模式下可进行数控程序的编辑，文件最大为 80K，回车处自动加“;”。

1）↑↓←→：光标移动键。

2）Del：删除键，删除光标所在处的字符。如果光标在一行行尾，则按删除键后，下一行自动加在本行行尾。

3）BackSpace（←）：退格键，光标左移一格，并删除光标左边的字符。

4）Ctrl + Y：删除光标所在处的一行。

5）Home（Ctrl + H）与 End（Ctrl + E）：置光标在一行的行首与行尾。

6）PgUp 与 PgDn：向上翻一页与向下翻一页。

7）Ins（Ctrl + I）：插入与覆盖转换键，屏幕右上角的状态显示为“插入”时，在光标前可插入字符。当状态变为“覆盖”时，输入的字符将替代原有的字符。

8）Enter：回车键，结束本行并在行尾加“;”，同时光标移到下一行行首。

（3）自动显示功能　在界面上方，显示当前编辑状态。

1）文件名：当前屏幕上数控程序已有的标识，当清除操作时，显示为空格。

2）行：从文件开始到光标处的总行数。

3）列：从光标所在行的行首到光标处的字符数。

4）长度：从文件开始到光标处的总字符数，每一行要多计两个字符。

5）状态：显示当前编辑处于“插入”还是“覆盖”状态。

4. 自动模式

自动模式如图 5-64 所示，界面中的模式显示区显示“自动”。

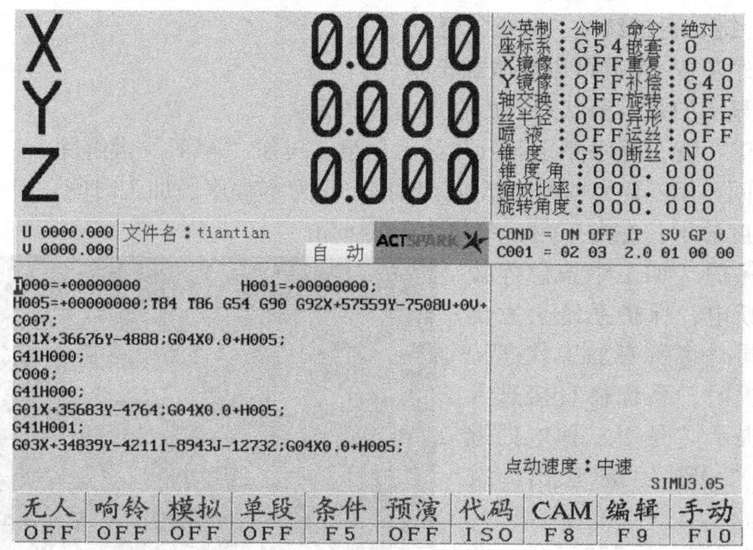

图 5-64 自动模式

（1）功能键介绍

1）无人（F1）：“ON”状态，程序结束自动切断电源关机。“OFF”时，不切断电源。

2）响铃（F2）：程序结束声音提示，发生错误报警。“ON”状态为连续响铃，直到按“Esc”键解除为止。

3）模拟（F3）：“ON”状态，只进行轨迹描画，机床无任何运动。“OFF”为实际加工状态。

4）单段（F4）：加工或模拟时，如果在“ON”状态，执行完一个程序段自动暂停，按“RST”键继续执行下一段，按“OFF”键停止。

5）条件（F5）：在加工中修改条件，与手动模式相同。

6）预演（F6）：“ON”状态，加工前先绘出图形，加工中轨迹跟踪，便于观察整个图形及加工位置。“OFF”状态下则不预先绘出图形，只有轨迹跟踪。跟踪轨迹有可能和整个图形轨迹不重合，这并不是程序逻辑和加工错误，只是显示的差异而已。

7）代码（F7）：选择执行代码格式，3B 或 ISO 代码，本系统一般使用 ISO 代码。

8）CAM（F8）：进入 CAD/CAM。

9）编辑（F9）：进入编辑模式。

10）手动（F10）：进入手动模式。

（2）数控程序的执行

1）首先在编辑模式下装入数控文件，修改好。在自动模式下不能修改程序。

2）用功能键预选好所需的状态，通常“无人”、“单段”为“OFF”，“响铃”为“ON”，“代码”为 ISO。用光标键选好开始执行的程序段，一般情况下从首段开始。

3）加工前，建议先将“模拟”置为“ON”，运行一遍，以检验程序是否有错误。如有，会提示错误所在行。

4）将“模拟”置为“OFF”，“预演”置为“ON”，开始加工。如需要暂停，按手控盒上的“PAUSE”键，再继续按“RST”键。

5）执行程序中按F5键可以修改加工条件。

6）参数区显示的是当前状态，由程序指令决定。

7）按“OFF”键，程序停止运行并显示信息，可按“ACK”键解除。

8）加工时间显示：P为本程序已加工时间，B为本程序段加工时间。

9）加工速度显示：在右下角，单位为mm/min。

（3）掉电保护　加工中按急停按钮关机或突然断电，保护系统会发出间断的响声，同时将所有加工状态记录下来。再开机时，系统将直接进入自动模式，并提示“是否从掉电处继续加工?”按“OFF”键退出。按“RST”键继续。

掉电后只要不动机床和工件，此时按“RST”键可继续加工。

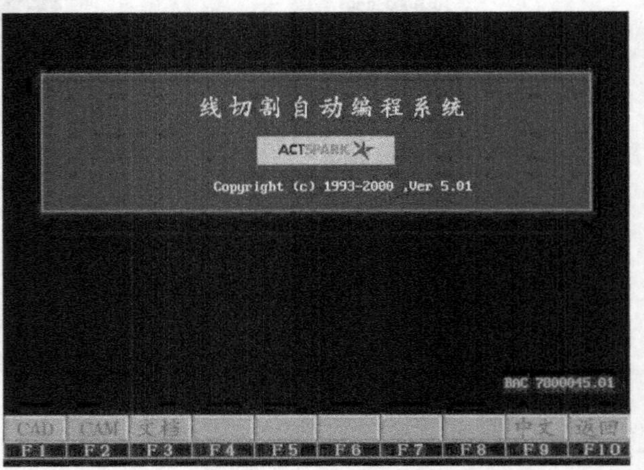

图5-65　CAM主界面

5. 自动编程系统

在手动模式或其他模式下按F8键（CAM），即进入CAM主界面，如图5-65所示。

（1）CAD（F1）　按F1键，进入CAD图形绘制界面，可绘制图形。

（2）CAM（F2）　按F2键即进入自动编程模式，如图5-66所示，界面分成三栏：图形文件选择、参数设定和放电条件设定。

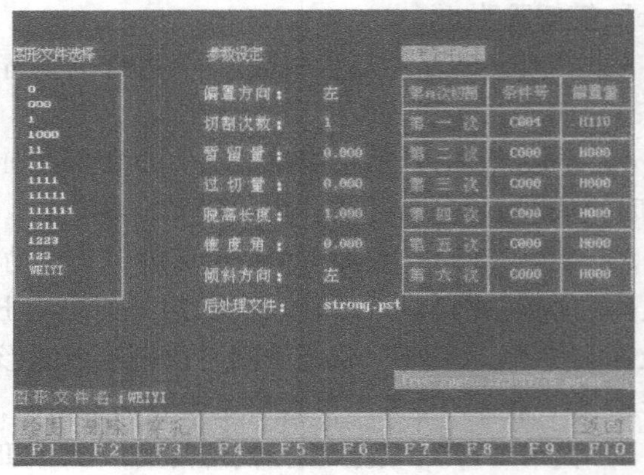

图5-66　自动编程模式

1）图形文件选择。本栏显示当前目录下所有的图形文件名，用光标选定文件名后按回车键，界面左下显示所选文件名。

2）参数设定。

①偏置方向：沿切割路径的前进方向，电极丝向左或右偏，用空格键切换。

②切割次数：可输入1～6。但快走丝多次切割无意义，通常为1。

③暂留量：多次切割时，为防止工件掉落，留一定量到最后一次才切，生成程序时在此加暂停指令。取值范围0～999.000mm。

④过切量：为消除切入点的凸痕，加入过切。

⑤脱离长度：多次切割时，为改变加工条件和补偿值，需离开加工轨迹，其距离为脱离长度。

⑥锥度角：进行锥度切割时的锥度值，单位为度。

⑦倾斜方向：锥度切割时丝的倾斜方向，设定方法和偏置方向的设定相同。

⑧后处理文件：不同的后处理文件，可生成适合于不同控制系统的数控代码程序，本系统后处理文件扩展名为“pst”。Strong. pst 为公制后处理文件，Inch. pst 为英制后处理文件。

3）放电条件设定。在条件号栏中填入加工条件，范围为 C000 ~ C999。在偏置量栏中输入补偿值，范围为 H000 ~ H999。快走丝只切割一次，因此设置“第一次”即可。

4）绘图（F1）。图形文件选定，按 F1 键绘出图形，如图 5-67 所示，◎表示穿丝点，×表示切入点，□表示切割方向。

①反向（F1）：改变在“路径”中设定的切割方向，偏置方向、倾斜方向亦随之改变。

②均布（F2）：把一个图形按给定旋转角和个数分布在圆周上。旋转角逆时针方向为正。均布个数必须是整数。而且，旋转角度 × 均布个数 ≤ 360°。

③ISO（F3）：生成国际通用的 ISO 格式的数控程序。

④3B（F4）：生成 3B 格式的数控程序。

⑤4B（F5）：生成 4B 格式的数控程序。

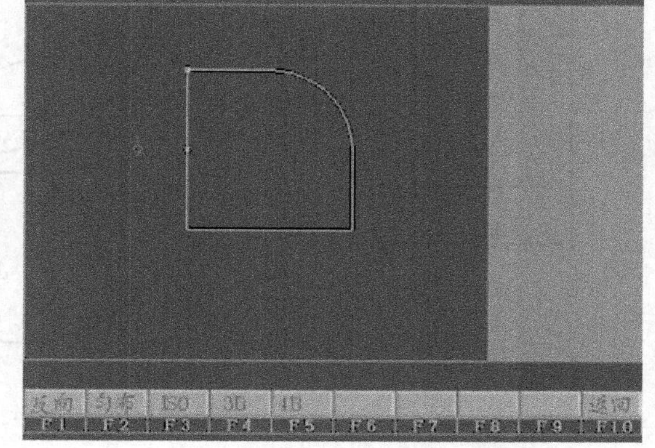

图 5-67　绘出图形

程序生成后，界面提示按 F9 键存盘，输入文件名。文件名要求不超过 8 个字符，扩展名为“NC”，自动加在文件名后。

⑥返回（F10）：上述操作结束，按 F10 键返回到前一个界面。

5）删除（F2）。按 F2 键，界面下方提示用光标键选定文件，按回车键执行。按“Esc”键可取消删除操作。完成后按 F10 返回。

（3）文档（F3）　在 SCAM 主界面按 F3 键即进入文档操作。界面显示文件目录窗口，用光标键选择文件后回车，按“C”进行文件复制，按“D”删除文件。如果想取消操作，按 F10 键后，界面上提示“按“Enter”键删除，按 Esc 键取消”，这时按“Esc”键退出文档操作，再按一次“Esc”键，文件目录窗口消失。在 SCAM 主界面按 F10 键回到启动界面。

思　考　题

1. 数控电火花线切割加工的基本原理是什么？

2. 电火花线切割机床的加工特点是什么？

3. 线切割机床是如何分类的？

4. 什么是负极性加工？

5. 数控高速走丝电火花线切割加工，电极丝采用钼丝，钼丝熔点是 2620℃，加工过程中产生 3000℃ 以上高温，钼丝为什么不断？

6. 简述数控电火花线切割机床适合加工的材料及加工范围。

7. 编程训练

（1）手动编程，如图 5-68 所示，工件厚度 1mm，钢件，电极丝直径 0. 2mm。

（2）自动编程，如图 5-69 所示，工件厚度 2mm，钢件，电极丝直径 0. 2mm。

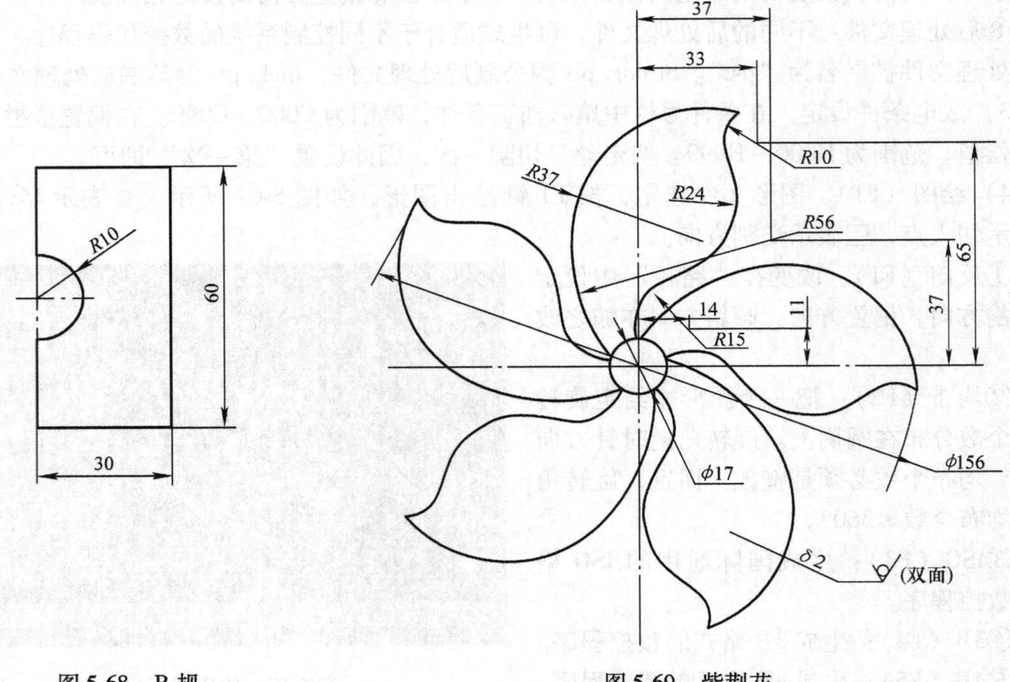

图 5-68　R 规　　　　图 5-69　紫荆花

第 6 章　数控自动编程及其应用

6.1 自动编程概述

6.1.1 国内外主要 CAD/CAM 软件简介

CAD/CAM（计算机辅助设计及制造）与 PDM（产品数据管理）构成了一个现代制造型企业计算机应用的主干。对于制造行业，设计、制造水平和产品的质量、成本及生产周期息息相关。人工设计、单件生产这种传统的设计与制造方式已无法适应工业发展的要求。采用 CAD/CAM 技术已成为整个制造行业当前和将来技术发展的重点。

CAD 技术的首要任务是为产品设计和生产对象提供方便、高效的数字化表示和表现工具。数字化表示是指用数字形式为计算机所创建的设计对象生成内部描述，像二维图、三维线框、曲面、实体和特征模型；而数字化表现是指在计算机屏幕上生成真实感图形、创建虚拟现实环境进行漫游、多通道人机交互、多媒体技术等。

CAD 的概念不仅仅体现在辅助制图方面，更主要的是起到设计者助手的作用，帮助广大工程技术人员从繁杂的查阅手册及复杂计算中解脱出来，极大地提高了设计效率和准确性，从而缩短了产品开发周期，提高了产品质量，降低了生产成本，增强了行业竞争能力。

CAM 与 CAD 密不可分，甚至比 CAD 应用得更为广泛。几乎每一个现代制造企业都离不开大量的数控设备。随着对产品质量要求的不断提高，要高效地制造高精度的产品，CAM 技术不可或缺。一方面设计系统只有配合数控加工技术才能充分显示其巨大的优越性；另一方面，数控技术只有依靠设计系统产生的模型才能发挥其效率。所以，在实际应用中，二者很自然地紧密结合起来，形成 CAD/CAM 系统。在这个系统中，设计和制造的各个阶段都可利用公共数据库中的数据，即通过公共数据库将设计和制造过程紧密地联系为一个整体。数控自动编程系统利用设计的结果和产生的模型，形成数控加工机床所需的信息。CAD/CAM 大大缩短了产品的制造周期，显著地提高产品质量，产生了巨大的经济效益。下面是几种国内外常用的 CAD/CAM 软件介绍。

1. UG

UG（Unigraphics）是美国 UGS（Unigraphics Solutions）公司的主导产品，是集 CAD/CAE/CAM 于一体的三维参数化软件，是面向制造行业的 CAID/CAD/CAE/CAM 高端软件，是当今最先进，最流行的工业设计软件之一。它集合了概念设计，工程设计，分析与加工制造的功能，实现了优化设计与产品生产过程的组合，广泛应用于机械、汽车、航空航天、家电以及化工等各个行业。

2. Cimatron IT 13

Cimatron IT 13 软件出自以色列著名软件公司 Cimatron。Cimatron 公司自从 1982 年创建以来，它的创新技术和战略方向使得 Cimatron 有限公司在 CAD/CAM 领域内处于公认的领导地位。作为面向制造业的 CAD/CAM 集成解决方案的领导者，为模具、工具和其他制造商提供全面的、性价比最优的软件解决方案，使制造循环流程化，加强制造商与外部销售商的协作，极大地缩短产品交付时间。

3. CATIA

CATIA（Computer Aided Tri-Dimensional Interface Application）是世界上一种主流的 CAD/CAE/CAM 一体化软件。20 世纪 70 年代，Dassault Aviation 成为第一个用户，CATIA 也应运而生。从 1982～1988 年，CATIA 相继发布了 3 个版本，并于 1993 年发布了功能强大的 V4，为了使软件能够易学易用，Dassault System 于 1994 年开始重新开发全新的 CATIA V5 版本。新的 V5 版本界面更加友好，功能也日趋强大，并且开创了 CAD/CAE/CAM 软件的一种全新风格。

4. Pro/E

Pro/E 是一套由设计至生产的机械自动化软件，是新一代的基于参数化、基于特征的产品造型系统，并且具有单一数据库功能。

5. SolidWorks

创新的、易学易用的而且价格便宜的 SolidWorks 是 Windows 平台上的三维设计软件。其易用和友好的界面，能够在整个产品设计的工作中完全自动捕捉设计意图和引导设计修改。在 SolidWorks 的装配设计中可以直接参照已有的零件生成新的零件。不论设计用“自顶而下”方法还是“自底而上”的方法进行装配设计，SolidWorks 都将以其易用的操作大幅度地提高设计的效率。SolidWorks 有全面的零件实体建模功能，其丰富程度有时会出乎设计者的期望。用 SolidWorks 的标注和细节绘制工具，能快捷地生成完整的、符合实际产品表示的工程图样。SolidWorks 具有全相关的钣金设计能力，既可以先设计立体的产品，也可以先按平面展开图进行设计。机械工程师不论有无 CAD 的使用经验，都能用 SolidWorks 软件提高工作效率，使企业以较低的成本、更好的质量、更快的速度将产品投放市场。

6. Mastercam

Mastercam 是美国 CNC 公司开发的 PC 平台的 CAD/CAM 软件，它具有强大的曲面粗加工及灵活的曲面精加工功能。Mastercam 提供了多种先进的粗加工技术，以提高零件加工的效率和质量。Mastercam 还具有丰富的曲面精加工功能，可以从中选择最好的方法，加工最复杂的零件。Mastercam 的多轴加工功能，为零件的加工提供了更多的灵活性。

7. PowerMILL

PowerMILL 是独立运行的世界领先的 CAM 系统。PowerMILL 可通过 IGES、VDA、STL 和多种不同的专用接口接收来自任何 CAD 系统的数据。它功能强大，易学易用，可快速、准确地生成能最大限度发挥数控机床生产效率的、无过切的粗加工和精加工刀具路径，确保生产出高质量的零件和工模具。

8. CAXA

CAXA 是我国制造业信息化 CAD/CAM 和 PLM 领域研发的拥有自主知识产权软件的优秀代表和知名品牌，是中国领先的 PLM 方案和服务提供商。

CAXA-ME 集成了数据接口、几何造型、加工轨迹生成、加工过程仿真检验、数控加工代码生成、加工工艺清单生成等一整套面向复杂零件和模具的数控编程功能。目前，CAXA-ME 已广泛应用于注塑模、锻模、汽车覆盖件拉深模、压铸模等复杂模具的生产，以及汽车、电子、兵器、航空航天等行业的精密零件加工。

如今 CAD/CAM 技术已经是一个相当成熟的技术。波音 777 新一代大型客机以 4 年半的周期研制成功，采用的新结构、新发动机、新的电传操纵等都是一步到位，立刻投入批量生产。飞机出厂后直接交付客户使用，故障返修率几乎为零。媒介宣传中称之为“无纸设计”，而波音公司本身认为，这主要应归功于 CAD/CAM 一体化技术。

6.1.2　CAM 编程基本实现过程

数控编程技术包含了数控加工与编程、金属加工工艺、CAD/CAM 软件操作等多方面的知识与经验，其主要任务是计算加工走刀中的刀位点。根据数控加工的类型，数控编程可分为数控铣加工编程、数控车加工编程、数控电加工编程等，而数控铣加工编程又可分为 2.5 轴铣加工编程、3 轴铣加工编程和多轴（如 4 轴、5 轴）铣加工编程等。3 轴铣加工是最常用的一种加工类型，同时 3 轴铣加工编程也是目前应用最广泛的数控编程技术。

数控编程经历了手工编程、APT 语言编程和交互式图形编程三个阶段。交互式图形编程就是通常所说的 CAM 编程。由于 CAM 编程具有速度快、精度高、直观性好、使用简便、便于检查和修改等优点，已成为目前国内外数控加工普遍采用的数控编程方法。因此，在无特别说明的情况下，数控编程一般是指交互式图形编程。交互式图形编程的实现是以 CAD 技术为前提的。数控编程的核心是刀位点计算，对于复杂的产品，其数控加工刀位点的人工计算十分困难，而 CAD 技术的发展为解决这一问题提供了有力的工具。利用 CAD 技术生成的产品三维造型包含了数控编程所需要的完整的产品表面几何信息，而计算机软件可针对这些几何信息进行数控加工刀位的自动计算。因此，绝大多数的数控编程软件同时具备 CAD 的功能，因此称为 CAD/CAM 一体化软件。

由于现有的 CAD/CAM 软件功能已相当成熟，因此使得数控编程的工作大大简化，对编程人员的技术背景、创造力的要求也大大降低，为该项技术的普及创造了有利的条件。

目前市场上流行的 CAD/CAM 软件均具备了较好的交互式图形编程功能，其操作过程大同小异，编程能力差别不大。不管采用哪一种 CAD/CAM 软件，数控编程的基本过程及内容如图 6-1 所示。

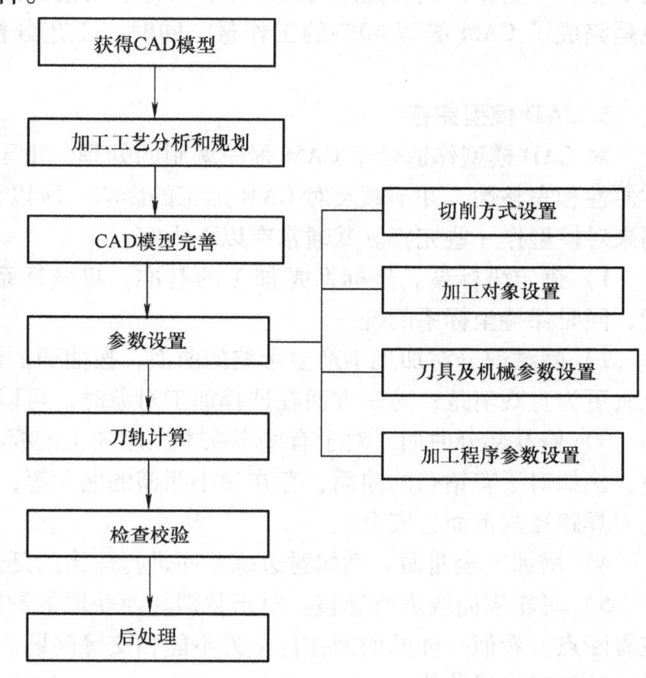

图 6-1　CAM 编程流程图

1. 获得 CAD 模型

CAD 模型是数控编程的前提和基础，任何 CAM 的程序编制必须以 CAD 模型为加工对象进行。获得 CAD 模型的方法通常有以下三种：

1）打开 CAD 文件。如果某一文件是已经使用 CAM 软件进行造型完毕的，或是已经作过编程的文件，那么重新打开该文件，即可获得所需的 CAD 模型。

2）直接造型。一般的三维绘图软件本身就具有很强的造型功能，可以进行曲面和实体造型。对于一些不是很复杂的工件，可以在编程前直接造型。

3）数据转换。当模型文件是使用其他的 CAD 软件进行造型时，首先要将其转换成 iges、dgk、xmt _ txt、model、sat 等常用格式。

2. 加工工艺分析和规划

加工工艺分析和规划的主要内容包括：

（1）加工对象的确定　通过对模型的分析，确定这一工件的哪些部位需要在数控铣床或者数控加工中心上加工。数控铣的工艺适应性也是有一定限制的，对于尖角、细小的筋条等部位是不适合加工的，应使用线切割或者电加工来加工；而另外一些加工内容，可能使用普通机床有更好的经济性，如孔的加工、回转体的加工等，可以使用钻床或车床进行加工。

（2）加工区域规划　即对加工对象进行分析，按其形状特征、功能特征及精度、表面粗糙度要求将加工对象分成数个加工区域。对加工区域进行合理规划可以达到提高加工效率和加工质量的目的。

建议在进行加工对象确定和加工区域规划或分配时，通过参考实物可以更直观地进行分析和规划。

（3）加工工艺路线规划　即从粗加工到精加工再到清根加工的流程及加工余量分配。

（4）加工工艺和加工方式确定　如刀具选择、加工工艺参数和切削方式（刀轨形式）选择等。

在完成工艺分析后，应填写一张 CAM 数控加工工序表，表中的项目应包括加工区域、加工性质、走刀方式、使用刀具、主轴转速、切削进给等选项。完成了工艺分析及规划可以说是完成了 CAM 编程 80% 的工作量。同时，工艺分析的水平原则上决定了数控程序的质量。

3. CAD 模型完善

对 CAD 模型作适合于 CAM 程序编制的处理。由于 CAD 造型人员更多考虑零件设计的方便性和完整性，并不顾及对 CAM 加工的影响，所以要根据加工对象的确定及加工区域规划来对模型作一些完善。其通常有以下内容：

1）确定坐标系。坐标系是加工的基准，将坐标系定位于机床操作人员容易确定的位置，同时保持坐标系的统一。

2）隐藏部分对加工不产生影响的曲面，按曲面的性质进行分色或分层。这样一方面看上去更为直观清楚；另一方面在选择加工对象时，可以通过过滤方式快速地选择所需对象。

3）修补部分曲面。对于有些不在本工序加工的模型空缺部位或模型缺陷，应该补充完整。例如对于有钻孔的曲面，存在狭小凹槽的曲面等，应该将这些曲面补充完整，这样获得的刀具路径规范而且安全。

4）增加安全曲面。例如对边缘曲面进行适当的延长。

5）对轮廓曲线进行修整。对于数据转换获取的数据模型，有时存在看似光滑的曲线存在着断点，看似一体的曲面在连接处不能相交等问题。这可通过修整或者创建轮廓线构造出最佳的加工边界曲线。

6）构建刀具路径限制边界。对于规划的加工区域，需要使用边界来限制加工范围的，可先构建出边界曲线。

4. 参数设置

参数设置可视为对工艺分析和规划的具体实施，它构成了利用 CAD/CAM 软件进行数控编程的主要操作内容，直接影响数控程序的生成质量。参数设置的内容较多，下面列举其中主要的几个。

（1）切削方式设置　用于指定刀轨的类型及相关参数。

（2）加工对象设置　指用户通过交互手段选择被加工的几何体或其中的加工分区、毛坯、避让区域等。

（3）刀具及机械参数设置　针对每一个加工工序选择适合的加工刀具，并在 CAD/CAM 软件中设置相应的机械参数，包括主轴转速、切削进给、切削液控制等。

（4）加工程序参数设置　包括进/退刀位置及方式、切削用量、行间距、加工余量、安全高度等参数。这是 CAM 软件参数设置中最主要的一部分内容。

5. 刀轨计算

在完成参数设置后，可将设置结果提交 CAD/CAM 系统进行刀轨的计算。这一过程是由 CAD/CAM 软件自动完成的。

6. 检查校验

为确保程序的安全性，必须对生成的刀轨进行检查校验，检查有无过切或者加工不到位，同时检查是否会发生与工件及夹具的干涉。其校验的方式有：

（1）直接查看　通过对视角的转换、旋转、放大、平移，直接查看生成的刀具路径，适于观察其切削范围有无越界，以及有无明显异常的刀具轨迹。

（2）手工检查　对刀具轨迹进行逐步观察。

（3）实体模拟切削及仿真加工　直接在计算机屏幕上观察加工效果，这个加工过程与实际机床加工过程十分类似。

对检查中发现问题的程序，应调整参数设置，重新进行计算后再作检验。

7. 后处理

后处理实际上是一个文本编辑处理过程，其作用是将计算出的刀轨（刀位运动轨迹）以规定的标准格式转化为数控代码并输出保存。

在后处理生成数控程序之后，还需要检查这个程序文件，特别对程序头及程序尾部分的语句进行检查，如有必要可以进行修改。这个文件可以通过传输软件传输到数控机床的控制器上，由控制器按程序语句驱动机床加工。

在上述过程中，编程人员的工作主要集中在加工工艺分析和规划、参数设置这两个阶段，其中工艺分析和规划决定了刀轨的质量，参数设置则构成了软件操作的主体。

6.2　Delcam 软件在数控自动编程中的应用

6.2.1　Delcam 软件介绍

Delcam Plc 是世界领先的专业 CAD/CAM 软件公司，总部位于英国伯明翰。Delcam 软件的研发起源于世界著名学府剑桥大学，经过 30 多年的发展，Delcam 软件系列横跨产品设计、模具设计、产品加工、模具加工、逆向工程、艺术设计与雕刻加工、质量检测和协同合作管理等应用领域。Delcam 最新的软件研发在英国和美国同时进行，客户超过 35000 多家，遍布世界 80 多个国家和地区。

Delcam CAD/CAM 系列软件被广泛地应用于航空航天、汽车、船舶、军工、家用电器、轻工产品、模具制造、珠宝设计及制造、玩具设计及制造、包装等行业。

Delcam Plc 是当今世界唯一拥有大型数控加工车间的 CAD/CAM 软件公司。Delcam 所有软件产品都在实际生产环境中经过了严格测试，使得 Delcam 最能理解用户的问题与需求，提供从设计、制造、测试到管理的全面解决方案。

6.2.2　Delcam　FeatureCam 模块简介及实例分析

FeatureCam 是原美国 EGS 公司开发的基于特征、基于知识、使用自动特征识别技术的全功能 CAM 软件。强大的自动特征识别功能，加速了从设计到加工的全过程。使用它使零件加工编程更方便，更简单，可极大地缩短加工编程时间，加工管理也更加有效。

软件的操作界面如图 6-2 所示。

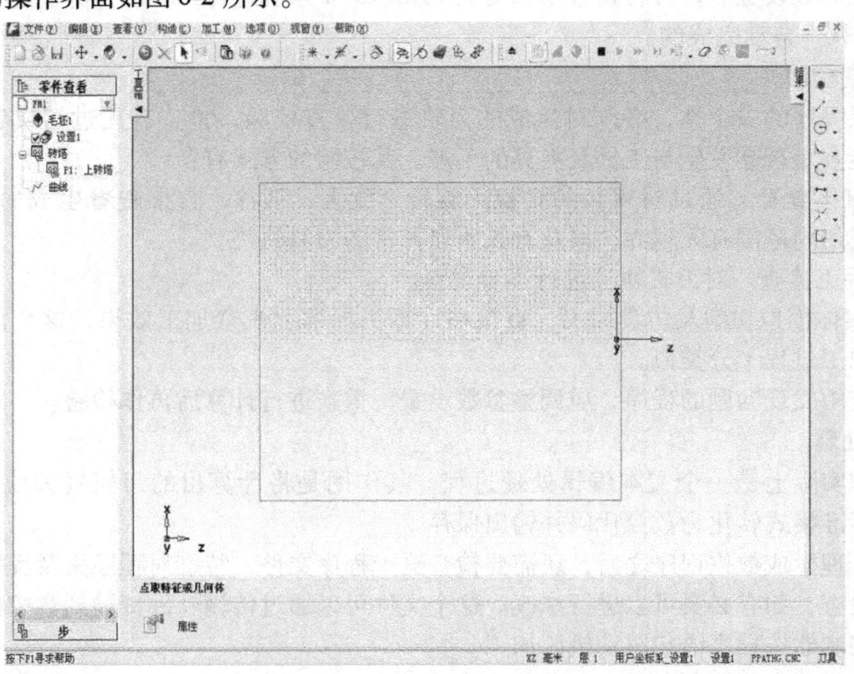

图 6-2　软件的操作界面

1. FeatureCam 用户界面特点

FeatureCam 用户界面有以下五个特点：

（1）零件分级查看　树形分级零件查看，如图 6-3 所示，列出了零件中的全部特征、曲线和曲面。可直接在树列表中选取形体，重新整理特征，进行三维实体仿真等。

（2）步进式工具箱　包含有从定义毛坯到产生数控程序代码所需的全部工具，如图 6-4 所示。

（3）标准工具栏　提供了模型操作、查看打印、在线帮助等多种功能，如图 6-5 所示。

（4）高级工具栏　可以根据需要打开，如图 6-6 所示。

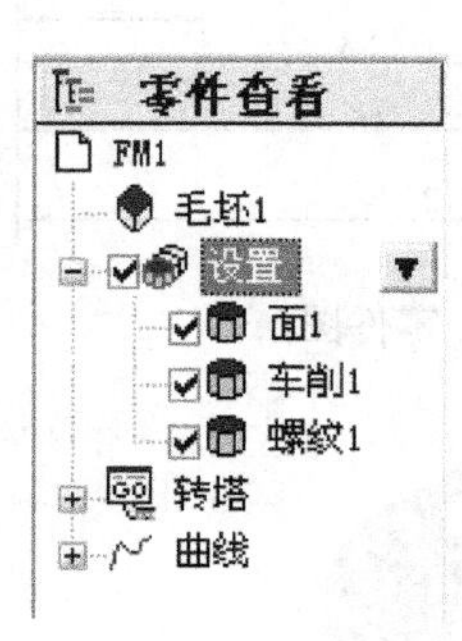

图 6-3　零件查看列表

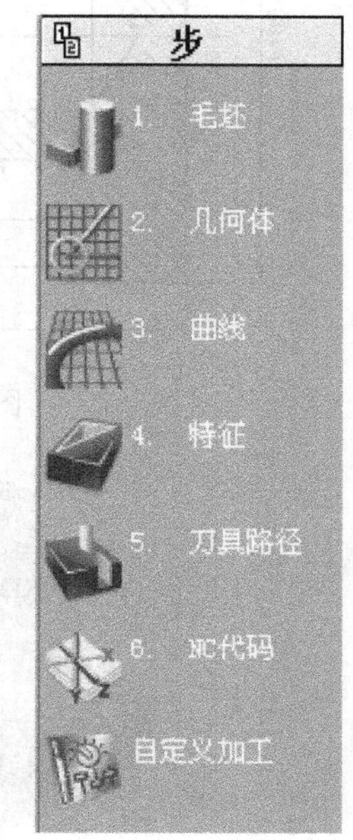

——第 1 步，定义毛坯。指导用户定义毛坯尺寸、加工材料和零件的程序零点。

——第 2 步，定义几何形体。提供了产生和编辑点、线、圆弧、圆倒角和尺寸的全部工具。

——第 3 步，定义曲线。向导程序指导用户生成二维曲线。

——第 4 步，定义特征。向导程序指导用户生成所需的加工特征。

——第 5 步，生成刀具路径。自动选取刀具和确定进给率，根据特征自动产生出加工特征所需刀具路径。

——第 6 步，生成数控程序代码。自动生成数控机床所需数控程序代码。

——自定义加工，编辑加工默认设置、进给率和刀具数据库。

图 6-4　步进式工具箱

图 6-5　标准工具栏

（5）标签式界面　可利用这种界面查看加工文件，如图 6-7 所示。

FeatureCam 自动生成包括工艺卡在内的车间加工所需的全部加工文件，仅需单击即可产生操作清单、刀具清单、数控程序代码。

2. 基本功能

1）绘制图形。

2）指定特征生成零件加工的刀具路径。

3）对零件进行模拟加工。

4）自动生成零件的加工程序。

图 6-6　高级工具栏

3. 功能演示

下面将以具体零件为例，介绍软件的基本功能。

完成图 6-8 所示零件的车削加工，其立体图如图 6-9 所示。

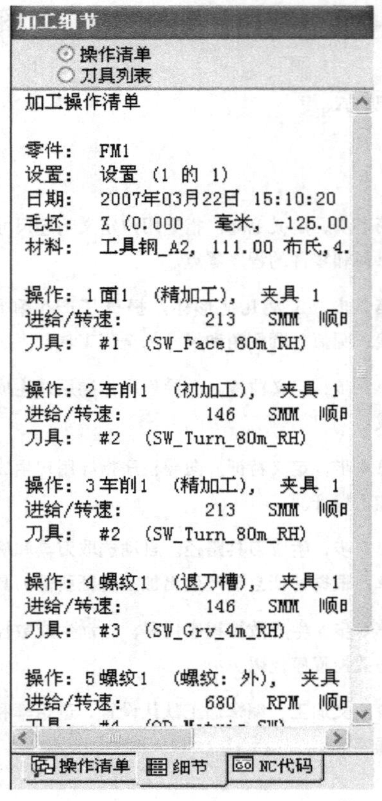

图 6-7 加工操作清单

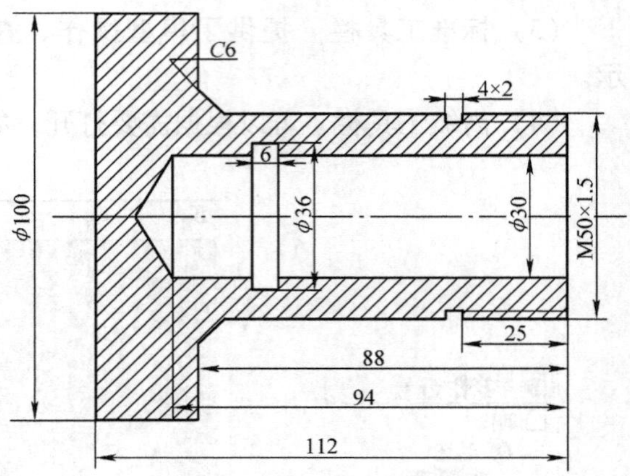

图 6-8 零件图

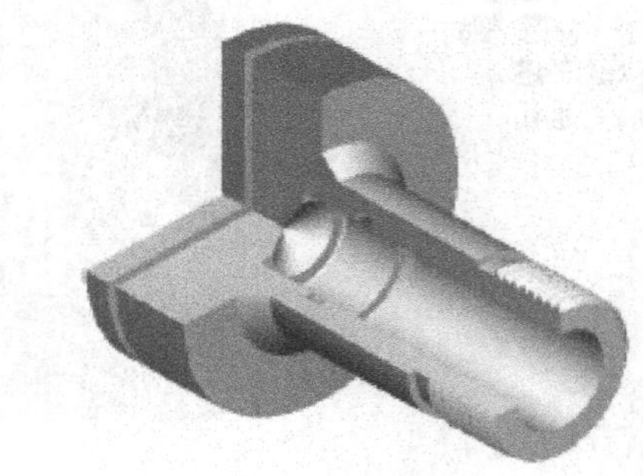

图 6-9 立体图

（1）毛坯设置　打开 FeatureCam 软件，选择 turning，毫米，建立毛坯。

1）毛坯外部尺寸：直径 100mm，长度 125mm。其他具体参数如图 6-10 所示。

2）确定各部分参数之后单击“下一步”，进入“毛坯-材料”设置对话框。材质选择铝，其余参数如图 6-11 所示。

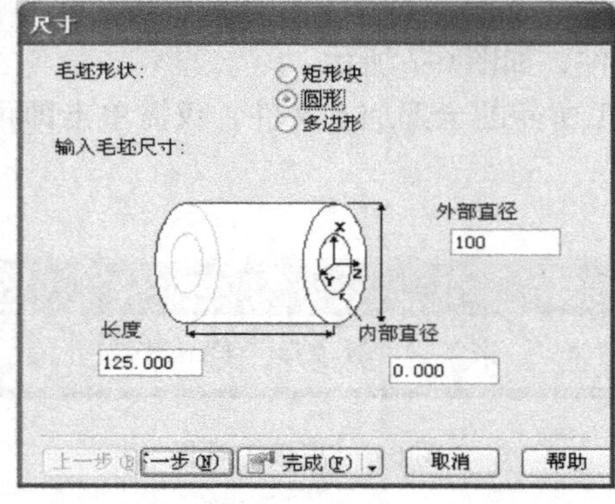

图 6-10 毛坯外部尺寸

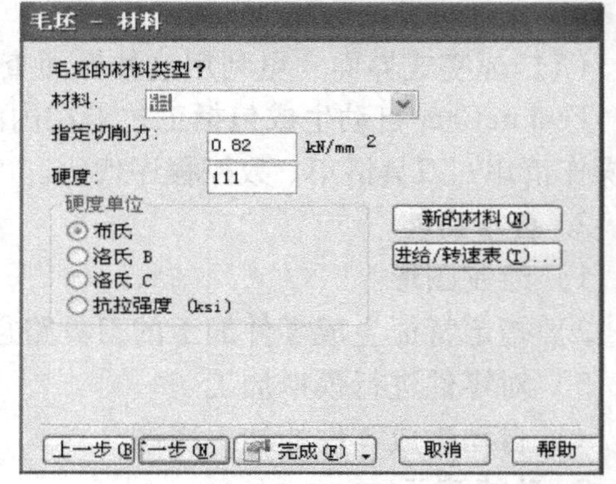

图 6-11 “毛坯-材料”设置对话框

3）单击“下一步”，设置毛坯坐标系，如图 6-12 所示。

4）单击“下一步”，定义毛坯加工程序的零点位置，如图 6-13 所示。

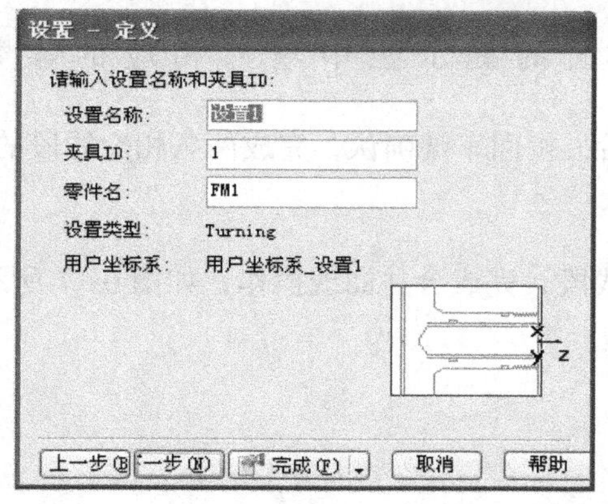

图 6-12　设置毛坯坐标系

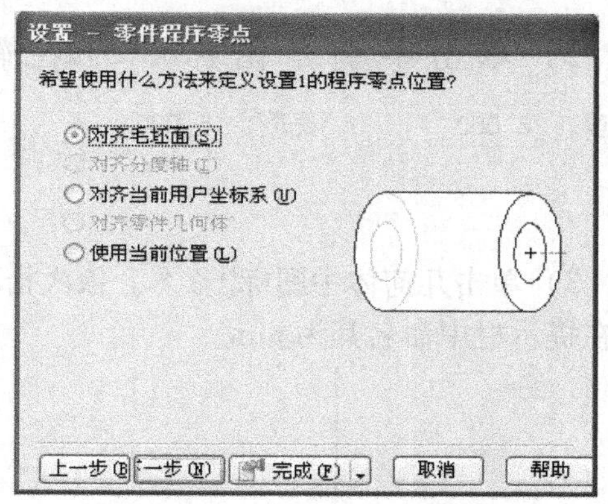

图 6-13　定义毛坯加工程序零点位置

5）继续单击“下一步”，进入详细设置，如图 6-14 所示。

6）如图 6-15 所示，设置 Z 轴偏置距离为 -1.5。

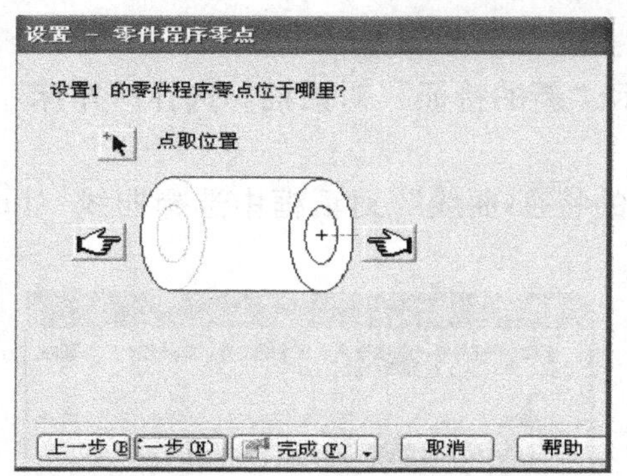

图 6-14　详细设置

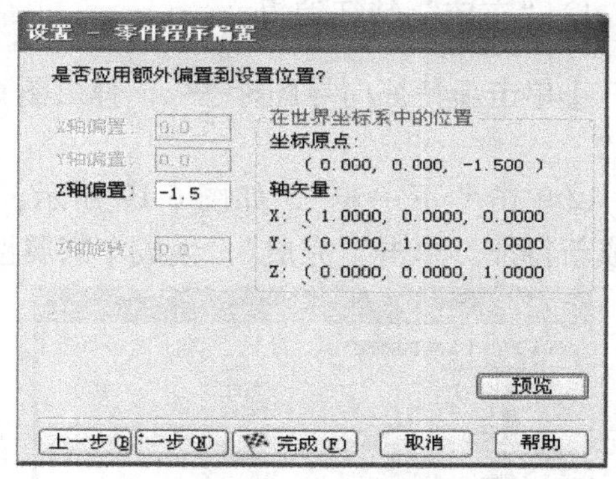

图 6-15　设置偏置

7）单击“完成”按钮，弹出“毛坯属性-毛坯 1”对话框，使用默认设置，单击“确定”按钮，完成毛坯设置，如图 6-16 所示。

（2）零件外圆曲线绘制

1）使用两点画线工具。单击几何体中图标 ，在软件界面的提示栏中输入相应的值。水平线段的第一点坐标 R/Z 1 25.000 0.000 0.000，第二点坐标 R/Z 2 25.000 0.000 -88.00，输入完成后，按回车键确认。竖直线段的第一点坐标 R/Z 1 25.000 0.000 -88.00，第二点坐标 R/Z 2 50 0.000 -88，输入完成后，按回

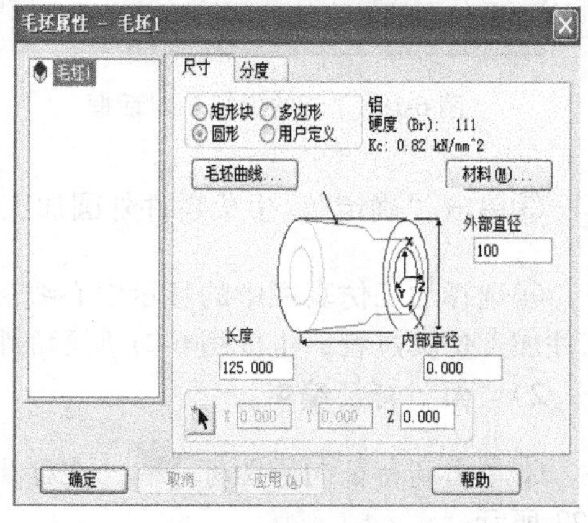

图 6-16　“毛坯属性-毛坯 1”对话框

车键确认。

2）单击平倒角图标，在软件界面的提示栏中输入相应的参数。宽度: 6.000 高度: 6.000，输入完成后，按回车键确认，完成两条相交线段的倒角。

3）单击几何体中图标。依次拾取两条线段，完成合并曲线操作，如图 6-17 所示，并在提示栏中命名其为 turn。

图 6-17

（3）特征编辑

1）“车床”特征编辑。

①单击新特征向导图标，弹出图 6-18 所示“新的特征”对话框。选择“车床”选项。

②单击“下一步”，如图 6-19 所示，在“新的特征-曲线”对话框中选择曲线“turn”生成新特征。单击“完成”，生成车削属性。

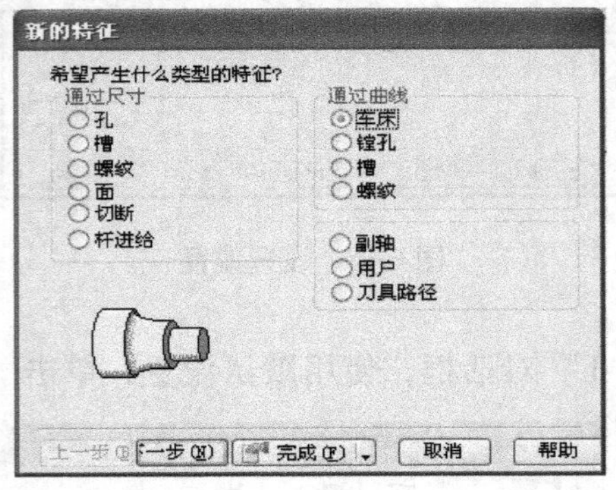

图 6-18 “新的特征”对话框

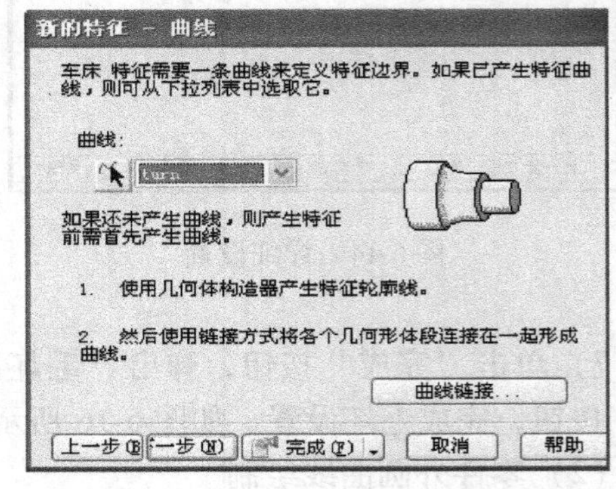

图 6-19 “新的特征-曲线”对话框

③单击“确定”，生成零件外圆加工的刀具路径，完成车床特征编辑，如图 6-20 所示。

④选择加工仿真栏中的显示中心线图标或三维图标，按下运行按钮，查看工件加工仿真过程，生成图 6-21 所示的特征零件。

2）“面”特征编辑。

①单击新特征向导图标，在弹出的“新的特征”对话框中选择“面”选项，如图 6-22 所示。

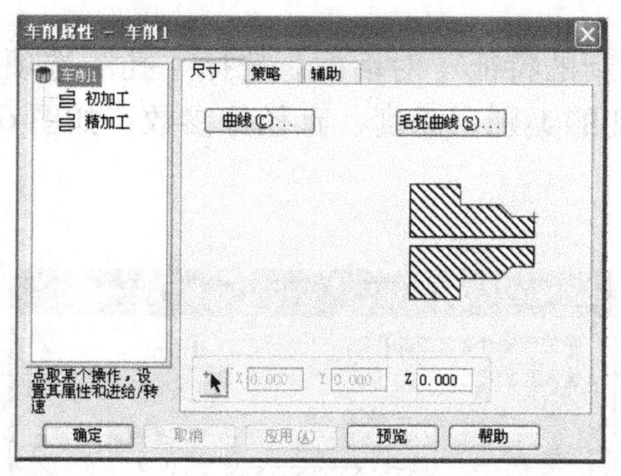

图6-20 “车削属性-车削1”对话框

图6-21 零件三维图

②单击“下一步”，在特征尺寸中输入待加工面的厚度为1.5，如图6-23所示。

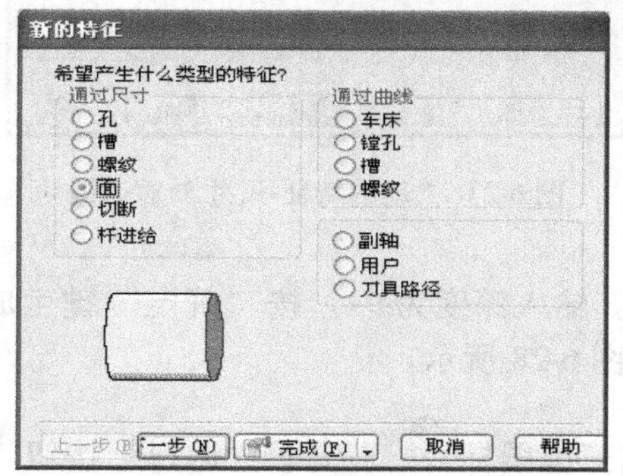

图6-22 “新的特征”对话框

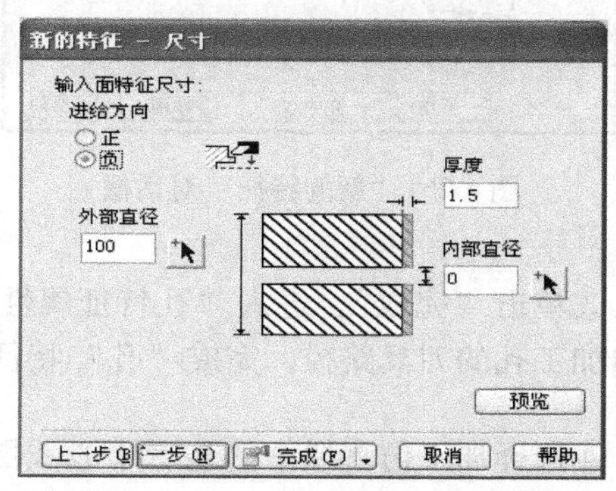

图6-23 “新的特征-尺寸”对话框

③单击“完成”，进入“面属性-面1”对话框。设置无误后，按“确定”键生成零件端面加工的刀具路径，完成“面”特征编辑，如图6-24所示。

④选择加工仿真栏中的显示中心线图标或三维图标，按下“运行”按钮，查看工件加工仿真过程，生成图6-25所示特征零件。

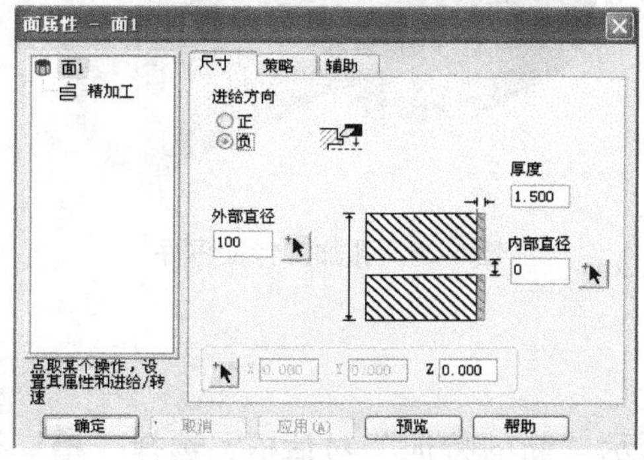

图6-24 “面属性-面1”对话框

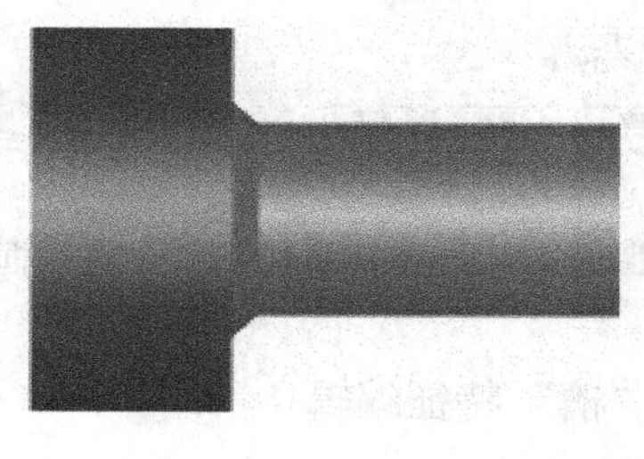

图6-25 面加工特征零件

3）“孔”特征编辑。

①单击新特征向导图标弹出图 6-26 所示“新的特征”对话框。选择“孔”选项。

②单击“下一步”，在特征尺寸中输入待加工孔的类别、深度、直径等参数，如图 6-27 所示。

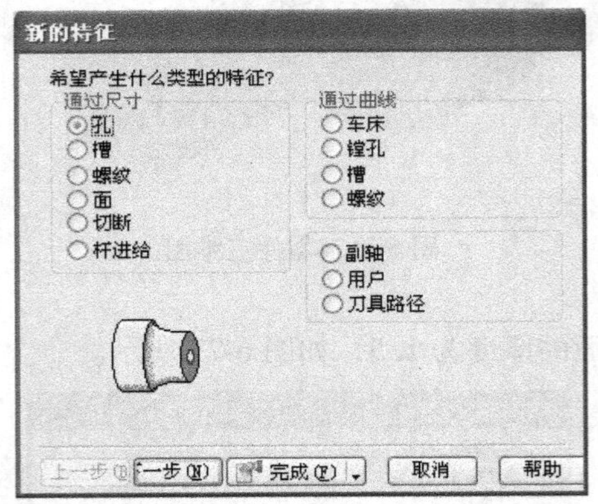

图 6-26 “新的特征”对话框

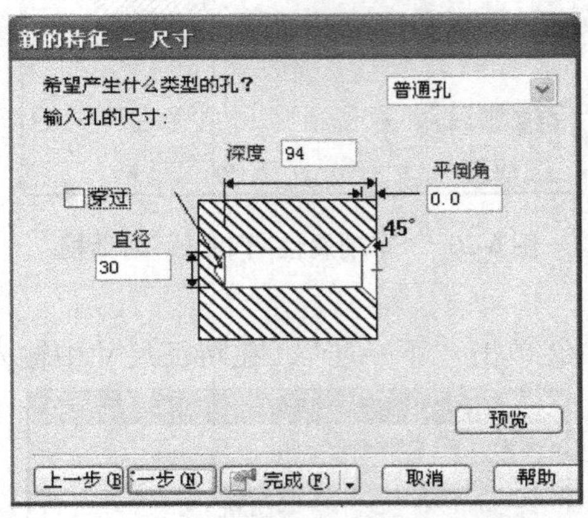

图 6-27 “新的特征-尺寸”对话框

③单击“完成”，进入“孔特征属性”对话框。输入深度为 94。按“确定”键生成零件内加工孔的刀具路径，完成“孔”特征编辑，如图 6-28 所示。

④选择加工仿真栏中的显示中心线图标或三维图标，按下“运行”按钮，查看工件加工仿真过程，生成图 6-29 所示的特征零件。

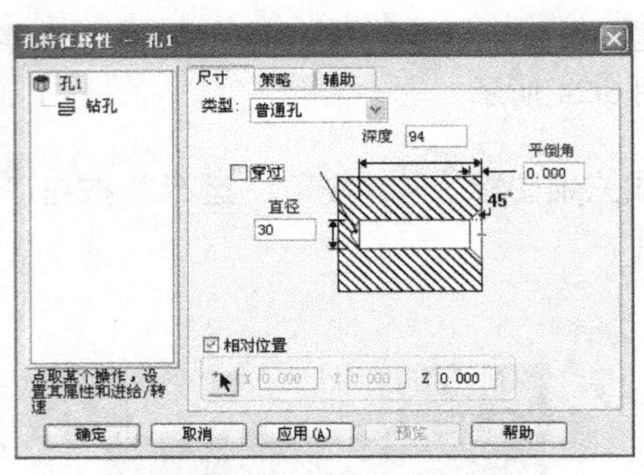

图 6-28 “孔特征属性-孔 1”对话框

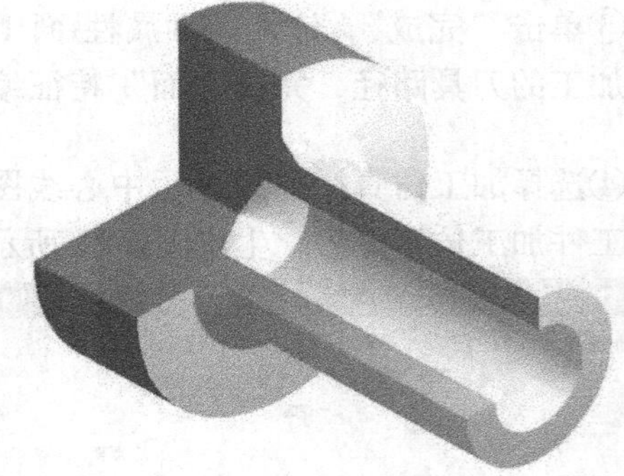

图 6-29 孔加工特征零件

4）“槽”特征编辑

①单击新特征向导图标，弹出图 6-30 所示“新的特征”对话框，选择“槽”选项。

②单击“下一步”，在特征尺寸中输入待加工槽的直径、深度、宽度等参数，如图 6-31 所示。

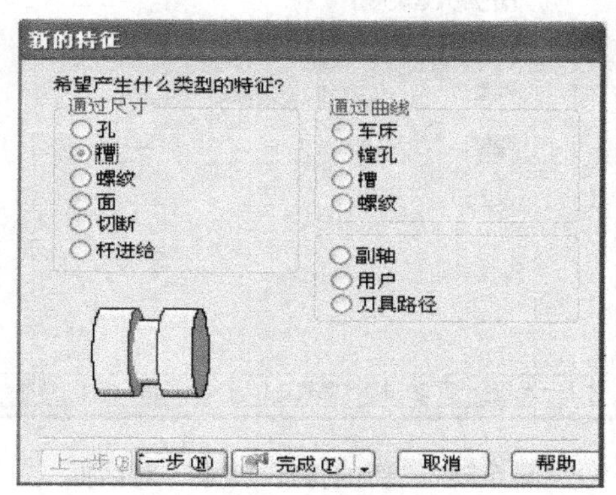

图 6-30　“新的特征”对话框

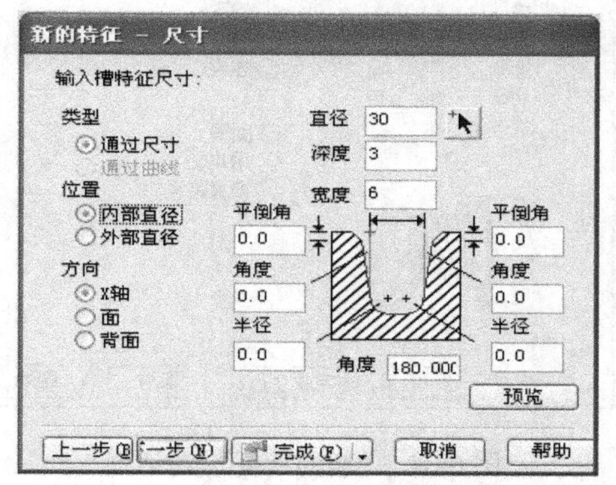

图 6-31　“新的特征-尺寸”对话框

③单击“完成”，进入槽属性对话框。设置槽位置为 Z 向 −75 处，按“完成”键生成零件内加工槽的刀具路径，如图 6-32 所示，完成“槽”特征编辑。

④选择加工仿真栏中的显示中心线图标或三维图标，按下“运行”按钮，查看工件加工仿真过程，生成图 6-33 所示的特征零件。

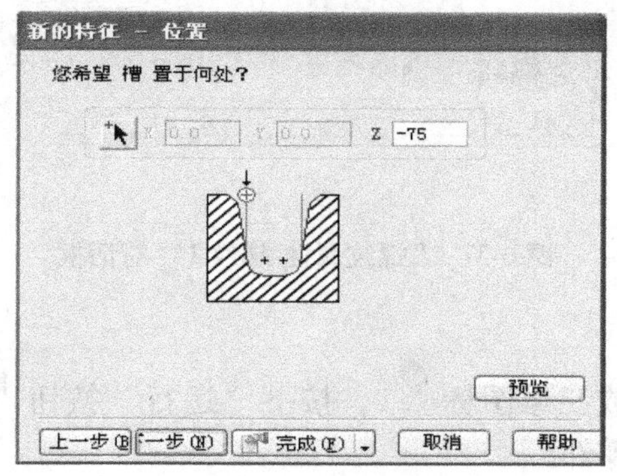

图 6-32　“新的特征-位置”对话框

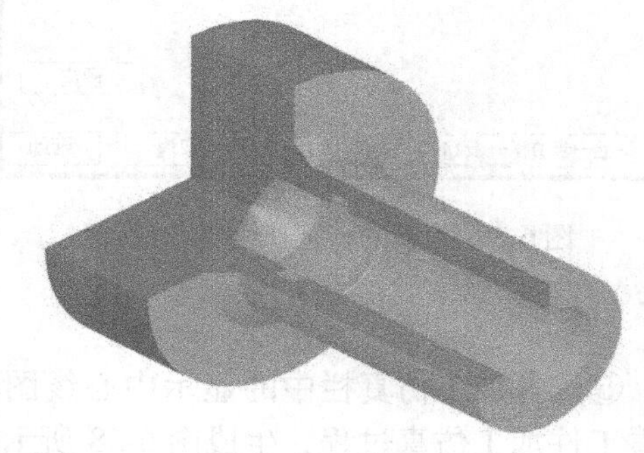

图 6-33　槽加工特征零件

5）“螺纹”特征编辑。

①单击新特征向导图标，弹出图 6-34 所示“新的特征”对话框，选择“螺纹”选项。

②单击“下一步”，在特征尺寸中选择标准螺纹尺寸及类型，如图 6-35 所示。

③单击“下一步”，在“新的特征-尺寸”对话框中输入螺纹长度 25，如图 6-36 所示。

④单击“完成”，进入“螺纹属性-螺纹 1”对话框。按“确定”键生成零件外螺纹加工的刀具路径，完成“螺纹”特征编辑，如图 6-37 所示。

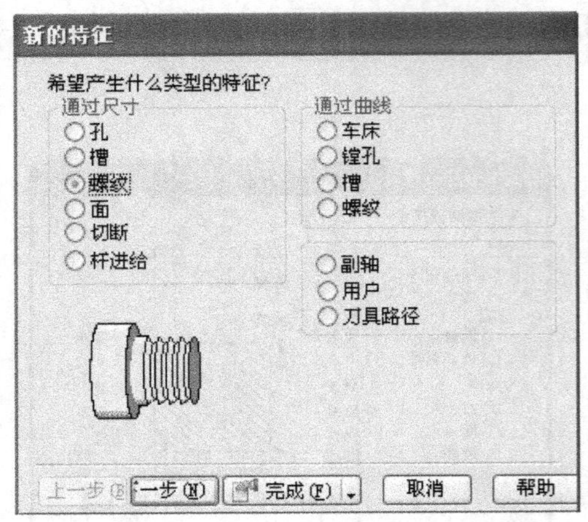

图 6-34 “新的特征”对话框

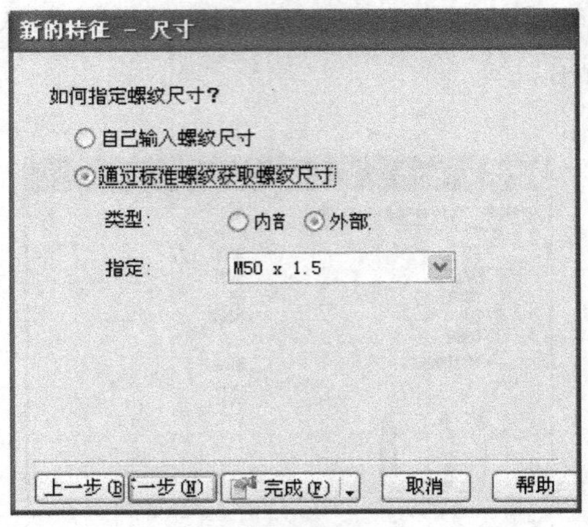

图 6-35 “新的特征-尺寸”对话框

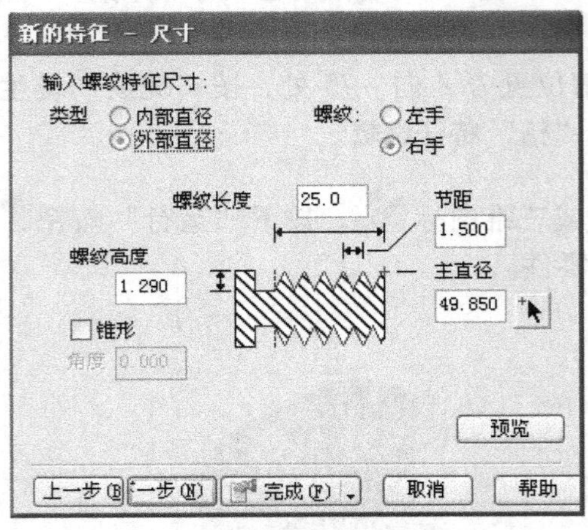

图 6-36 “新的特征-尺寸”对话框

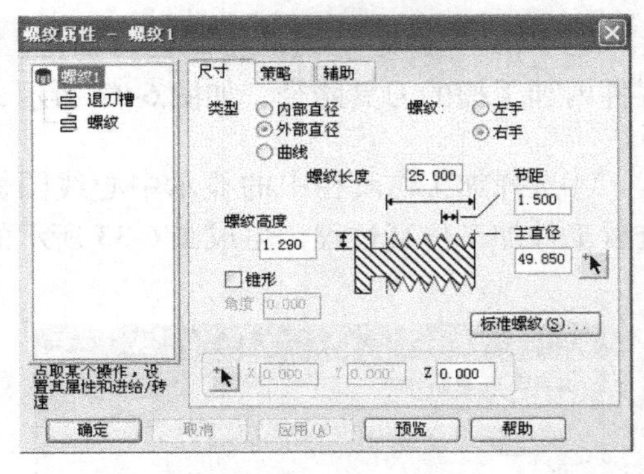

图 6-37 “螺纹属性-螺纹 1”对话框

⑤选择加工仿真栏中的显示中心线图标或三维图标，按下“运行”按钮，查看工件加工仿真过程，生成图 6-38 所示的特征零件。

6）“切断”特征编辑。

①单击新特征向导图标，弹出图 6-39 所示“新的特征”对话框，选择“切断”选项。

②单击“下一步”，在“新的特征-尺寸”对话框中输入切断特征尺寸的直径、宽度及其内部直径，如图 6-40 所示。

③单击“下一步”，设置切断位置为 Z 向 -122，如图 6-41 所示。

④单击“完成”，进入“切断属性-切断 1”对话框。按“确定”键生成零件切断的刀具路径，完成“切断”特征编辑，如图 6-42 所示。

⑤选择加工仿真栏中的显示中心线图标或三维图标，按下“运行”按钮，查看工件加工仿真过程，生成如图 6-43 所示特征零件。

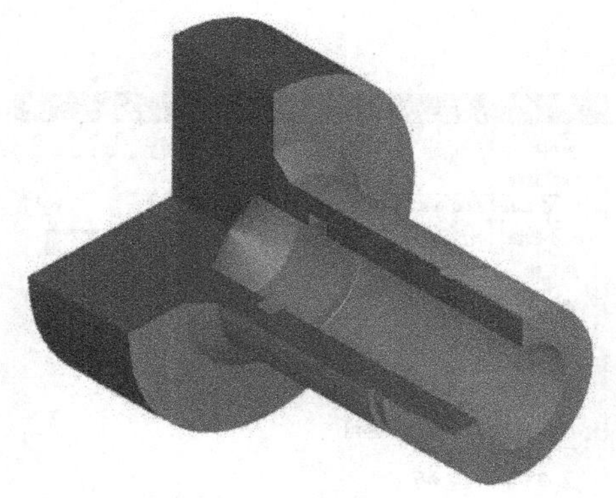

图6-38　螺纹加工特征零件

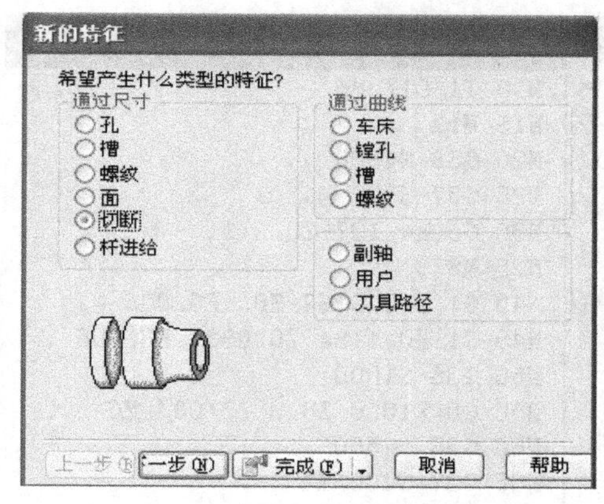

图6-39　“新的特征”对话框

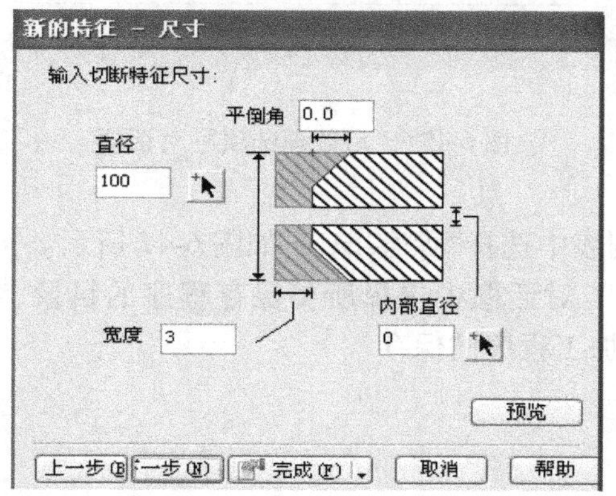

图6-40　“新的特征-尺寸”对话框

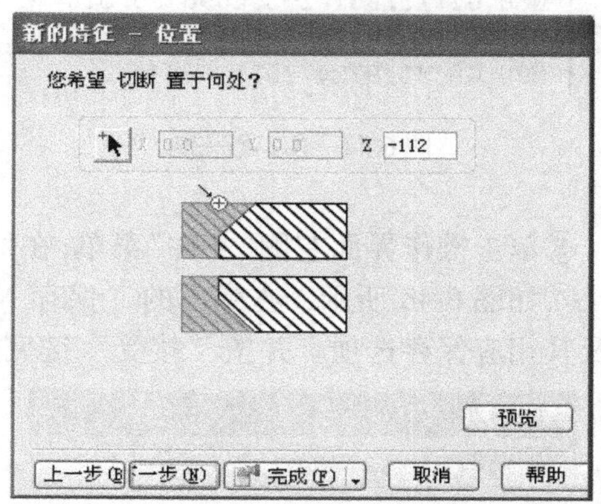

图6-41　“新的特征-位置”对话框

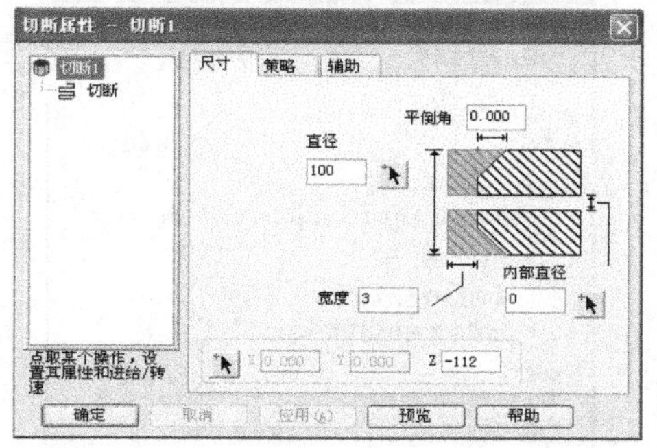

图6-42　“切断属性-切断1”对话框

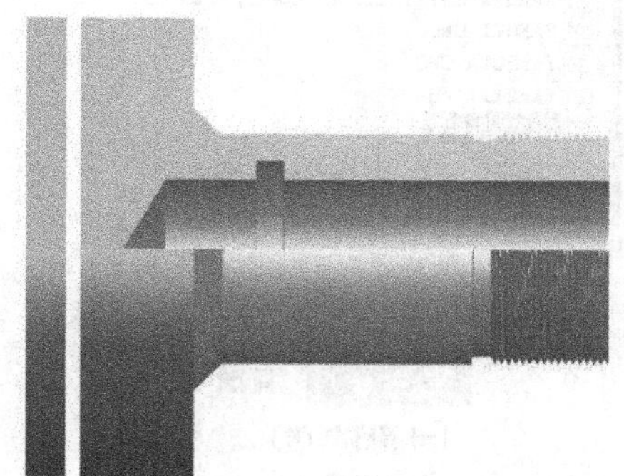

图6-43　加断加工特征零件

7）生成零件的加工程序。

①单击操作界面右侧“结果”按键，弹出NC代码列表，如图6-44所示。通过列表可以观看刀具程序加工路径。

②单击操作界面右下角的PPATHG. CNC图标，弹出图6-45所示“后处理选项”对话框。单击“浏览”，在图6-46所示“车削CNC文件”对话框中选择相应的数控操作系统。

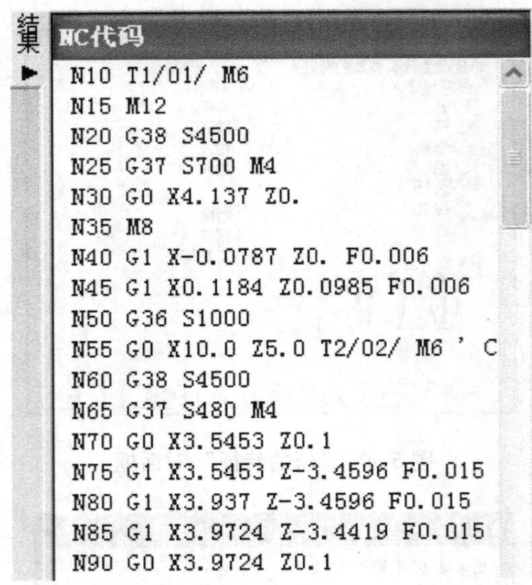

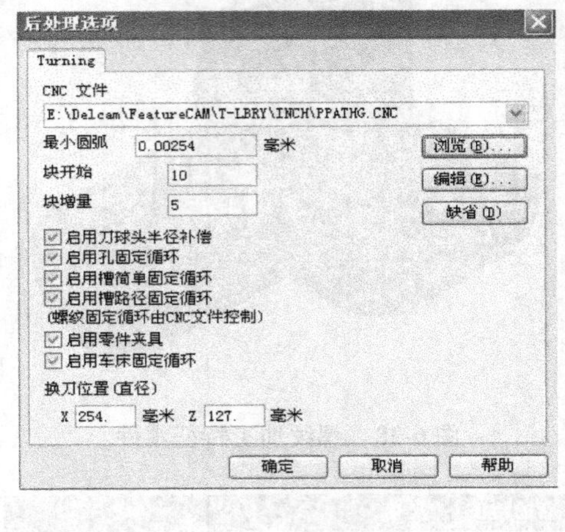

图 6-44　NC 代码表

图 6-45　“后处理选项”对话框

③单击操作界面左侧“文件”菜单，在弹出的列表中选择“保存 NC”，如图 6-47 所示。

④如图 6-48 所示，在弹出的“保存 NC 程序”对话框中选择所要保存程序的目录、名称及其相应保存选项。并按“接受”键完成零件加工程序的保存。

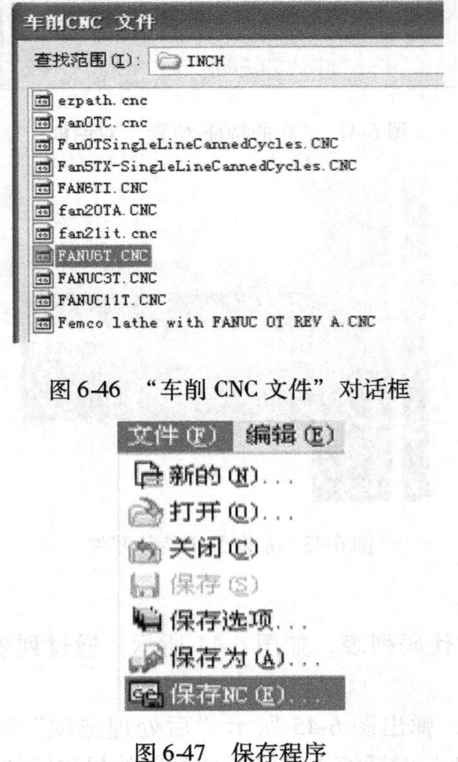

图 6-46　“车削 CNC 文件”对话框

图 6-47　保存程序

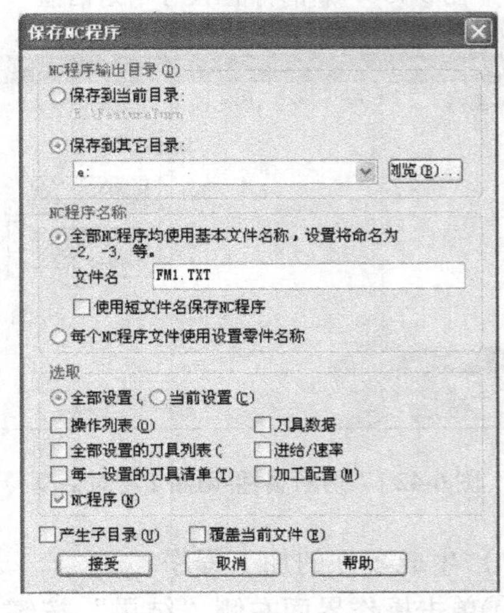

图 6-48　“保存 NC 程序”对话框

6.2.3　Delcam　PowerSHAPE 模块简介及实例分析

1. PowerSHAPE 模块界面简介

PowerSHAPE 是一个复杂形体造型系统，它由包含全部基本功能的核心模块，以及几个特殊模块组成。双击视窗中的 PowerSHAPE 图标
PowerSHAPE
，即可打开 PowerSHAPE。打开后，界面如图 6-49 所示。

菜单选项
命令选择区
视角选择图标
视角显示图标
图形区域

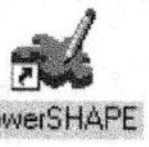

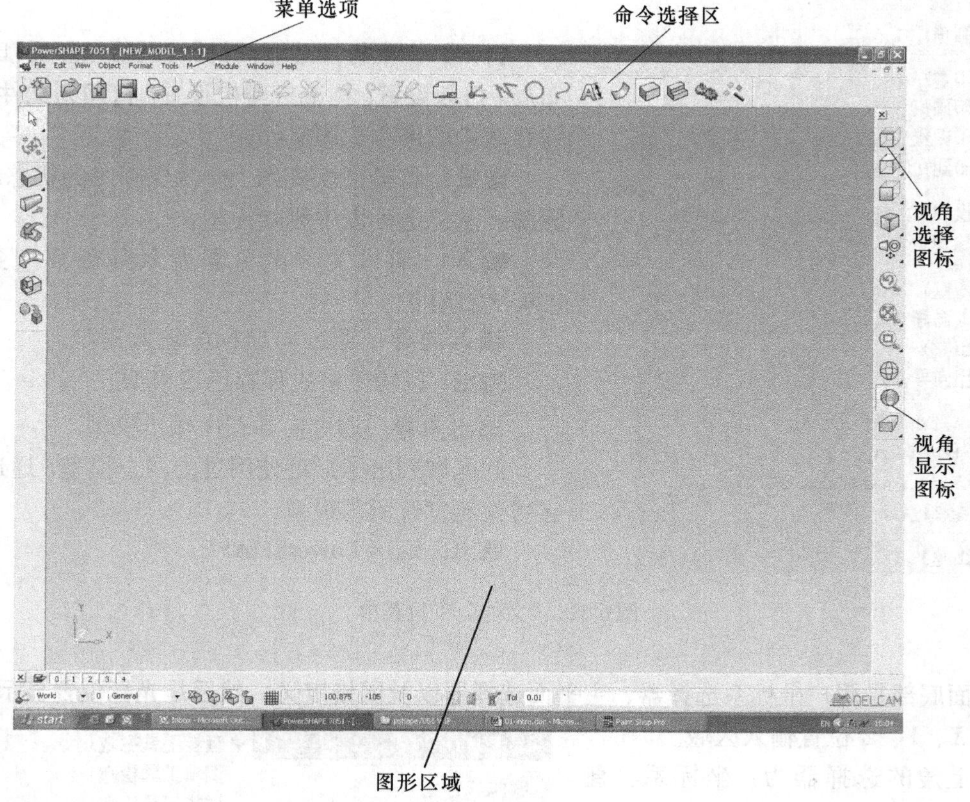

图 6-49　PowerSHAPE 主界面

PowerSHAPE 将自动装载一名称为 New _ Model _ 1：1 的新模型，可将此模型保存为一个新的名称，也可将其关闭，重新打开一个已保存的模型。在 PowerSHAPE 中可同时打开多个模型，也可将一个模型的数据复制到另一个模型上。

界面顶部是一组下拉菜单，如图 6-50 所示。

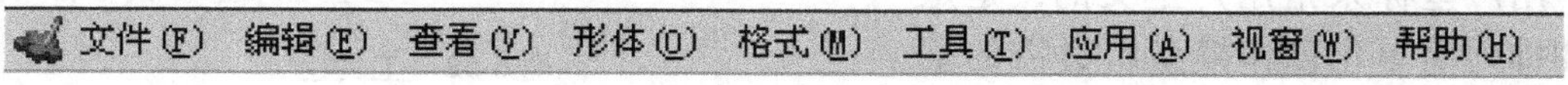

文件(F)　编辑(E)　查看(V)　形体(O)　格式(M)　工具(T)　应用(A)　视窗(W)　帮助(H)

图 6-50　PowerSHAPE 下拉菜单

使用鼠标左键单击“文件”菜单，各项功能说明如图 6-51 所示。

文件(F) 编辑(E) 查看(V) 形体(O)
新的(N) Ctrl+N
打开(O)... Ctrl+O
打开绘图(W)...
关闭(C) Ctrl+F4
关闭并压缩模型(L)
保存(S) Ctrl+S
保存为(A)...
属性(P)...
范例(M)...
打印(T)... Ctrl+P
打印预览(V)
打印设置(U)...
打印到文件(F)...
重设(R)
删除(D)...
输入(I)...
输入向导(W)...
输出(E)...
输出向导(Z)...
1: Asian TSPM (写入)
2: try (写入)
3: 5_axis_test_zhx (写入)
4: golf_fin (读取)
退出(X) Alt+F4

新的：打开一空的模型。**打开**：调出文件夹，选取模型。**打开绘图**：激活 PS-Draft。**关闭**：关闭模型。

保存：保存模型。**保存为**：将模型以新的名称保存。**属性**：列出模型中的几何元素。

范例：从已选列表中装载范例模型。

打印：标准打印选项。**打印预览**：显示打印布局。**打印设置**：标准打印机设置。**打印到文件**：保存渲染图像和打印文件。

重设：将模型恢复到上一次保存时的状态。**删除**：从已选列表中删除模型。

输入：通过文件浏览器调入外部模型到 PowerSHAPE。

输入向导：通过向导程序输入模型。

输出：以输出格式保存已选模型。

输出向导：通过向导程序输出模型。

此区域列出了最近使用过的四个模型，通过它可快速打开所需模型。

退出：退出 PowerSHAPE。

图 6-51 “文件”下拉菜单

界面底部是用户坐标系选择器、主平面选择器以及网格定义，然后是光标位置显示、公差以及 *X*、*Y*、*Z* 位置输入区域。

右上角的选择器为：坐标系、直线、圆弧、曲线、文字、面、实体、特征、装配等。

各工具栏均可通过主菜单“工具”菜单中的“显示”命令选项打开或关闭，如图 6-52 所示。

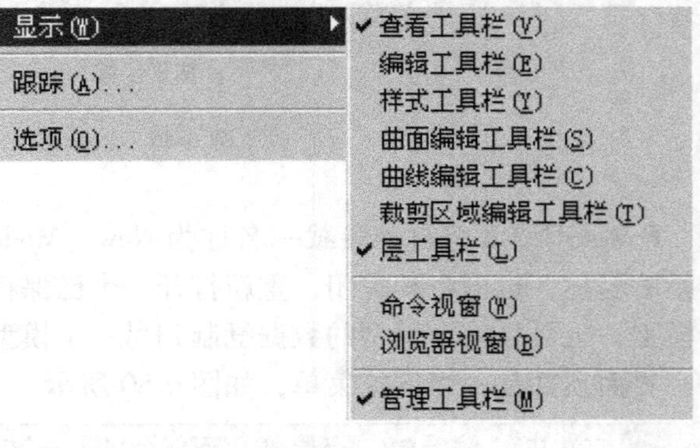

图 6-52 工具栏

2. 坐标系

用户坐标系是用户定义的，是定位和排列简单化创作模型所必需的基准点。模型包括多个坐标系，但是在任何时间里只有一个是处于活跃状态的。当一个坐标系被激活的时候，就出现 *x*、*y*、*z* 数据，并且从灰色变成红色。模型实体可以复制或者从当前激活的坐标系中进行剪切，然后相对于重新激活的坐标系，在不同的位置粘贴回来。

坐标系菜单被定位于主体工具栏。坐标系选项如图 6-53 所示。

用鼠标左键单击选项选择用户坐标系。

双击用户坐标系弹出坐标系的编辑工具栏，如图 6-54 所示。可通过此用户坐标系对话框来修改用户坐标系的位置、旋转其方向等。也可通过它来激活或不激活用户坐标系。用户坐标系处于激活状态时，在屏幕上显示为一个大的红色的坐标系；当其处于非激活状态时，在屏幕上显示为一个小的暗灰色的坐标系。

3. PowerSHAPE 三维建模

PowerSHAPE 模型中可包含多种几何元素，但总的来说可归纳为以下三种主要类型：线框，曲面和实体。

（1）直线和圆弧菜单

1）直线菜单。从主工具栏选择直线菜单，直线菜单选项如图 6-55 所示。

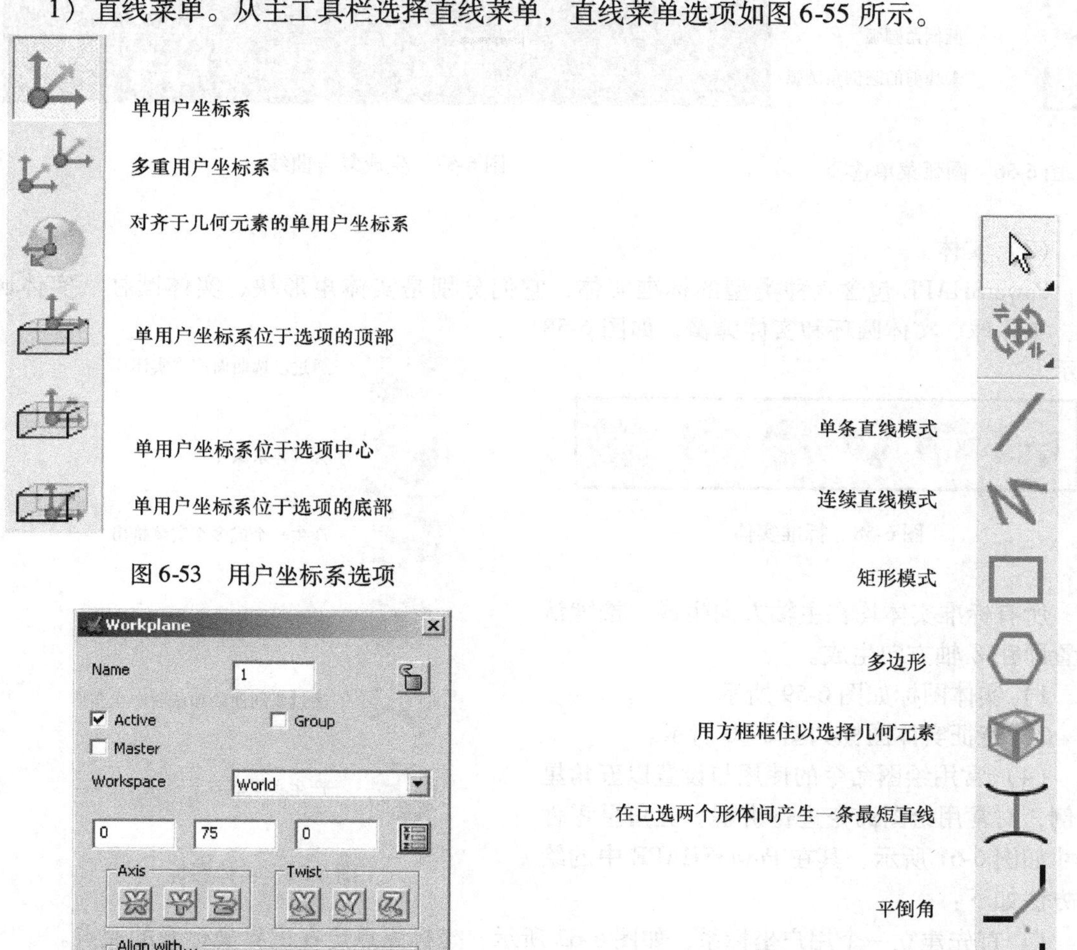

图 6-53　用户坐标系选项

图 6-54　坐标系编辑工具栏

图 6-55　直线菜单选项

2）圆弧菜单。从主工具栏选择圆弧图标。圆弧选项如图6-56所示。

（2）生成复合曲线　选取单个图素，单击连接方向，生成复合曲线，如图6-57所示。然后单击保存，退出。

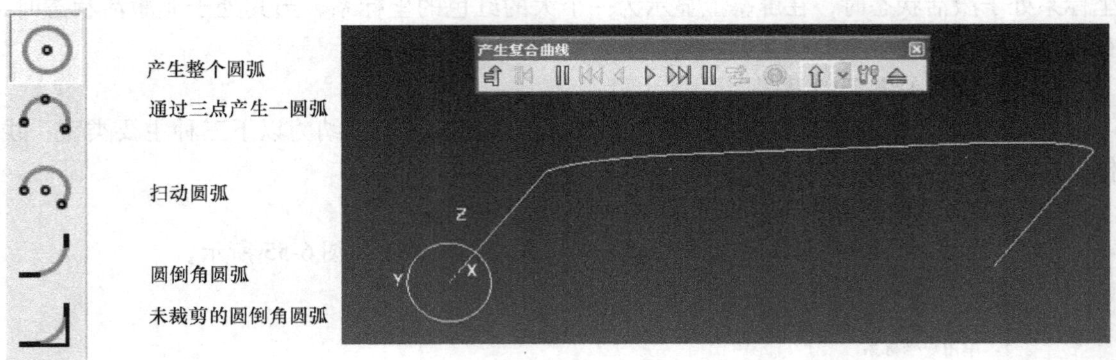

图6-56　圆弧菜单选项　　图6-57　生成复合曲线

（3）实体

PowerSHAPE包含六种类型的标准实体，它们分别是实体矩形块、实体圆柱、实体圆锥、实体球、实体圆环和实体弹簧，如图6-58所示。

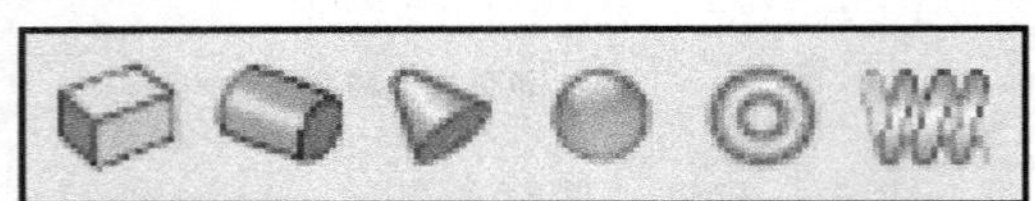

图6-58　标准实体

所有标准实体均在主轴方向生成，按默认设置即在Z轴方向生成。

1）实体图标如图6-59所示。

2）特征实体图标如图6-60所示。

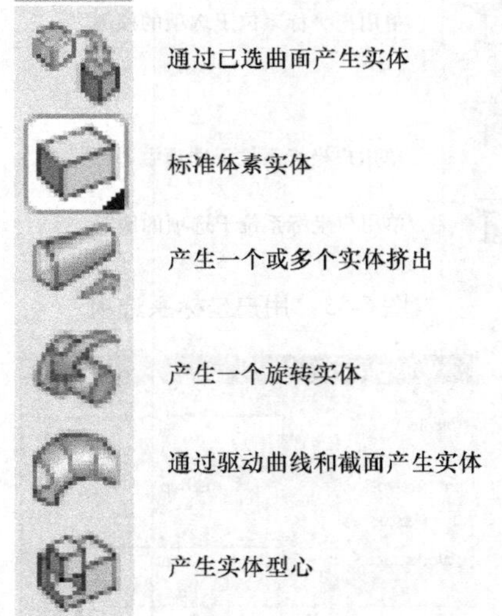

图6-59　实体图标

（4）常用绘图命令的使用与设置以五角星为例，对常用绘图命令进行讲解。五角星零件尺寸如图6-61所示，其在PowerSHAPE中的绘制方法如下：

1）首先建立一个用户坐标系，如图6-62所示，坐标原点定在世界坐标系的原点。

2）单击绘制整圆命令，或单击按钮，在XY平面内绘制$\phi100$mm的圆，作为五角星所在正五边形的外接圆，如图6-63所示。

3）在图6-63所示正圆中绘制正五边形，要求一拐点落在Y轴与圆的交点处，如图6-64所示。

4）用连续直线命令绘制的五角星，如图6-64所示。

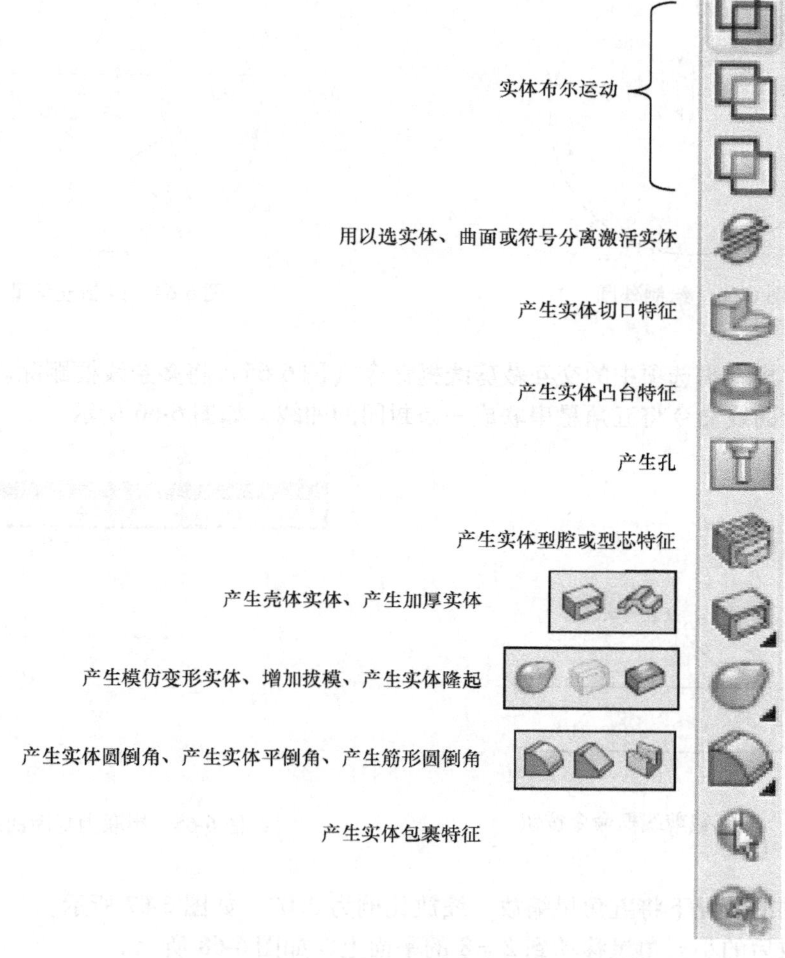

图6-60 特征实体图标

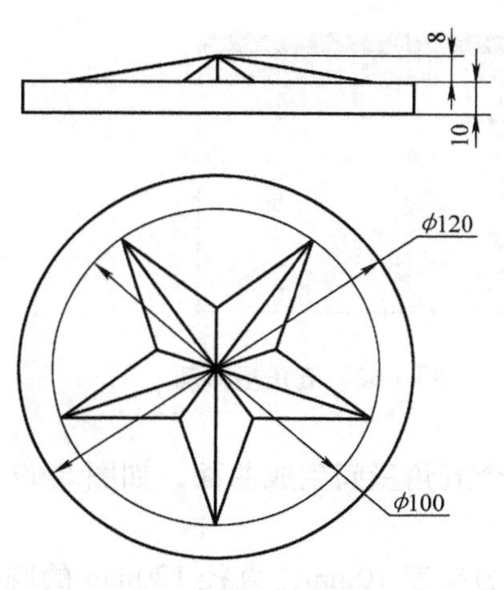

图6-61 五角星

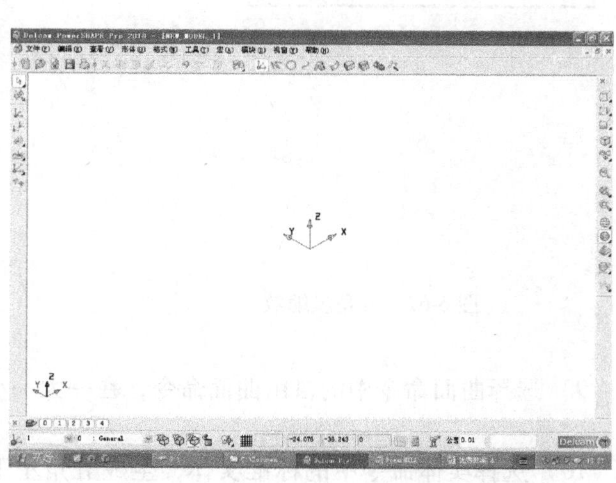

图6-62 用户坐标系建立

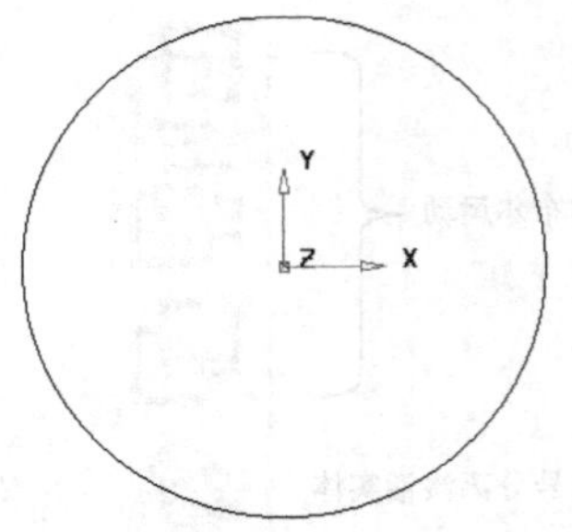

图 6-63　绘制外圆

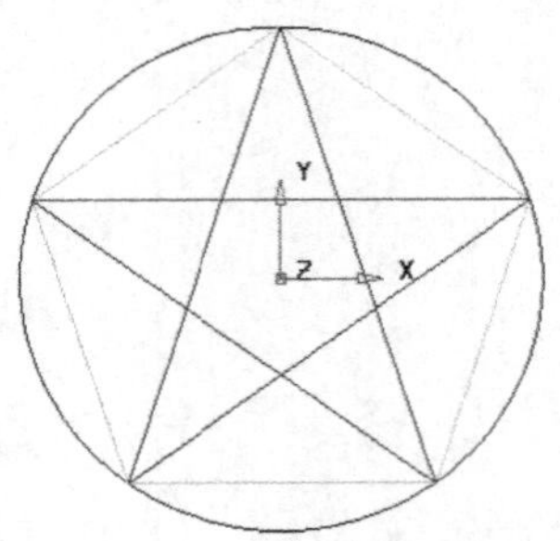

图 6-64　绘制五角星

5）使用常规编辑选项中的交互裁剪线框命令（图 6-65）将多余线框删除。

6）用复合曲线命令将五角星串联成一条封闭的曲线，如图 6-66 所示。

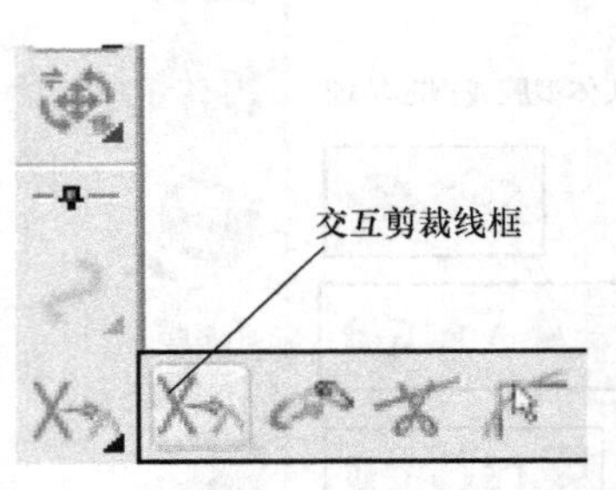

图 6-65　交互裁剪线框命令按钮

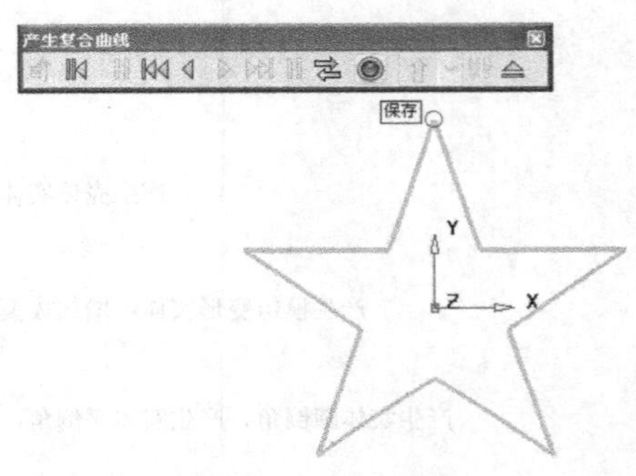

图 6-66　串联为封闭曲线

7）在复制的情况下将五角星缩放，缩放比例为 0.02，如图 6-67 所示。

8）将缩放后的小五角星移动到 $Z=8$ 的平面上，如图 6-68 所示。

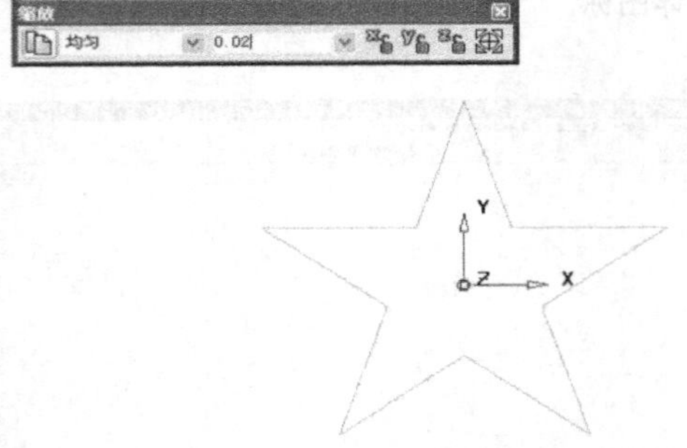

图 6-67　五角星缩放

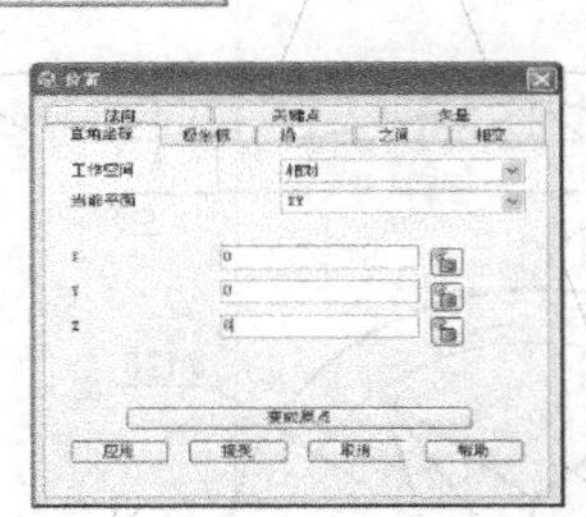

图 6-68　五角星移动

9）选择曲面命令中的自由曲面命令，在一大一小两个五角星间生成曲面，如图 6-69 所示。

10）选择实体命令中的标准实体，生成五角星下面的高度 10mm、直径 120mm 的圆柱体，如图 6-70 所示。

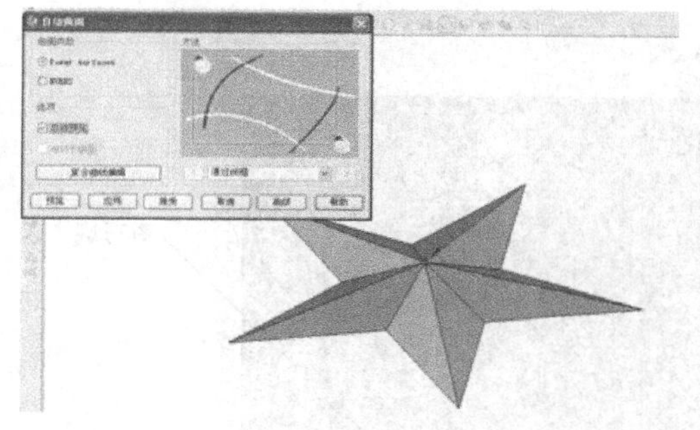

图 6-69　生成曲面

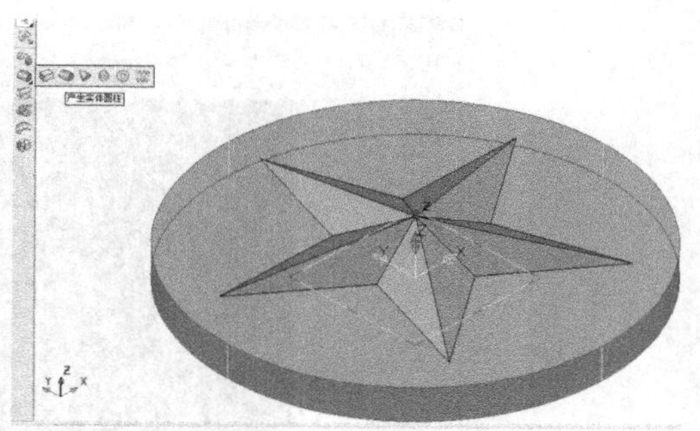

图 6-70　生成圆柱体

11）将图形以 DGK 文件格式输出，如图 6-71 和图 6-72 所示。

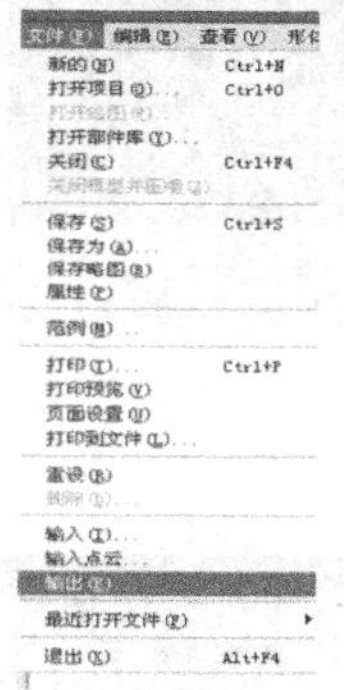

图 6-71　输出文件

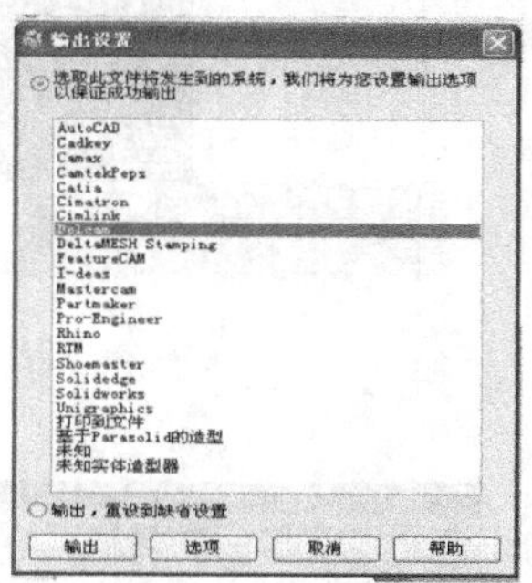

图 6-72　选择输出格式

6.2.4　Delcam　PowerMILL 模块简介及实例分析

1. PowerMILL 模块界面简介

PowerMILL 是 Delcam PLC 公司出品的功能强大、加工策略丰富的数控铣削加工编程软件。该软件采用全新的中文 Windows 用户界面，提供完善的加工策略，帮助用户生成最佳的加工方案，从而提高加工效率，减少手工修整，快速生成粗、精加工路径。对 2 ~ 5 轴的数控加工，该软件具有包括对刀柄、刀夹进行完整的干涉检查与排除功能，并具有集成的实体加工仿真功能，方便用户在加工前了解整个加工过程及加工效果，节省加工时间。

双击 PowerMILL 图标，其主界面如图 6-73 所示。

（1）PowerMILL 下拉菜单　PowerMILL 下拉菜单位于 PowerMILL 主界面的顶部。将光标置于菜单上，单击鼠标左键可调出子菜单，按 ► 按钮移动光标，可以调出更底层的次级菜单选项，如图 6-74 所示。

（2）PowerMILL 主工具栏　PowerMILL 主工具栏可快速访问 PowerMILL 中最常用的一些命令。每个图标均对应于一个功能。将光标停留在图标上，界面上出现该图标所对应功能的简单描述（或称工具提示）。PowerMILL 主工具栏如图 6-75 所示。

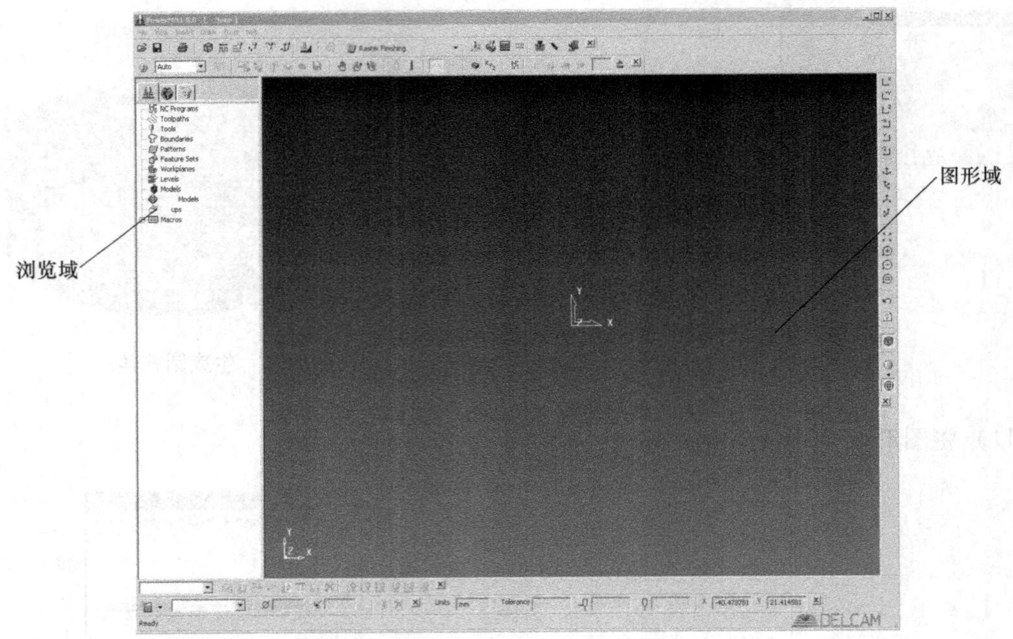

图 6-73 PowerMILL 主界面

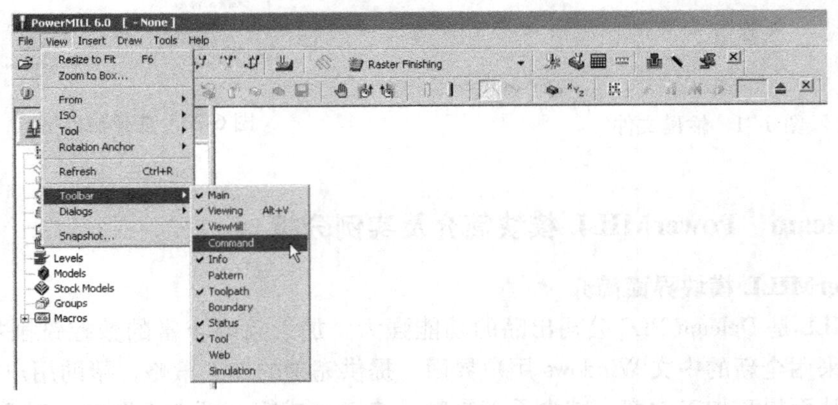

图 6-74 PowerMILL 下拉菜单

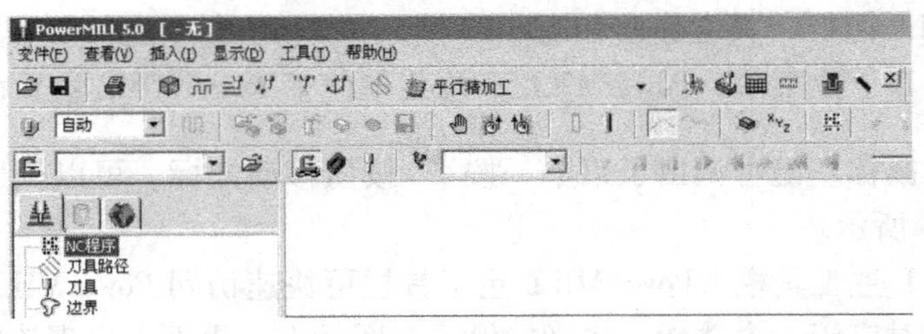

图 6-75 PowerMILL 主工具栏

（3）PowerMILL 的查看工具栏　界面右边是 PowerMILL 查看工具栏，使用此工具栏中的图标可改变模型的查看方式。单击不同图标后，模型的不同方向视图及世界坐标系将显示在视窗或图形区域的中央。PowerMILL 查看工具栏如图 6-76 所示。

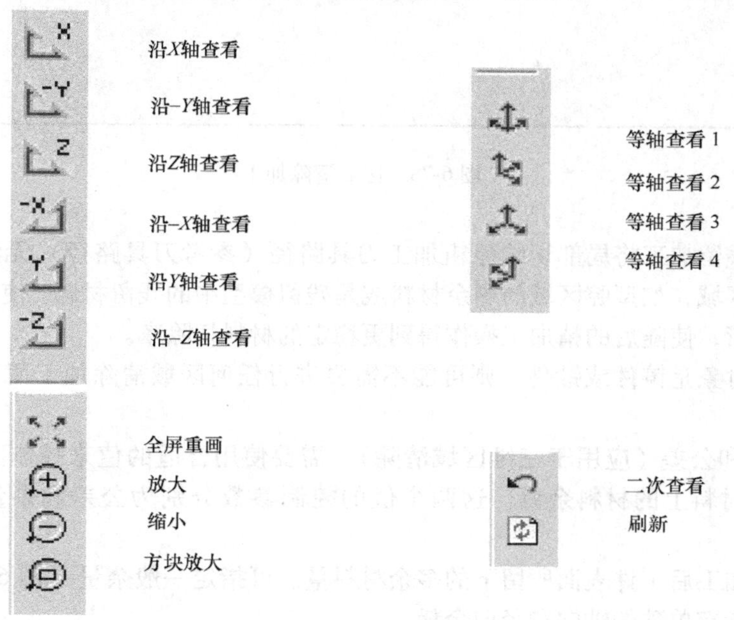

图 6-76　PowerMILL 查看工具栏

2. PowerMILL 窗格

界面的左边是 PowerMILL 窗格，如图 6-77 所示。这些窗格用来帮助组织和管理加工信息。第一个窗格（即默认窗格）为标识有 PowerMILL 图标的窗格，这个窗格中包含有刀具路径、参考线、特征设置、用户坐标系、组及宏等。

第二个窗格为 HTML 浏览器，用来查看 HTML 文件和帮助文件。

第三个窗格为回收站。用来恢复已删除的刀具路径。

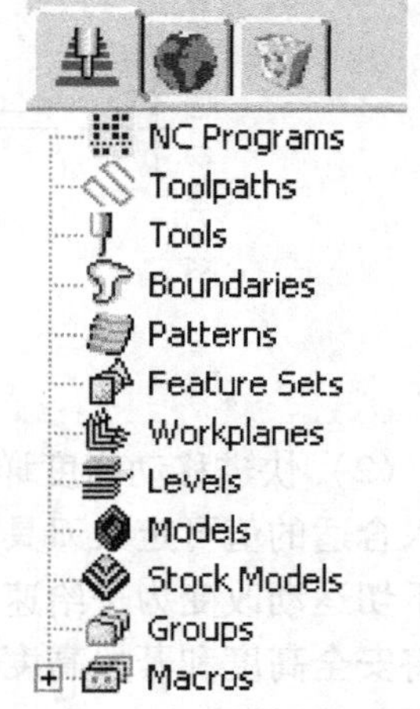

图 6-77　PowerMILL 窗格

3. 粗加工策略

PowerMILL 对三维模型零件进行粗加工的主要方法称为三维区域清除策略，它提供了多个二维材料清除方法，按用户指定高度一层一层由上向下加工等高切面，直到零件加工成型。

系统同时还提供了一个相似的策略组，即 2.5D 区域清除策略，用它来进行 PowerMILL 2.5D 特征加工，这里不再详细介绍。

按区域清除策略加工时，刀具向下加工到一个指定高度，全部清除此区域（切面）后，再加工下一切面并重复上述过程。通常也将这种加工方法称为水平线粗加工，如图 6-78 所示。

对有一些零件还可以使用残留加工方法，即用一个较小的粗加工刀具对部件进行二次区

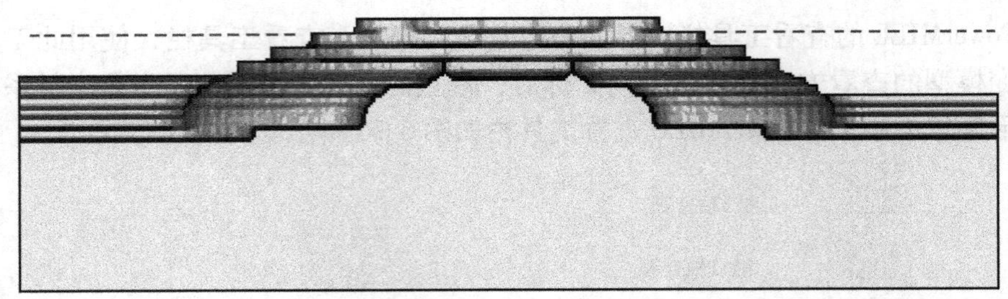

图 6-78 区域清除加工

域清除加工。残留加工将局部切除原粗加工刀具路径（参考刀具路径）无法加工到的区域或是残留模型区域，如型腔区域的剩余材料或是残留模型中的残留材料。使用残留加工方法可降低刀具载荷，使随后的精加工操作得到更稳定的材料切除率。

如果加工对象是铸件或锻件，则可能不需要进行任何区域清除加工而直接进行半精加工。

（1）余量和公差（应用于三维区域清除） 需要使用合适的值来控制刀具路径的切削精度和残留在材料上的材料余量。这两个值的控制参数分别为公差和余量，它们可预先设置。

余量是指加工后工件表面所留下的多余材料量。可指定一般余量（图 6-79），也可在加工选项中分别指定单独的轴向和径向余量。

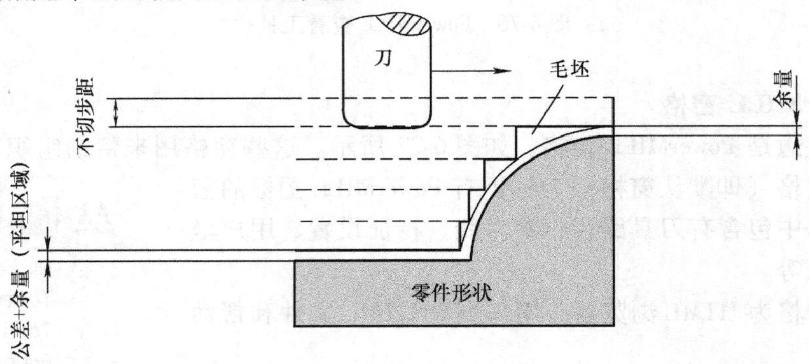

图 6-79 余量公差

（2）快进移动高度详解 快进移动高度对话框提供了安全高度和开始高度输入方框。输入合适的值可定义刀具安全运行的高度（安全高度），模型之上的水平快进移动以及由快进下切运动改变为进给速率下切运动的开始高度。单击重设到安全高度按钮后，PowerMILL 会将安全高度和开始高度设置在模型或毛坯顶部（取高的那一个）的一个安全距离之上，如图 6-80 所示。

快进移动高度与切入切出和连接表格相关，它可为刀具路径连接提供更灵活的选择。

安全高度（默认设置）如图 6-80、图 6-81 所示，快进类型设置了应用到工件之上某个指定高度的进给速度。这种设置的优点是可预见性强，不需要机床操作者的干预；其缺点是机床空程移动时间长，尤其是对体积大、深度深的零部件。

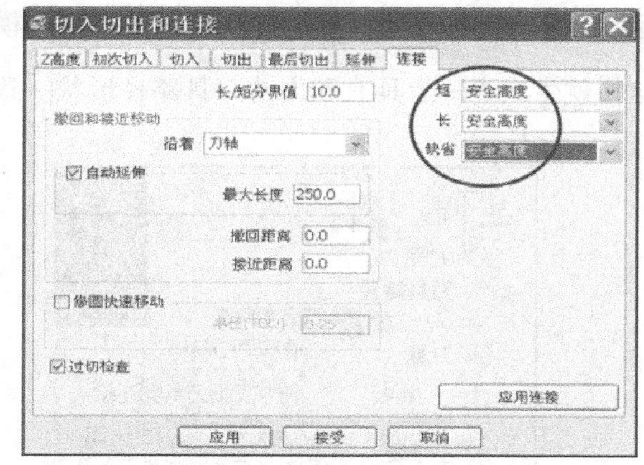

图 6-80　切入切出和连接

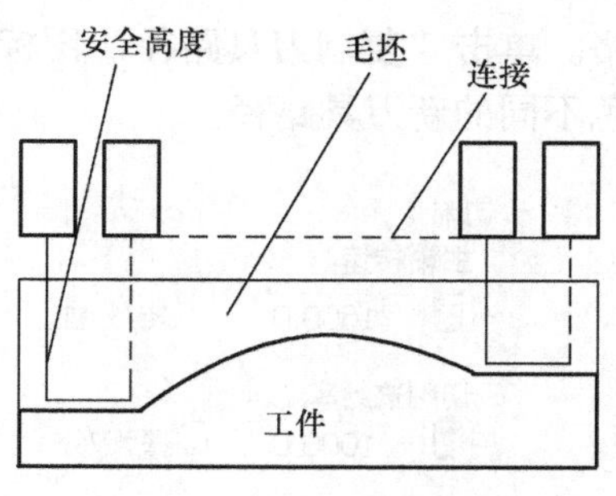

图 6-81　安全高度示意

在表格的相对高度部分，除安全高度选项外，还有掠过和下切两个选项供选择。

1）掠过，如图 6-82、图 6-83 所示，以快进速度提刀到部件最高点之上一相对安全高度，以线性连接方式移动到下一下切位置，然后下切到相对开始 Z 高度，然后以下切进给速度切入。考虑到能适用于全部类型机床，在此移动使用掠过进给速度（G1），而不使用快进（G0）。

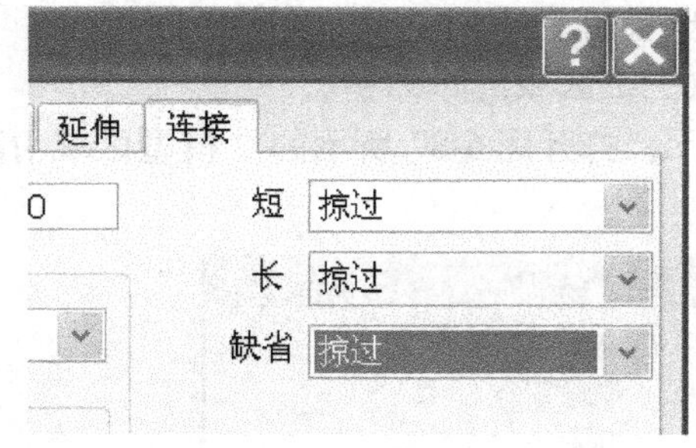

图 6-82　连接选项

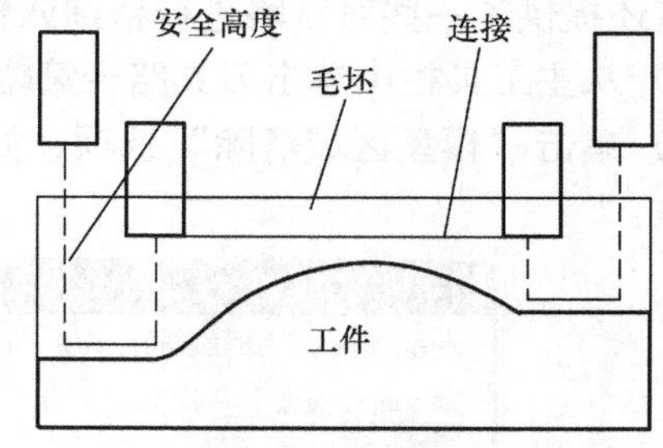

图 6-83　刀具安全高度

2）下切。以快进速度提刀到绝对安全高度，然后在工件上作快速移动，到达另一下刀位置时，以快进速度下切到相对开始高度，然后以下切进给速度切入。和掠过不同的是，下切移动的快进连接出现在绝对安全高度。

（3）为刀具路径进给速度指定颜色　通过进给和速率表格使用样式和颜色将刀具路径中的快进移动和不同进给速度的切削进给等设置为不同的颜色，以区别其各自不同的移动速度。固定（G0）快进移动：红色虚线-刀具路径元素。可变值（G1）进给速度移动：绿色/橙色-刀具路径切削进给移动；浅蓝色-刀具路径下切进给移动；紫色-刀具路径掠过进给移动。

也可通过刀具路径编辑选项为局部区域刀具路径指定额外的切削进给速度。PowerMILL 将为具有新的进给速度的区域的刀具路径指定一个不同的颜色。

从主菜单工具栏选择进给和转速按钮，按图 6-84 所示输入相关值，最后单击“接受”按钮。

用鼠标右键单击浏览器中的刀具路径，打开下拉菜单。也可使用下拉菜单中的激活开关选项来激活或不激活刀具路径。如图 6-85 所示，选取设置选项，重新打开平行区域清除模型表格。单击“复制刀具路径”图标，这样就生成了一个具有和之前刀具路径形状一致但颜色不同的新刀具路径。

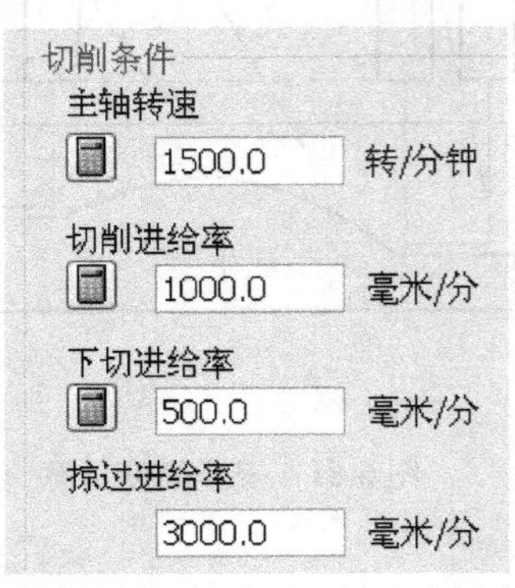

图 6-84 进给和转速设置

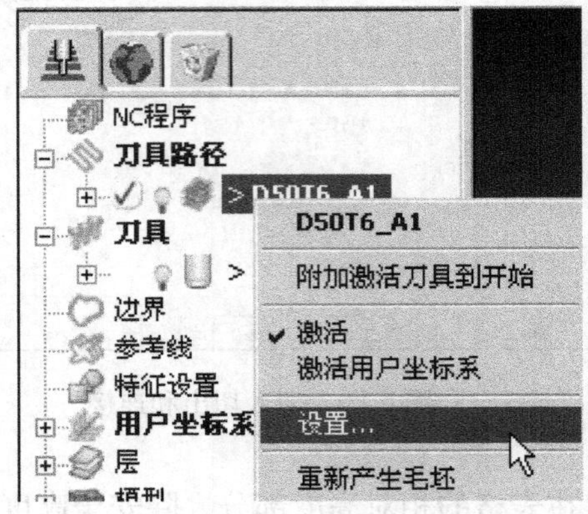

图 6-85 设置选项

（4）平行区域清除范例 平行区域清除策略依据激活 Z 高度在毛坯上按零件外形作一系列的线性切削，随后（如果需要）绕零件运行轮廓路径，在等高切面上留下恒定的余量。该策略还提供了一些对策略进行精细调整的选项，步骤如下：

1）从主工具栏中单击刀具路径策略图标。选取三维区域清除标签。

2）单击“模型区域清除”选项，如图 6-86 所示，打开图 6-87 所示的“模型区域清除”对话框。

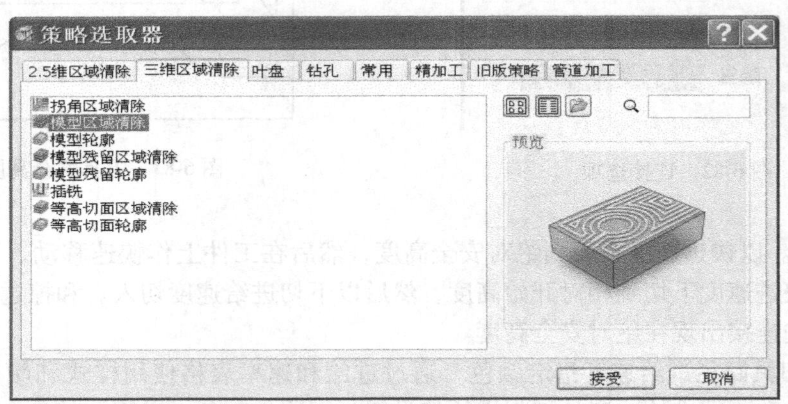

图 6-86 “策略选取器”对话框

3）键入名称 D50T6 _ A1，设置“余量”为 0.5，设置“行距”为 20。设置“下切步距”为 10。

4）其他选项使用默认设置，单击“计算”。

5）处理完毕后，单击“取消”关闭对话框。

打开 PowerMILL 菜单中的“刀具路径”子菜单后，浏览器界面中即产生一已经处理的刀具路径（刀具路径的默认名称在此已改变为 D50T6 _ A1），如图 6-88 所示。

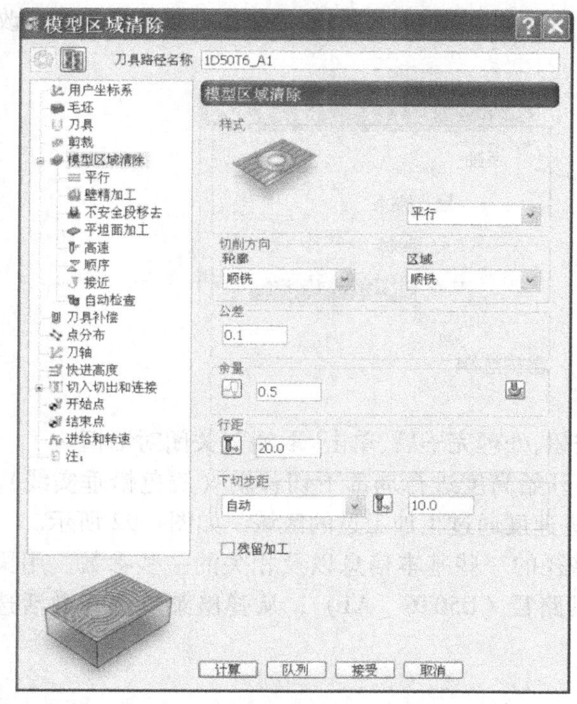

图 6-87　“模型区域清除”对话框

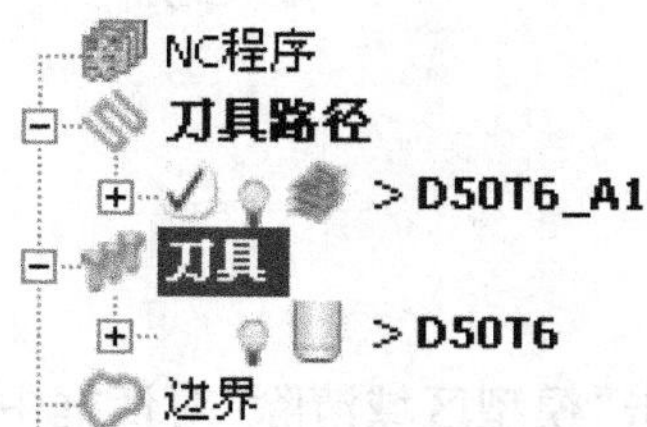

图 6-88　生成刀具路径

此后可双击刀具路径图标来激活或不激活此刀具路径。单击“ + ”可展开树，查看用于产生刀具路径的全部数据的记录。在此，虚线代表快进移动，浅色实线代表下切移动，如图 6-89 所示。

（5）模型区域清除范例　“模型区域清除”对话框的左边是浏览器界面，选取某个和策略相关的选项后，和该选项全部相关的设置即显示在主对话框中，便于用户浏览，如图 6-90 所示。

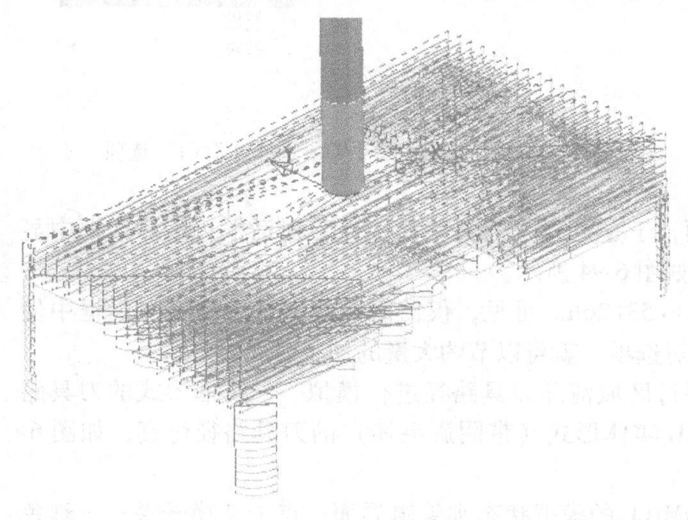

图 6-89　刀具路径

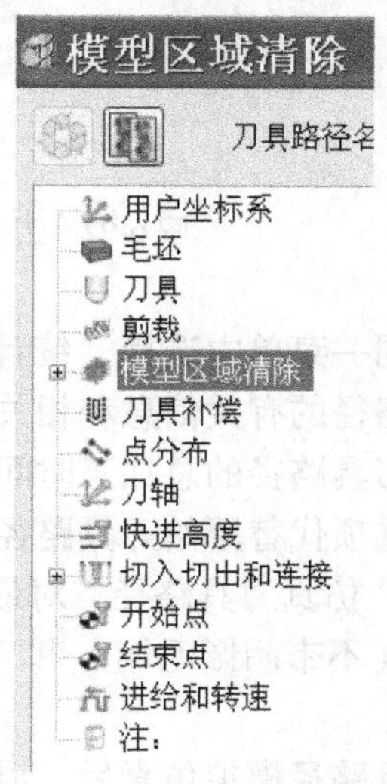

图 6-90　“模型区域清除”项展开

从策略对话框的浏览器中选取“连接”选项，如图6-91所示，将短、长和默认连接改变为掠过。

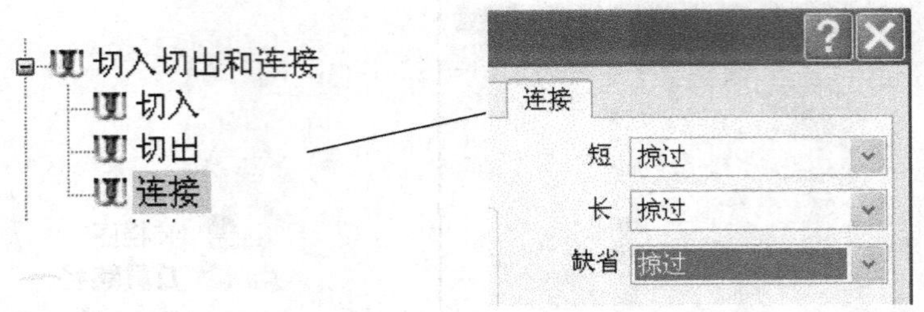

图6-91　连接选项

单击“模型区域清除”对话框中的计算按钮，处理完毕后，单击“取消”，关闭对话框。

于是刀具从每一等高切面自定义的相对开始高度进行局部下切移动（浅色铅垂实线），并按相对安全高度（浅色水平实线），以快进速度通过粗加工过的区域，如图6-92所示。

（6）统计　统计选项提供了激活刀具路径的一些基本信息以及相关的一些参数。用鼠标右键单击PowerMILL浏览器中的原始刀具路径（D50T6 _ A1），从弹出菜单选择激活选项，如图6-93所示。

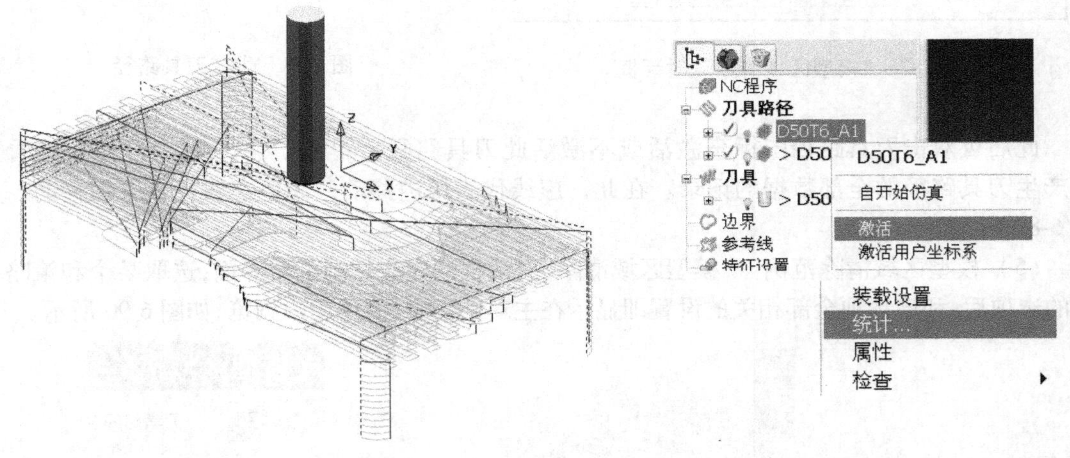

图6-92　刀具运动　　　　图6-93　选择“激活”选项

在同一菜单中选择“统计”选项，于是打开“刀具路径统计”对话框，该对话框中显示刀具路径的有关信息和相关设置，如图6-94所示。

此刀具路径的总加工时间显示为4: 53: 26h。可见，仅需简单地在快进高度对话框中使用掠过选项代替原始刀具路径中的绝对选项，就可以节约大量的加工时间。

（7）仿真刀具路径　对最后的平行区域清除刀具路径进行模拟——线框形式的刀具路径仿真（不带阴影毛坯）和ViewMILL实体形式（带阴影毛坯）的刀具路径仿真，如图6-95所示。

刀具路径模拟仿真后，退出ViewMILL的模拟状态到编辑界面，点击切换开关——红色按钮。

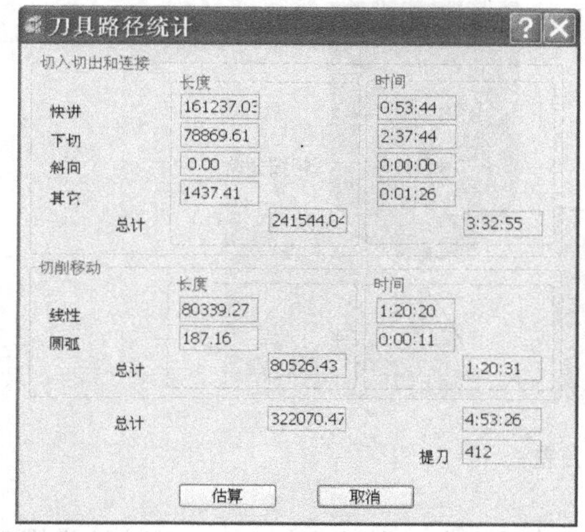

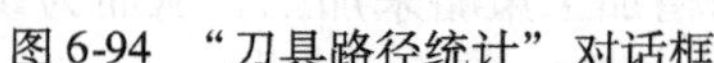
图6-94　“刀具路径统计”对话框

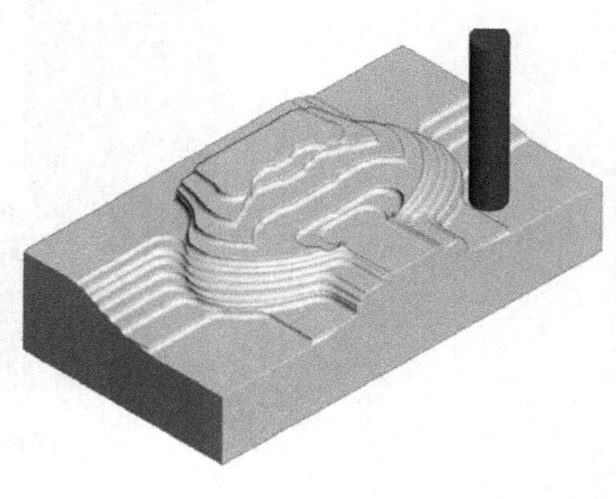
图6-95　刀具路径

注：切换回 Power MILL 后，ViewMILL 仍然在后台运行，这样对后续刀具路径进行仿真时可在前一刀具路径的仿真结果的基础上继续进行。

如果 ViewMILL 仍然设置为开，此时即使进行了无图像设置，ViewMILL 仿真仍将继续进行，并随之后的刀具路径仿真而更新。

4. 半精加工/精加工策略

（1）半精加工/精加工策略简介　半精加工策略是一种区域清除，在粗加工之后将零件加工到设计形状的一类加工策略。需使用适当的值来控制刀具路径的切削精度和残留在材料上的材料余量，用于此目的的两个主要参数分别是公差和余量。

余量是指定加工后材料表面所留下的相对理想表面的多余材料量。可指定一般余量（图6-96），也可在加工选项中分别指定单独的轴向和径向余量。也可对实际模型中的一组曲面指定额外的余量值。

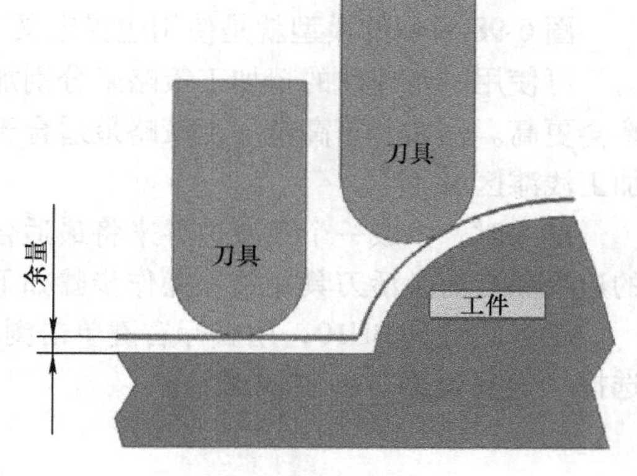

图6-96　余量

公差用来控制切削路径沿工件形状的允许变动量精度（图6-97）。粗加工可使用较粗糙公差，而精加工必须使用精细公差。

注：如果余量值大于0，则其值必须大于公差值。

（2）典型半精加工/精加工策略介绍　PowerMILL 软件为用户提供了多种实用的半精加工/精加工策略（以下统称为精加工策略），下面简要介绍实际加工中应用最广、最普遍的三维偏置精加工和等高精加工策略的特点和使用方法。

在这一部分，对一同时包括平坦区域、陡峭区域和垂直壁的型腔模型应用三维偏置精加工策略和等高精加工策略。为了将上述三种类型的区域分开，要生成一约束边界，从而将三

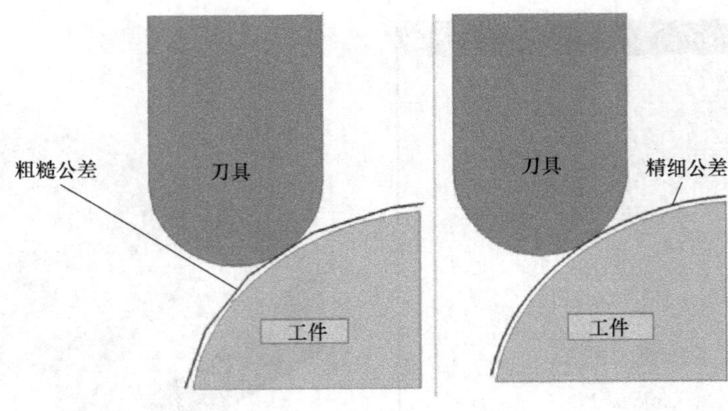

图 6-97　公差

维偏置刀具路径限制在平坦区域，将陡峭区域留给等高精加工策略来加工，从而为该类模型的加工提供稳定可靠和高精度的刀具路径。

图 6-98 所示的图形是一个综合使用三维偏置精加工和等高精加工策略加工后，在 PowerMILL 中加工仿真的效果。该模型中，使用三维偏置策略来加工浅滩（平坦）区域，使用等高精加工策略加工陡峭区域，并使用边界来分划分这两个区域。

1）三维偏置精加工。相对于三维模型曲面定义刀具行距，可为平坦区域和陡峭侧壁区域提供平稳的刀具路径。不建议在实际工作中对类似图 6-98 所示模型在不使用边界的情况下将三维偏置精加工策略应用于整个模型，尽管这样可得到一个稳定行距的刀具路径，但不能阻止刀具以全刀宽切入到深的型腔区域。

图 6-98 所示的模型就是使用边界定义三维偏置加工所需的浅滩加工区域。

可使用一些特殊的精加工策略来分别加工三维模型零件的陡峭或浅滩区域，这样加工效率会更高。例如，等高精加工策略最适合于加工陡峭的侧壁；而平行精加工策略则最适合于加工浅滩区域。

加工时，生成一个浅滩边界来将最适合于平行加工的区域和其他区域区分开。这种类型的边界和当前激活刀具相关。操作步骤如下：

①激活刀具 BN10，用鼠标右键单击浏览器中的边界图标，如图 6-99 所示，从弹出菜单选择“定义边界”→“浅滩”。

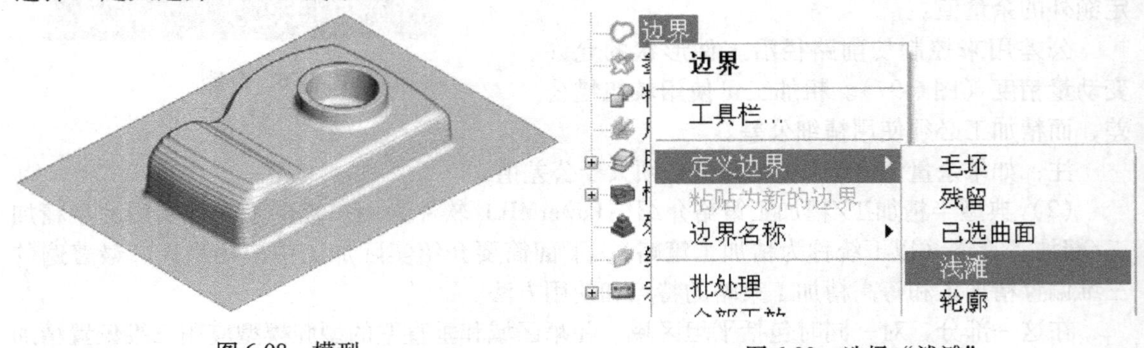

图 6-98　模型　　　　图 6-99　选择“浅滩”

②浅滩边界定义了模型中一个相对平坦的区域，这个区域通过上限角和下限角来确定，如图 6-100 所示。因此它尤其适合于峭壁和浅滩曲面加工技术。

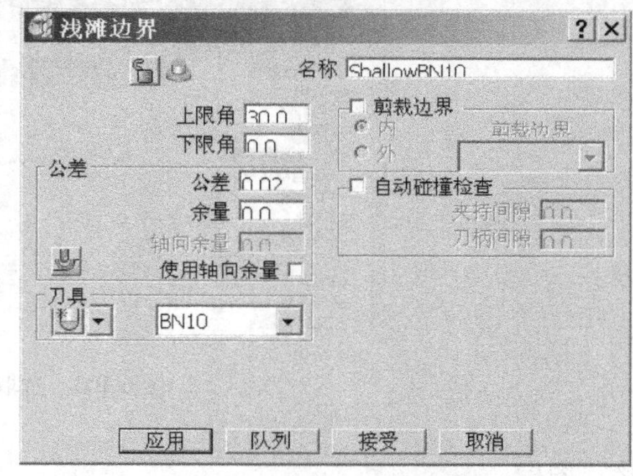

图 6-100　“浅滩边界”对话框

③将径向余量设置为 0.5，粗加工时将在侧壁留下 0.5mm 的余量。

④设置名称 ShallowBN10；输入上限角 30，下限角 0；输入公差 0.02；输入余量 0。

⑤确认刀具 BN10 被激活。

⑥单击“应用”按钮，然后按“接受”按钮。

在不显示模型和刀具路径的情况下只看边界，屏幕上的边界应和图 6-101 类似。此边界由多个边界段组成，它们将模型分割成陡峭和平坦两部分。可选取任何边界段并在任何时候将它们删除，除非它们因为指派给某条刀具路径而被锁住。

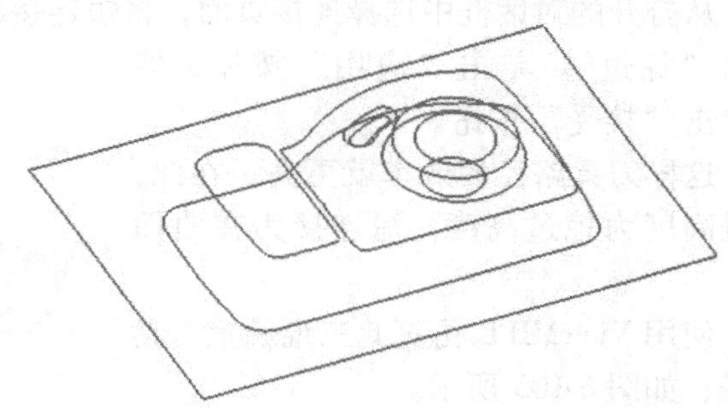
图 6-101　图形边界

⑦从顶部工具栏中单击刀具路径策略图标，在“三维偏置精加工”对话框中，输入名称 BN10-3DOffset，选取切削方向为顺铣，输入公差 0.02，输入余量 0，输入行距 1.0，最后单击“接受”按钮如图 6-102 所示。

应注意，新产生的激活边界自动被选取。如果需要使用其他边界，则可通过剪裁条目的边界域中的下拉菜单选取，如图 6-103 所示。

单击“计算”按钮，然后按“取消”按钮。刀具路径沿边界轮廓线被裁剪计算，它将只保留精加工模型上的浅滩区域（边界之内的部分），如图 6-104 所示。

针对刀具路径间的连接，还可对此刀具路径进行进一步优化。目前，刀具路径间的连接均在安全高度上，操作步骤如下：

从顶部工具栏中单击“切入切出和

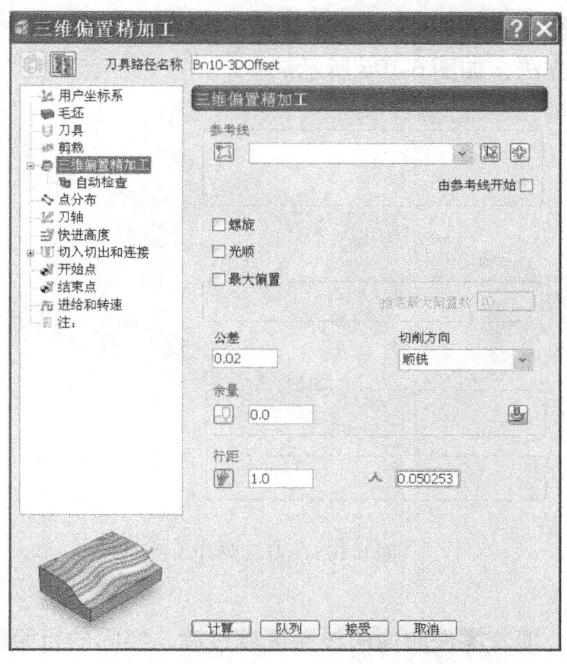

图 6-102　“三维偏置精加工”策略设置

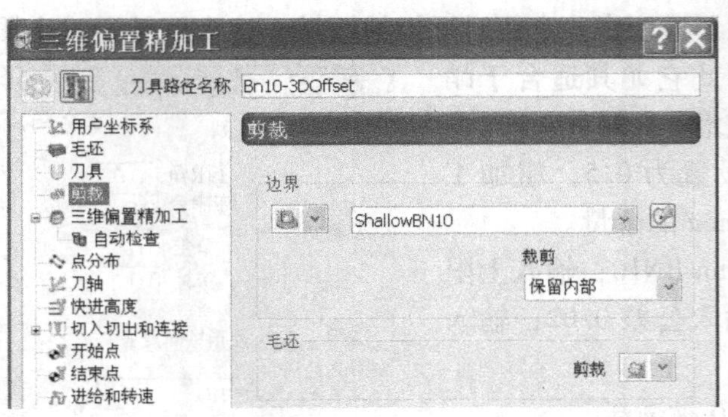

图 6-103 选取边界

连接”图标。

从打开的对话框中选择连接页面，将短连接改变为在“曲面上”，长连接和默认连接改变为“掠过”。单击“应用”按钮，然后单击“接受”按钮。

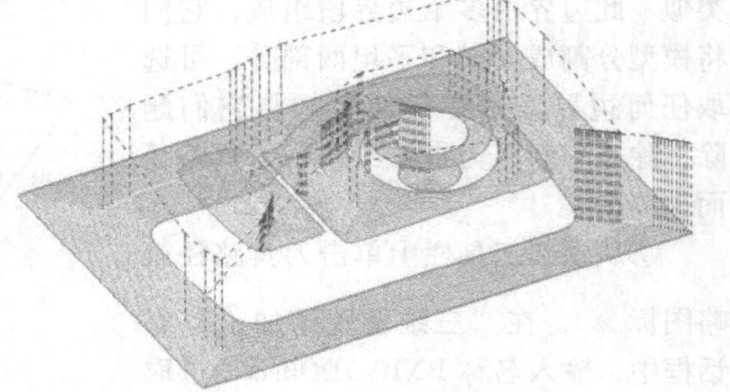

图 6-104 刀具路径

这样刀具路径的效率就更高。在此，快进高度为掠过高度，短连接为在曲面上。

使用 ViewMILL 仿真此三维偏置刀具路径，如图 6-105 所示。

2）等高精加工。等高精加工是按下切步距定义的高度将每条刀具路径水平投影到零件模型上进行精加工的一种加工方法，如图 6-106 所示。

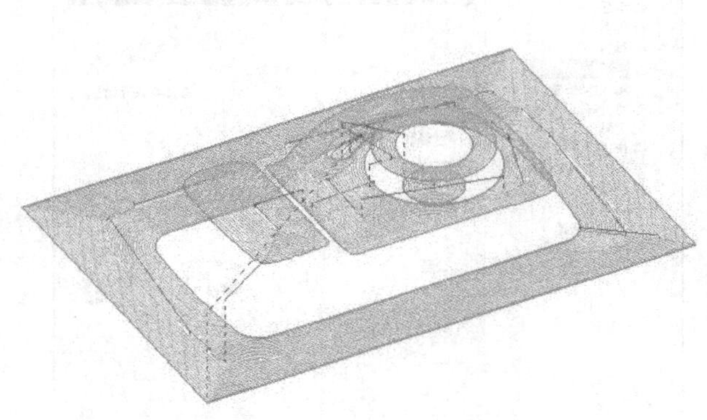

图 6-105 刀具路径

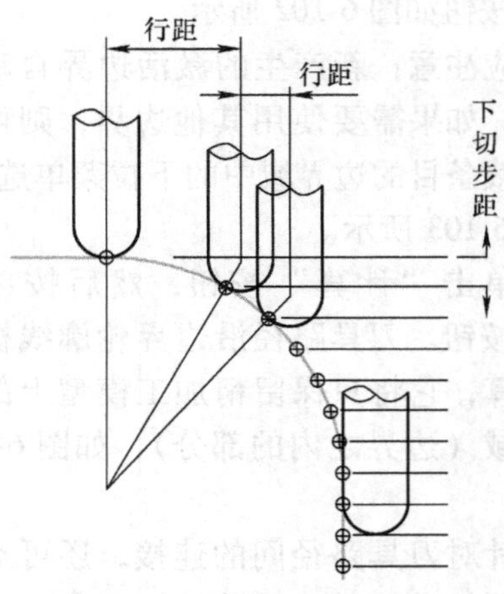

图 6-106 行距和下切步距

随着零件曲面向浅滩区域过渡，实际的行距将逐渐增大，直至到达平坦区域，可见越接近平台区域，残留越多。

通过在“等高精加工”对话框中的残留公差域中设置最大和最小下切步距可在等高精加工路径中应用可变下切步距。可变下切步距通常可相对于模型角度产生更恒定的下切步距，可以尽量减少非平坦区域的材料残留，但对近乎平坦或平坦区域不起作用，材料依然会残留。

从顶部工具栏中单击刀具路径策略图标。

从对话框中选取“等高精加工”选项，然后单击“接受”，如图 6-107 所示，在对话框中，设置刀具路径名称为“ConstantZBN10”，输入公差0. 02，设置切削方向为“顺铣”，设置最小下切步距为 1。

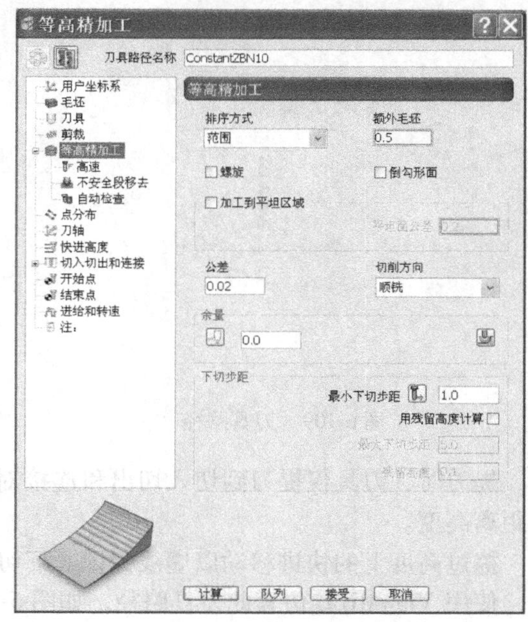

图 6-107　“等高精加工”对话框

选取“等高精加工”对话框中的“剪裁”项，如图 6-108 所示，设置裁剪为保留外部。

单击“计算”按钮并单击“取消”按钮。

通过选取边界裁剪选项——保留外部，将刀具路径正确地裁剪到模型中的陡峭区域。

图 6-108　“剪裁”选项

图 6-109 所示为没有使用边界产生出的等高精加工刀具路径。从图中可看到，浅滩区域中的部分刀具路径行距过大。可使用切入切出和连接来进一步完善新产生的刀具路径，操作步骤为：

从顶部工具栏中单击“切入切出和连接”图标。

选择“切入”选项，将第一选择改变为左水平圆弧，角度为 90，半径为 2。单击复制到切出选项。

选择“连接”选项，将短、长和安全连接均设置为“掠过”，如图 6-110 所示。

单击“应用”按钮并单击“取消”按钮。

现在刀具切入和切出工件时带一个水平圆弧路径。

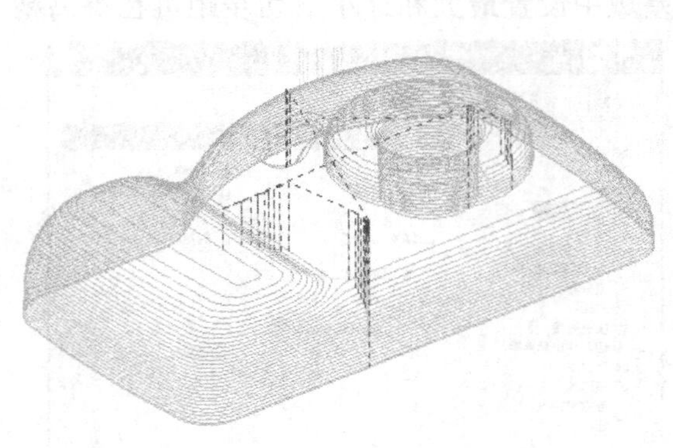

图 6-109 刀具路径

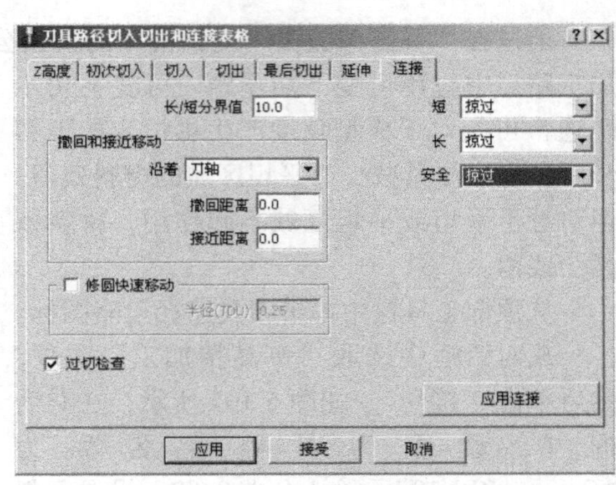

图 6-110 刀具路径切入切出和连接

提刀时，刀具仅提刀到切入切出和连接对话框第一个页面（Z 高度页面）所指定的掠过距离高度。

掠过高度上的快进移动以虚线标识，下切移动以淡色实线标识，如图 6-111 所示。

使用 ViewMILL 仿真此刀具路径，如图 6-112 所示。

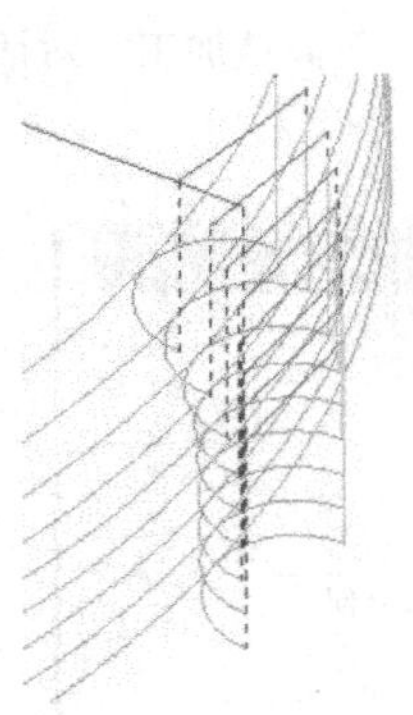

图 6-111 掠过高度上的快进

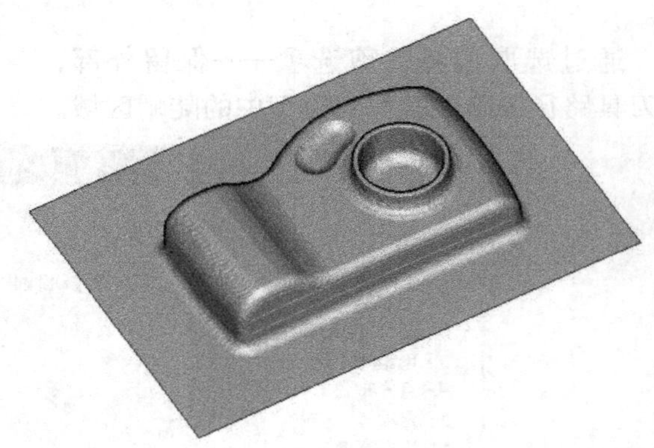

图 6-112 仿真刀具路径

（3）后处理及 NC 程序 下面将通过对浏览器中的其中一条单个刀具路径进行后处理，介绍有关如何输出 NC 程序方面的知识。

在本章中所产生的全部刀具路径在浏览器中应和图 6-113 所示相似。

下面输出一个单条的刀具路径 RoughOp1。

用鼠标右键单击浏览器中的刀具路径 RoughOp1。从弹出的菜单中选择“产生独立的 NC 程序”选项，如图 6-114 所示。

于是生成 NC 程序 RoughOp1，这个程序中包含有刀具路径 RoughOp1，如图 6-115 所示。

NC程序
刀具路径
RoughOp1
3DOffset_BN10
ConstantZ_BN10

图 6-113 刀具路径列表树

用鼠标右键单击此 NC 程序，从弹出的菜单中选择“设置”选项，打开图 6-116 所示 NC 对话框。

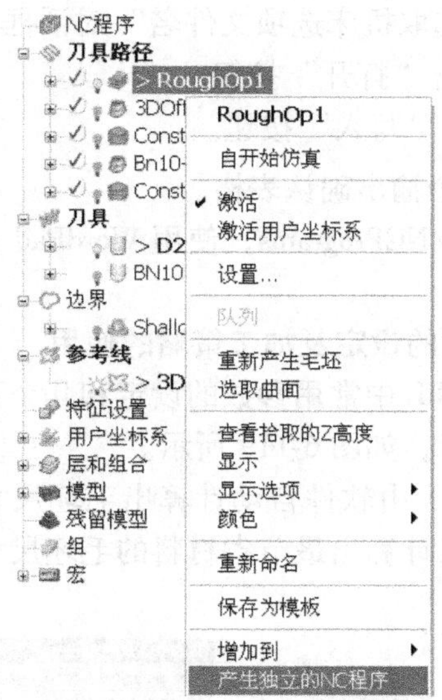

图 6-114　选择“产生独立的 NC 程序”

图 6-115　NC 程序列表树

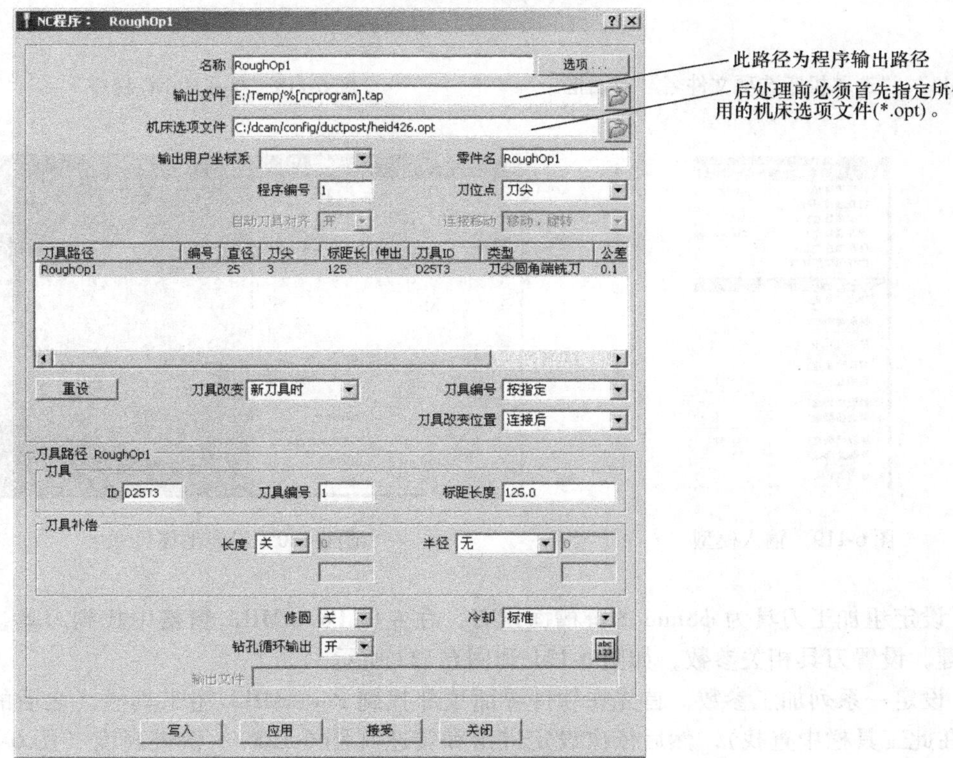

图 6-116　“NC 程序” 对话框

单击文件夹图标，打开“选取机床选项文件名”对话框，如图6-117所示。

选取文件Heid. opt然后单击“打开”按钮。

单击NC程序对话框底部的“写入”按钮。

使用关闭随后出现的两个输出确认表格。

随后可双击目录C：/Temp/NCPrograms，使用WordPad查看所生成的NC程序，如图6-118所示。

5. PowerMILL中常用参数的设定及加工策略的使用

以五角星为例讲解PowerMILL中常用参数的设定和几个万能加工策略的使用。

输入之前绘制的五角星图形，如图6-119所示。

1）设定原始毛坯为圆柱体，由软件自动计算出毛坯尺寸，如图6-120所示。本软件可以根据用户自行设定的毛坯形状计算出最节省材料的毛坯尺寸。

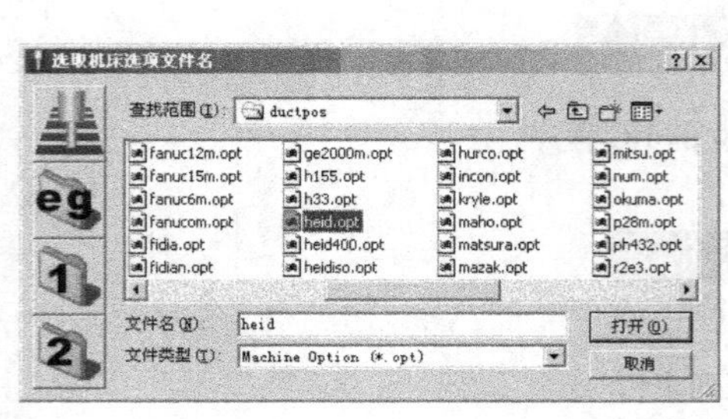

图6-117　“选取机床选项文件名”对话框

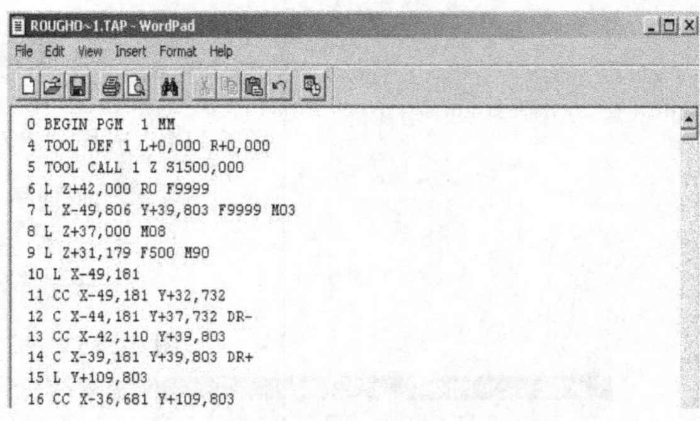


```
0 BEGIN PGM  1 MM
4 TOOL DEF 1 L+0,000 R+0,000
5 TOOL CALL 1 Z S1500,000
6 L Z+42,000 R0 F9999
7 L X-49,806 Y+39,803 F9999 M03
8 L Z+37,000 M08
9 L Z+31,179 F500 M90
10 L X-49,181
11 CC X-49,181 Y+32,732
12 C X-44,181 Y+37,732 DR-
13 CC X-42,110 Y+39,803
14 C X-39,181 Y+39,803 DR+
15 L Y+109,803
16 CC X-36,681 Y+109,803
```

图6-118　生成的NC程序

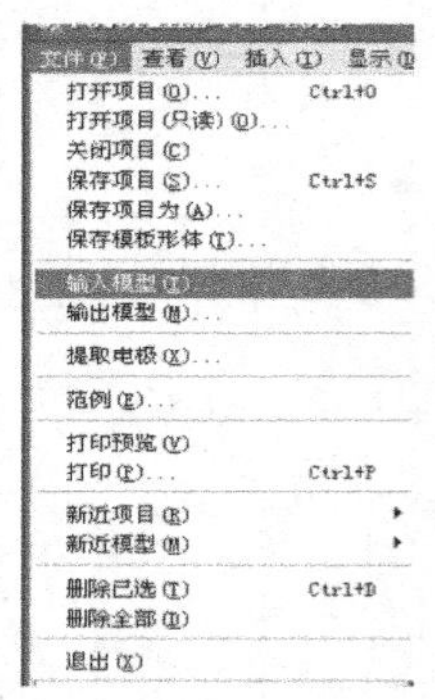

图6-119　输入模型

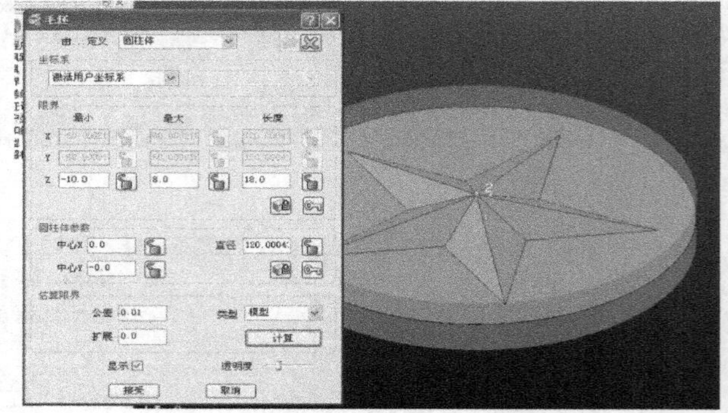

图6-120　设定毛坯尺寸

2）设定粗加工刀具为ϕ8mm的键槽面铣刀，在左侧PowerMILL窗格中找到刀具，单机鼠标右键，设置刀具相关参数，如图6-121和图6-122所示。

3）设定一系列加工参数，首先在软件界面顶部找到PowerMILL主工具栏（之后的操作命令均在此工具栏中查找），然后依次设定进给和转速（图6-123）、快进高度（图6-124）、开始点和结束点（图6-125）、切入、切出和连接（图6-126）四项参数。

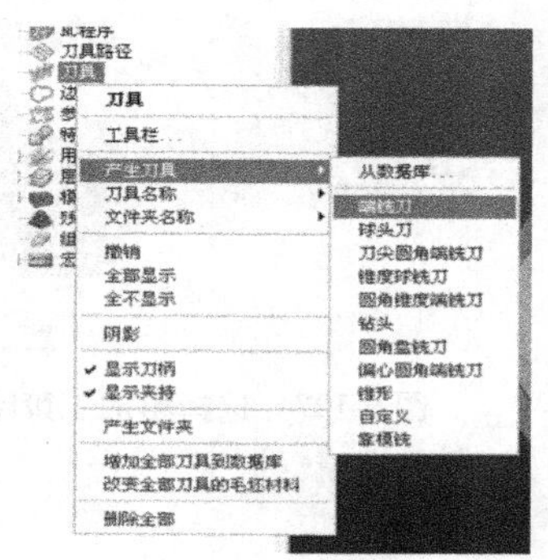

图 6-121　选择刀具

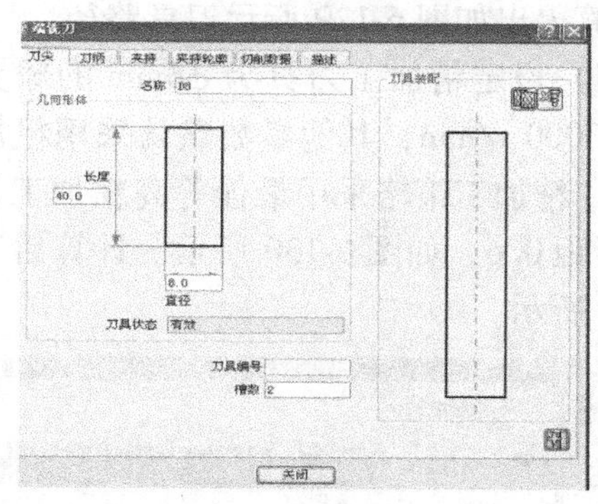

图 6-122　设定铣刀参数

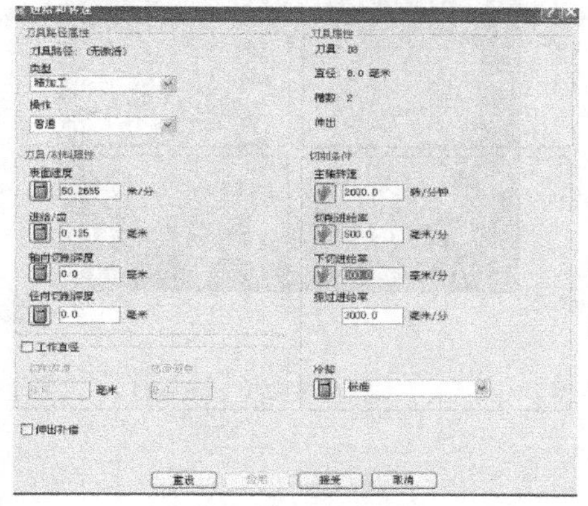

图 6-123　设置切削参数

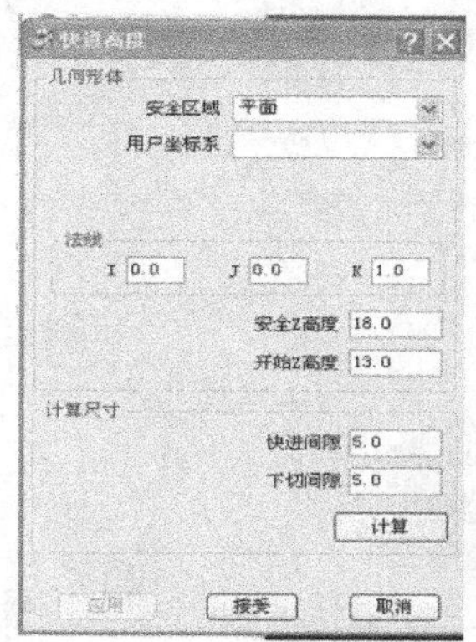

图 6-124　设置快进高度

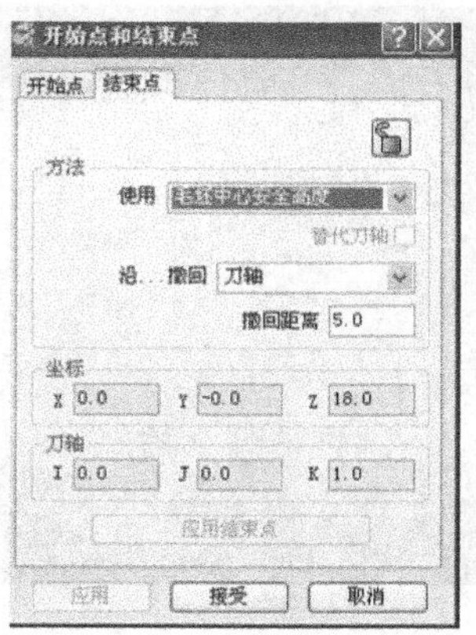

图 6-125　设定开始点和结束点参数

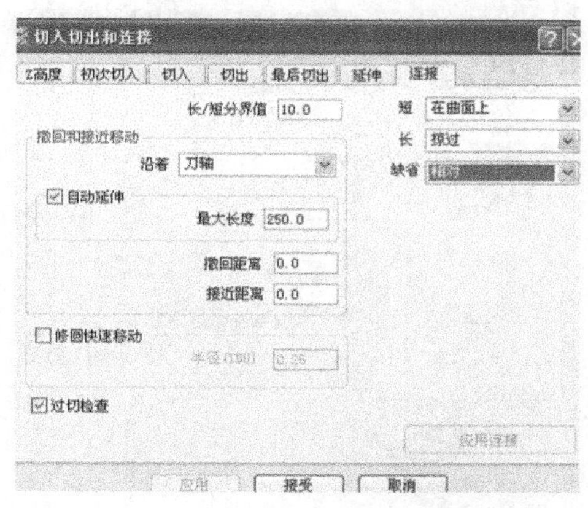

图 6-126　设定切入、切出和连接参数

4）选择粗加工策略为偏置区域清除模型，如图 6-127 所示。设定加工参数粗加工余量为 1，行距为 5，下切步距为 2，如图 6-128 所示。经过计算得出如图 6-129 所示刀具路径。

5）设定精加工刀具为 ϕ6mm 的球头刀，主轴转速为 3000 r/min，其他参数默认采用粗加工设定参数即可。精加工策略采用最佳等高精加工，加工余量为 0，行距 0.6，如图 6-130 所示。计算后刀具路径如图 6-131 所示。

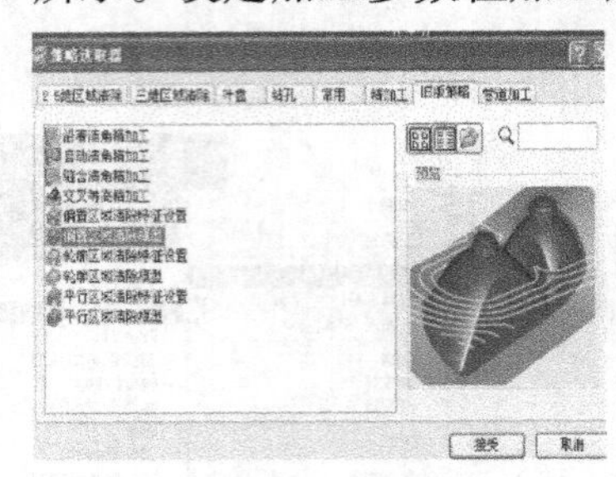

图 6-127　选择粗加工策略

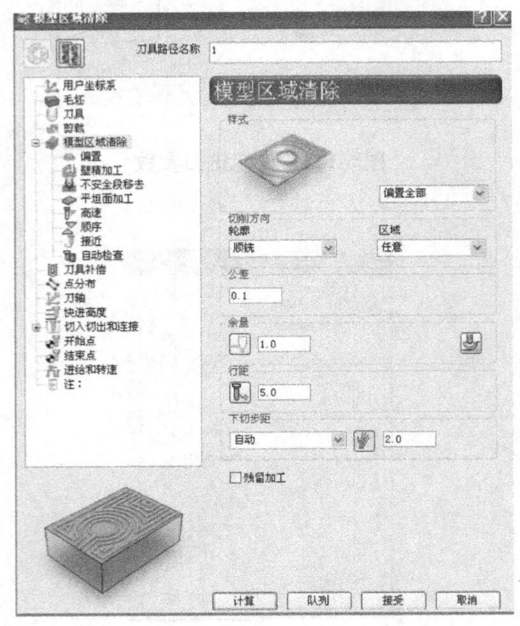

图 6-128　设置粗加工参数

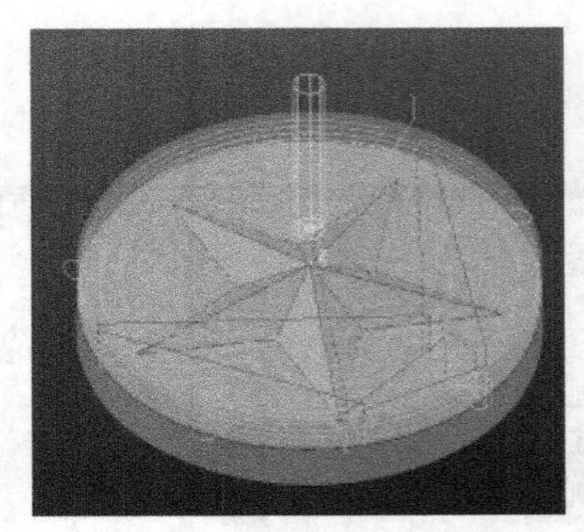

图 6-129　刀具路径

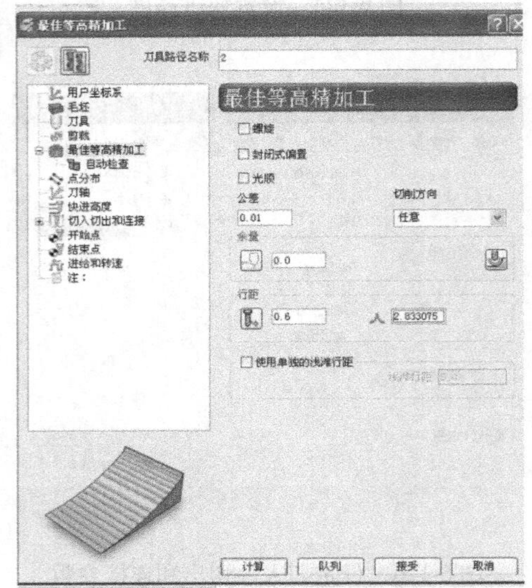

图 6-130　精加工参数

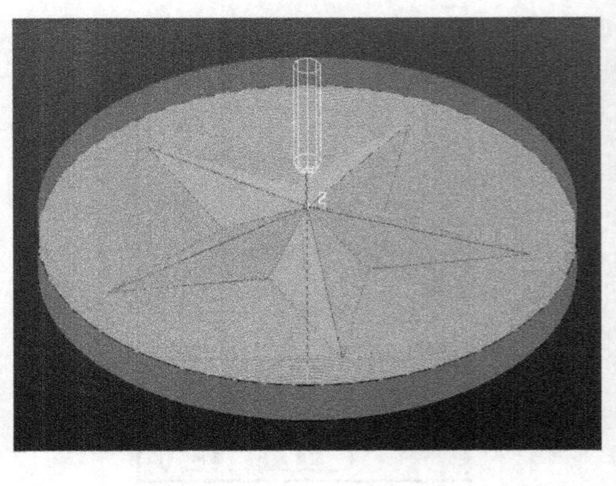

图 6-131　刀具路径

6）进入仿真界面的光泽阴影状态，先进行粗加工模拟仿真，如图 6-132 和图 6-133 所示。再进行精加工模拟仿真如图 6-134 和图 6-135 所示。

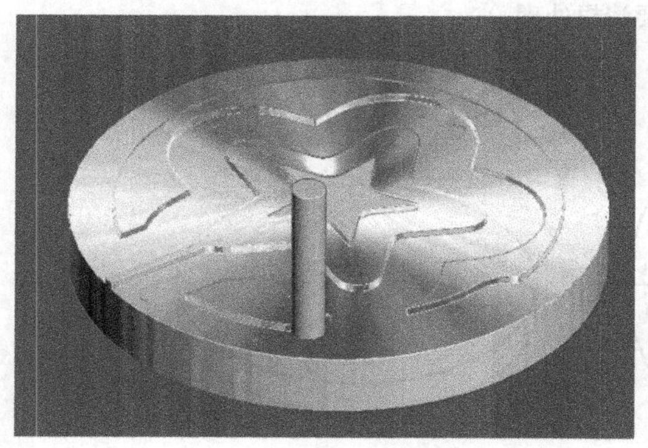

图 6-132　粗加工模拟仿真一

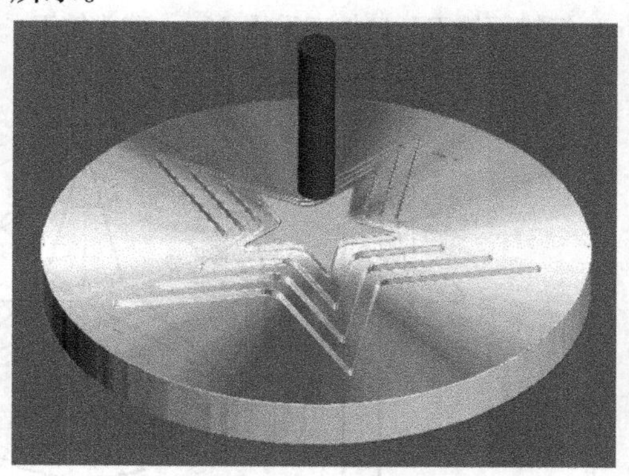

图 6-133　粗加工模拟仿真二

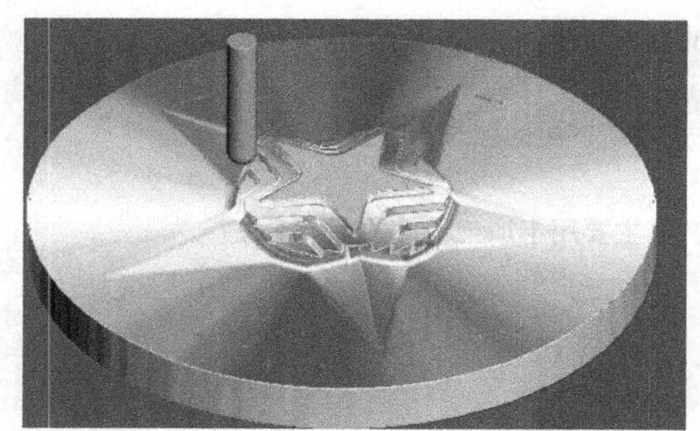

图 6-134　精加工模拟仿真一

图 6-135　精加工模拟仿真二

思　考　题

1. 在 FeatureCAM 中完成图 6-136 所示零件仿真验证并输出数控程序。

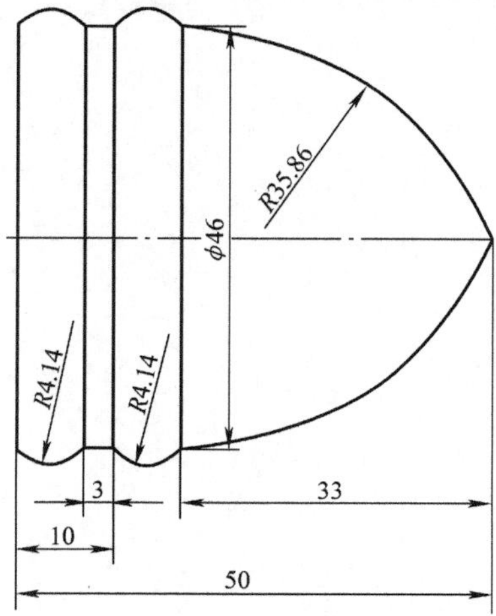

图 6-136　思考题 1 图

2. 在 PowerSHAPE 中完成图 6-137 所示图形轮廓的绘制，之后在 PowerMILL 中用三维模型区域清除进行粗加工，用最佳等高精加工进行精加工，最后进行模拟仿真验证并输出数控程序。（要求：粗加工采用 ϕ8mm 键槽面铣刀，精加工采用 ϕ6mm 球头铣刀，不需要清根处理。）

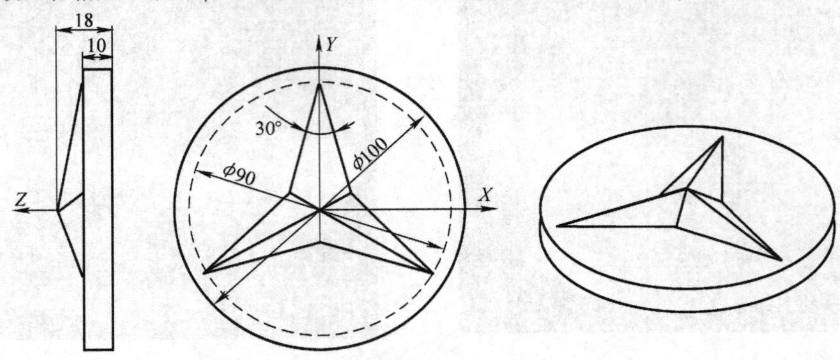

图 6-137　思考题 2 图

3. 说明 CAD/CAM 的含义是什么。常用的 CAD/CAM 软件有哪些？
4. 什么是自动编程？其和手工编程相比有哪些优缺点？
5. FeatureCam 中，通过“新特征向导”的“尺寸”选项所产生的螺纹为哪种螺纹？
6. PowerSHAPE 中标准曲面包括哪几种？
7. PowerMILL 中三维区域清除加工策略都包括哪些？其主要用于加工零件的哪个部位？
8. 简述用 PowerMILL 软件自动编程的基本步骤。

参 考 文 献

[1] 蔡厚道，杨家兴．数控机床构造［M］．北京：北京理工大学出版社，2010.

[2] 任东．数控车床操作指南［M］．长沙：湖南科学技术出版社，2005.

[3] 付承云．数控车床编程与操作应知应会［M］．北京：机械工业出版社，2007.

[4] 胡育辉．数控加工中心［M］．北京：化学工业出版社，2005.

[5] 张亚力．数控铣床/加工中心编程与零件加工［M］．北京：化学工业出版社，2011.

[6] 张贻摇．数控技术技能训练［M］．北京：北京理工大学出版社，2011.

[7] 王爱玲．数控编程技术［M］．北京：机械工业出版社，2006.

[8] 董建国，龙华，肖爱武．数控编程与加工技术［M］．北京：北京理工大学出版社，2011.

[9] 伍端阳．数控电火花线切割加工技术培训教程［M］．北京：化学工业出版社，2008.

[10] 闫占辉，刘宏伟．机床数控技术［M］．武汉：华中科技大学出版社，2008.

[11] 刘美玲．数控加工编程与实训［M］．北京：清华大学出版社，2008.

[12] 夏天，单岩．PowerMILL 数控编程基础教程［M］．北京：清华大学出版社，2005.

[13] 晏初宏．数控加工工艺与编程［M］．北京：化学工业出版社，2004.

[14] 杜智敏，何华妹，陈永涛．模具数控加工——PowerMILL6.0 中文版基础教程［M］．北京：人民邮电出版社，2006.

[15] 单岩，聂相红．PowerMILL 数控编程应用实例［M］．北京：清华大学出版社，2006.

[16] 教育部高等学校机械基础课程教学指导分委员会．高等学校机械基础系列课程现状调查分析报告暨机械基础系列课程教学基本要求［M］．北京：高等教育出版社，2012.